Automatisierte Steuerung kontinuierlicher Produktionsprozesse

---

Автоматизированное управление непрерывными производственными процессами

Kybernetische Methoden in der Chemie und chemischen Technologie

Кибернетические методы в химии и химической технологии

Herausgeber
Prof. Dr. K. Hartmann, Merseburg
Prof. M. G. Slinko, Nowosibirsk
Korr. Mitglied der Akademie der Wissenschaften der UdSSR

Редакторы:
профессор М. Г. Слинько, Новосибирск
Член-корреспондент АН СССР
профессор доктор К. Хартманн, Мерзебург

AKADEMIE-VERLAG · BERLIN
1975

AUTOMATISIERTE STEUERUNG KONTINUIERLICHER PRODUKTIONSPROZESSE

Автоматизированное управление непрерывными производственными процессами

AKADEMIE-VERLAG · BERLIN
1975

Erschienen im Akademie-Verlag, 108 Berlin, Leipziger Str. 3—4

Lizenznummer: 202 · 100/549/75
Einband + Schutzumschlag: Karl Salzbrunn
Gesamtherstellung: VEB Druckhaus „Maxim Gorki", 74 Altenburg
Bestellnummer: 761 959 9 (2144/2) · LSV 1205/1095
Printed in GDR
EVP 52,—

Inhalt

Probleme der Automatisierungsstrategie in der chemischen Industrie
(D. Balzer, K. Hartmann)

Methodische Betrachtungen zur automatisierten Leitung von Produktionsprozessen der petrolchemischen Industrie
(K. Biedka)

Zur Entscheidungsfindung bei der Lenkung petrolchemischer Produktionsprozesse im PCK Stammbetrieb Schwedt
(A. Damm, K. Biedka)

Bilanzierung zum Zwecke der Produktionsermittlung
(G. Schmidt)

Mathematische Modellierung und digitale Simulation des statischen und dynamischen Verhaltens eines Ammoniaksynthesekreislaufes
(H. Hönnicke)

Mathematische Modellierung eines Ammoniaksynthesereaktors zum Zweck der Analyse und Steuerung
(D. Balzer, B. W. Iljin, G. Reinig)

Optimale Steuerung eines Rohrreaktors
(D. Balzer, B. W. Iljin, G. Reinig)

Zur Transformation von Systemen mit verteilten Parametern in Systeme mit konzentrierten Parametern
(K. Biedka)

Methoden zur Reglerkonstruktion für träge Regelstrecken
(K. Biedka)

Содержание

Проблемы дальнейшего развития автоматизации в химической промышленности
(Д. Бальцер, К. Хартманн)

Методические вопросы при автоматизированном управлении производственными процессами в нефтехимической промышленности
(К. Бидка)

К вопросу о принятии решения при управлении нефтехимическими процессов в НХК Шведт
(А. Дамм, К. Бидка)

Составление материальных балансов с целью учета количества производимой продукции
(Г. Шмидт)

Математическое моделирование статических и динамических свойств цеха синтеза аммиака
(Х. Хённике)

К трансформации систем с распределенными параметрами в системы со сосредоточенными параметрами
(К. Бидка)

Probleme der Automatisierungsstrategie in der chemischen Industrie

(D. BALZER, K. HARTMANN)

Summary

Some tendencies in automation of chemical plants are reported. The authors start from the experience in the PCK Schwedt and in some foreign chemical plants, especially in the USSR. It is shown, that there is a direct interaction between means of production and the corresponding system for information processing. It is described in detail how the changes in technology and chemical plant structure act on tendencies in process control. The last are the basis for formulation of the automation problems.

The results and experience achieved in the PCK Schwedt in the field of computer control and optimization of continuous production processes are summarized in short form. Thereby a point is made of methodical aspects of preceding investigations and choosing the control policy. The papers included in the present book are estimated in this sense and arranged into a complete conception for the control of technological processes.

1. Einleitung

In der chemischen Industrie, die in der DDR einen Anteil von 16% an der Bruttoproduktion besitzt, ist die Intensivierung der bertiebenen Anlagen, die Entwicklung und Inbetriebnahme neuer besserer Verfahren wichtigster Ausgangspunkt für höhere Wirtschaftlichkeit und Arbeitsproduktivität. Die Intensivierung in allen ihren Formen soll als Optimierung bezeichnet werden. Gegenstand der Optimierung sind dabei die Produktionsmittel und die Informationsbeziehungen in allen Phasen des Produktionsprozesses.
Die Optimierung der Produktionsmittel umfaßt die Schaffung neuer Herstellungsverfahren für bekannte bzw. neue Produkte, die Verbesserung einzelner Elemente der verfahrenstechnischen Anlagen sowie die Rekonstruktion und Rationalisierung bestehender Anlagen. Über einige Entwicklungstendenzen auf diesem Gebiet wird weiter unten ausführlicher berichtct. Die Mittel zur optimalen Qestaltung der Informationsbeziehungen reichen im Produktionsprozeß von der einfachen Mechanisierung über die konventionelle Automatisierungstechnik bis zum Einsatz von elektronischen Datenverarbeitungsanlagen. Wie unten gezeigt wird, steht der Entwicklungsgrad der Produktionsmittel in einem bestimmten Wechselverhältnis zu der für ihn als optimal erkannten Organisation der Informationsbeziehungen. So ist z. B. für eine moderne chemische Anlage mit dem Einsatz der EDVA in Form eines Prozeßrechners eine automatische Optimierung und damit eine

maximale Ausschöpfung der Anlagenreserven verbunden. Ausgehend von den Erfahrungen, die bei der komplexen Automatisierung im größten und modernsten Chemiekombinat der DDR, dem „VEB Petrolchemisches Kombinat Schwedt", gesammelt wurden und unter Auswertung der Erfahrungen und Ergebnisse der Ergebnisse der UdSSR [1–5] auf diesem Gebiet sowie anderer Länder sollen unter Berücksichtigung und in Wechselwirkung von Produktionsmitteln und den ihm adäquaten System der Informationsverarbeitung einige Tendenzen der Automatisierungsstrategie in der chemischen Industrie untersucht werden. Dabei werden zwei Probleme im Mittelpunkt der Untersuchungen stehen:

1. Zusammenhang zwischen Anlagenentwicklung und Automatisierung
2. Probleme des Prozeßrechnereinsatzes und der damit verbundenen mathematischen Modellierung von Produktionsprozessen.

2. Einige Tendenzen der Entwicklung der chemischen Industrie

Es wird nun auf einige Tendenzen der Entwicklung neuer und der Verbesserung bereits betriebener Verfahren und Anlagen eingegangen.

In den Fünfjahrplänen für die Jahre 1971 bis 1975 sind für die chemische Industrie der DDR und der UdSSR Steigerungssätze von 47 bis 49% für die DDR und 42 bis 46% für die UdSSR festgelegt.

Diese Steigerungen sollen durch gezielte, ökonomisch begründete Anwendung folgender Haupttendenzen erreicht werden:

2.1. Technologische Tendenzen

Zu den technologischen Tendenzen sollen diejenigen Tendenzen gezählt werden, die im Verfahren durch lokal begrenzte Veränderungen zu einer Verbesserung des gesamten Verfahrens führen.

2.1.1. Erhöhung der Prozeßgeschwindigkeiten durch extreme Prozeßbedingungen

(z. B. extreme Temperaturen, Drücke, Konzentrationen, Katalysatorkornabmessungen)

Die mit der Anwendung extremer Prozeßbedingungen verbundene Prozeßintensivierung (höhere Umsätze und Ausbeuten sowie Durchsätze) führt zu höheren Raum—Zeit-Ausbeuten, aber auch in vielen Fällen zu komplizierten technologischen Problemen, wie extrem hohe abzuführende (oder zuzuführende) Wärmemengen, hohe Sensibilität des Prozesses gegenüber geringen Veränderungen der Eingangsveränderlichen (z. B. Änderung der Temperatur am Eingang um 1 Grad ruft bei sehr empfindlichen Prozessen eine Temperaturänderung am Ausgang von 100 Grad hervor; außerdem werden spezielle apparatetechnische Ausrüstungen notwendig).

2.1.2. *Erhöhung der Selektivität der Prozesse*

Die Erhöhung der Selektivität ist in vielen Fällen mit dem Einsatz verbesserter Katalysatoren verbunden. Welche große Rolle die Katalyse in der chemischen Industrie spielt, ist daraus zu ersehen, daß 75% der Produkte der erdölverarbeitenden und petrolchemischen Industrie unter Verwendung von Katalysatoren hergestellt werden. Der wissenschaftliche Rat „Katalyse und deren industrielle Nutzung" in der UdSSR schätzt ein, daß durch Einsatz verbesserter Katalysatoren eine Produktionssteigerung bei folgenden Prozessen möglich ist:

Verfahren	Steigerung
Katalytisches Kracken	30–40%
Schwefelsäureherstellung	8–20%
Butandehydrierung	30–40%
Methankonvertierung	5%
Oxydation von Naphthalin zu Phthalsäureanhydrid	72%
Platforming	11%

2.1.3. *Verringerung der Energieaufwendungen* [6, 7]

Eine Analyse des Elektroergiebedarfes der DDR zeigt, daß die chemische Industrie mit 25 bis 28% einer der Hauptverbraucher ist. Der Anteil der Energiekosten an den Produktionskosten liegt zwischen 13 bis 16%, wobei dieser Anteil bei einigen speziellen Verfahren extrem hoch liegt (Herstellung von Calciumcarbid 50%, Polyventilchlorid und Polyäthylen zwischen 35 bis 50%). Die energetischen bzw. exergetischen Wirkungsgrade der meisten Verfahren sind noch zu verbessern. Für die Verringerung der Energieaufwendungen bieten sich folgende Wege an:

- Reversible Prozeßführung (homogene Katalyse)
- Einführung weniger energieintensiver Produktionsverfahren
- Übergang zur kontinuierlichen Prozeßführung und umfassender Nutzung der Abwärmen
- Einsatz geeigneter Rohstoffe
- Anwendung neuer Wirkprinzipien (Plasma)
- Verstärkte Anwendung elektrochemischer Reaktionen
- Verbesserung der Wirkungsgrade von in chemischen Anlagen betriebenen Reaktionen

2.1.4. *Neue Wirkprinzipien* [8]

Eine Reihe spezifischer neuer Wirkprinzipien, d. h. „jener Summe von Erscheinungen, die auf Grund von Energie- und Potentialdifferenzen in einem System Veränderungen in der Elektronenhülle hervorrufen und damit Reaktionen und Vorgänge der verschiedensten Art auslösen können [8]" wird verstärkte produktionstechnische Anwendung finden.

- plasmachemische Prinzipien
- energiereiche Strahlungen
- β- und γ-Strahlung
- photochemische Prinzipien und Laserstrahlung
- mechanochemische Prinzipien.

2.1.5. *Kontinuierliche Herstellungsverfahren*

Das Prinzip der kontinuierlichen Arbeitsweise hat sich nicht nur für die Massenproduktion bewährt, sondern setzt sich auch in der chemischen Feintechnologie durch. Durch den Einsatz von Anlagen, die zur Herstellung verschiedener Produkte geeignet sind, wird es auch hier möglich werden, einen hohen Automatisierungsgrad zu erreichen. Bei einigen Verfahren gewinnt die quasikontinuierliche bzw. oszillierende Prozeßführung an Bedeutung.

2.1.6. *Reinhaltung der Biosphäre*

Hohe Anforderungen an die Prozeßgestaltung neuer und vorhandener Anlagen ergeben sich durch die Bedingung der Reinhaltung der Biosphäre. Die Feinreinigung von Abwässern und Abgasen wird zu einer erstrangigen Aufgabe, zu deren Lösung neue verfahrenstechnische Varianten entwickelt werden müssen.

2.2. *Strukturelle Tendenzen*

Zu diesen Tendenzen werden Veränderungen gezählt, die zu einer Neugestaltung des gesamten Verfahrens und umfassender Rekonstruktion bzw. Aufbau einer neuen Anlage führen.

2.2.1. *Verminderung der Verfahrensstufen*

Die Verminderung der Anzahl der Verfahrensstufen führt zu Einsparungen an Invest- und Betriebskosten, erhöht die Zuverlässigkeit der Anlage und erleichtert die Automatisierung und Optimierung. Die Verminderung der

Anzahl der Verfahrensstufen steht im engen Zusammenhang mit der Anwendung neuer Wirkprinzipien und Intensivierung der Prozeßführung sowie der Erhöhung der Selektivität der Umsetzungen.

2.2.2. *Erhöhung der Einzelleistung von Einstranganlagen*

Die mit der Erhöhung der Einzelleistung eines Aggregates verbundene Kostendegression stellt eine wesentliche Stimulierung dar. In der UdSSR brachte der Übergang von einer Rohöldestillation von 3 Mill. t/a Durchsatz auf eine Anlage mit 6 Mill. t/a folgende Einsparungen: Spezifische Investkosten — 31%, Materialaufwand — 47%; die Arbeitsproduktivität erhöhte sich dabei um das 2,4fache. Eine wesentliche Stimulierung für den Übergang zu Einzelanlagen mit hoher Leistung ergibt sich in der UdSSR durch extrem hohe Zuwachsraten bei einigen Produkten. Bis 1975 beträgt die Zuwachsrate der Ammoniakproduktion jährlich 2,5 Mill. t. Würde man zur Erreichung dieser Werte Anlagen mit einer Leistung von 400 Tt/a Ammoniak bauen, müßte man jährlich — unter Einbeziehung der Ersatzinvestitionen — 7—8 neue Anlagen errichten. Das würde die Kapazität des chemischen Maschinenbaues blockieren und erfordert zusätzliches Bedienungspersonal.

Die Forderung nach der Errichtung von Anlagen mit einer Einzelleistung von 3000 t/d Ammoniak liegt damit klar auf der Hand.

Mit der Errichtung solcher leistungsfähigen Einzelanlagen sind zwei Probleme verbunden, die unten näher behandelt werden — die Zuverlässigkeit und die Prozeßsteuerung.

2.2.3. *Prinzipiell neue Verfahren*

Hierunter sollen Verfahren verstanden werden, die neue Wirkprinzipien realisieren, wie z. B. plasmachemische, biologische und andere Verfahren. Mit der Anwendung von plasmachemischen Verfahren ist u. a. die Miniaturisierung der Ausrüstung der Anlage verbunden. So ist z. B. ein plasmachemischer Reaktor für die Methanpyrolyse mit einer Leistung von 2500 t/a 65 cm lang bei einem Durchmesser von 15 cm. Durch die hohe Selektivität sind plasmachemische Verfahren meist einstufig und bieten gute Voraussetzungen zur Optimierung und optimalen Steuerung.

2.2.4. *Kombination verschiedener Verfahren zu integrierten Anlagen* [9]

Da der Leistungserhöhung von Einzelanlagen Grenzen gesetzt sind, wurden speziell in der Erdölverarbeitung Wege zur integrierten Anlage beschritten, die aus fest miteinander gekoppelten Einzelanlagen und Steuerungsrechnern besteht. So konnten z. B. durch die Errichtung von integrierten Anlagen in der UdSSR bei der Kombination von Rohöldestillation (3 Mill. t/a) mit den Verfahren thermisches und katalytisches Spalten sowie Benzinstabilisierung die Investkosten um 22%, der Materialverbrauch um 67% gesenkt und das Anlagenpersonal und der erforderliche Platzbedarf im Vergleich zu analogen nichtintegrierten Anlagen reduziert werden. Durch die Kombination von Einzelanlagen ergeben sich besonders günstige Möglichkeiten zu einer effektiven Abwärmenutzung und damit zur Verringerung der energetischen Aufwendungen.

2.3. *Tendenzen bei der Prozeßführung*

Die Tendenzen bei der Prozeßführung leiten sich in erster Linie aus der Entwicklung der chemisch-technologischen Prozesse selbst ab. Bei der Prozeßführung sind zwei Aspekte zu beachten.

Erstens muß durch eine optimale Auswahl der konstruktiven Parameter der Anlage sowie durch optimale Schaltungsvarianten das verfahrenstechnische System so geschaltet werden, daß die Gesamtanlage eine hohe Zuverlässigkeit besitzt. Dabei ist zu berücksichtigen, daß die Reservierung wichtiger Aggregate nur in wenigen Fällen in Frage kommt. Die Laufzeiten zwischen zwei Betriebsstillständen müssen für die meisten Großanlagen auf 18 bis 24 Monate erhöht werden. Die Wichtigkeit des Problems der Zuverlässigkeit gewinnt durch den Übergang zu Einstranganlagen besondere Bedeutung.

Der zweite Aspekt der Prozeßführung besteht in der Bestimmung und Realisierung der optimalen Prozeßparameter unter Einwirkung von Störgrößen. Diese Aufgabe wird durch die optimale Steuerung des Prozesses gelöst. Über die Rolle der optimalen Steuerung chemischer Anlagen schreibt N. M. Shaworonkow, Mitglied der Akademie der Wissenschaften der UdSSR [9]:

„Ein neuer Prozeß muß unbedingt unter optimalen Bedingungen bei hohen Geschwindigkeiten ablaufen. Unter diesen Umständen ist es prinzipiell unmöglich, ohne Automatisierung auszukommen im umfassenden Sinne dieses Wortes, da die Bedingungen der Prozeßführung die Anwendung von Mitteln zur Einstellung des optimalen Betriebszustandes fordern.

Der Automat wird zu einer revolutionären Kraft dann, wenn er einen neuen modernen Produktionsprozeß steuert. Die Automatisierung führt unweigerlich zur Schaffung und Anwendung von Prozessen mit solcher Intensität, die mit Mitteln der gewöhnlichen Steuerung nicht durchführbar sind."

Wie bereits bemerkt worden ist, besteht eine enge Wechselbeziehung zwischen den Eigenschaften des Produktionsprozesses und seinem Steuerungssystem. Allgemein kann gesagt werden, daß die Gestaltung des Produktionsprozesses und die Synthese des Steuerungssystems als eine Einheit zu betrachten ist, wobei eine einheitliche Zielfunktion bei der Optimierung zu verwenden ist. Das heißt also, daß mit der Auslegung verfahrenstechnischer Systeme die Steuerungsalgorithmen entworfen werden und aufbauend darauf die Automatisierungsmittel ausgewählt werden müßten. Dabei ist jedoch zu berücksichtigen, daß die Automatisierungsstruktur einschließlich der dynamischen und statischen Eigenschaften eines technologischen Prozesses und die auf ihn einwirkenden inneren und äußeren Störgrößen bei der Auslegung und Projektierung noch nicht in allen Einzelheiten bekannt sind. Angleichsarbeiten sind in jedem Fall erforderlich.

Des weiteren muß bemerkt werden, daß der Aufbau des Steuerungssystems für die Einzelanlage wesentlich vom Steuerungssystem des Gesamtwerkes abhängt, das entweder neu aufzubauen ist oder bereits teilweise existiert.

Ungeachtet der Berücksichtigung der Gesamtkonzeption bei Steuerung eines Werkes können aus der Entwicklung der chemisch-technologischen Verfahren allgemeine Tendenzen für die Automatisierung von Einzelanlagen abgeleitet werden. Es wurde bereits dargelegt, daß die weitere Entwicklung der Prozeßführung in den einzelnen Anlagenstufen durch Tendenzen zu extremen Prozeßbedingungen und zu erhöhter Selektivität der Prozesse gekennzeichnet wird. Die dadurch hervorgerufene Intensivierung der Prozesse stellt spezifische Anforderungen an Struktur und Parameter des Informations- und Steuerungssystems der Anlage, die unter anderem darin bestehen, daß infolge erhöhter Sensibilität des Prozesses insbesondere der Temperaturen und Drücke bezüglich der Eingangsparameter eine automatische Stabilisierung der geforderten Prozeßbedingungen notwendig ist (z. B. durch eine starke negative Rückführung). Die Ausnutzung der Anlagenreserven, die durch eine erhöhte Selektivität der Prozesse hervorgerufen wird, führt zur gleichen Schlußfolgerung.

An die Stabilisierung werden folgerichtig erhöhte Qualitätsanforderungen bezüglich Regelzeit, Regelgenauigkeit und dynamischer Fehler gestellt. Die erhöhte Regelgüte kann durch Präzisionsregler, insbesondere durch direkte digitale Mehrfachregelung, erreicht werden sowie durch effektive Informationsgewinnung über die in der Anlage ablaufenden Prozesse, z. B. durch verteilte Kontrolle. Dadurch wird der Einfluß u. a. der Totzeiten sowie der Störgrößen unterdrückt. Erhöhte Anforderungen an die Stabilität des technologischen Prozesses werden neben der hohen Sensibilität moderner chemisch-technologischer Verfahren vor allem auch durch die Tatsache hervorgerufen, daß das Optimum vieler chemischer Prozesse in unmittelbarer Nähe der Stabilitätsgrenze des Steuerungsobjektes liegt [10]. Darüber hinaus ist es bei einer Reihe von Prozessen zu verzeichnen, daß das Optimum sogar einem instabilen statischen Zustand entspricht.

Untersuchungen, die in der letzten Zeit durchgeführt wurden, lassen vermuten, daß durch eine oszillierende Prozeßführung eine wesentliche Erhöhung der Ausbeuten erzielt werden kann [11]. Die Realisierung einer stabilen dynamischen Fahrweise von Reaktoren wirft naturgemäß eine Reihe von schwierigen praktischen und theoretischen Problemen auf. Das betrifft vor allem die Synthese des Folgesystems sowie technische Probleme beim Einsatz geeigneter Stellorgane. Da das Folgesystem komplizierte nichtlineare Funktionen zu realisieren und einen großen Umfang von Informationen zu verarbeiten hätte, empfiehlt sich, in diesem Fall einen Prozeßrechner vorzusehen. Hierbei findet sich ein breites Anwendungsfeld der Theorie dynamischer Systeme.

Die Tendenz zur Erhöhung des Durchsatzes und der Ausbeute hat zur Folge, daß die spezifischen Kosten für Automatisierungsmittel speziell für einen Prozeßrechner sinken. Außerdem führt eine Verbesserung der Prozeßparameter durch optimale Prozeßführung bei erhöhtem Durchsatz zu bedeutenden ökonomischen Ergebnissen, die den Einsatz einer optimierenden Steuerung in vollem Umfang rechtfertigen.

Die sich deutlich in der Verfahrenstechnik abzeichnende Tendenz zum Bau von integrierten Anlagen und zur Verringerung von Verfahrensstufen hat zur Folge, daß die Trägheit der Gesamtanlage herabgesetzt wird. Durch den Wegfall zwischengeschalteter Verzögerungs- bzw. Integralglieder (z. B. durch das Fehlen von Zwischentanks) wird die Störempfindlichkeit der Anlage erhöht. Auf eine Veränderung der Stör- oder Führungsgrößen muß schneller und exakter reagiert werden. Beim Ausfall einer Teilanlage muß oft die gesamte Anlage abgefahren werden. Auf Grund der Notwendigkeit einer schnellen Erfassung und Verarbeitung von großen Datenmengen ist bei integrierten Anlagen der Einsatz eines Prozeßrechners zu empfehlen. Die Aufgabe des Prozeßrechners besteht in diesem Fall darin, die Koordinierung der integrierten Teilanlagen zu übernehmen. Dadurch wird die Betriebssicherheit der Anlage bedeutend erhöht. In diesem Zusammenhang kann die Steuerung komplizierter An- und Abfahrprozesse ebenfalls vom Prozeßrechner übernommen werden.

Zusammenfassend kann gesagt werden, daß bei neu zu errichtenden chemischen Anlagen, ausgehend von den Tendenzen, die sich bei der Entwicklung der chemischen Verfahrenstechnik abzeichnen, die Anforderungen an die Informationsverarbeitung bei der Steuerung dieser Anlagen bezüglich des Informationsumfanges, sowie der geforderten Schnelligkeit der Informationsverarbeitung bedeutend erhöht wurden. Das betrifft auch die Probleme der automatischen Optimierung chemisch-technologischer Prozesse. Desweiteren kann festgestellt werden, daß sich die bereits vor einigen Jahren bei der Steuerung von Einzelanlagen abzeichnende Tendenz zum Aufbau von zweistufigen Steuerungssystemen bestätigt hat. Es ist eine Hierarchie „Stabilisierung — automatische Optimierung“ zu realisieren, wobei das Problem der Stabilisierung im weitesten Sinne zu sehen ist und die Anwendung der Stabilitätstheorie für nichtlineare dynamische Systeme erfordert. Darüber hinaus kann geschlußfolgert werden, daß trotz der Tendenz zu einer Verringerung der Totzeiten und der äquivalenten Zeitkonstanten in der Anlage durch Integration der Anlagen, Vergrößerung der Durchsätze und Verringerung der Verfahrensstufen eine Optimierung am Objekt (Extremwertregelung) auch weiterhin in der chemischen Industrie nur in äußerst begrenztem Umfang angewendet werden wird. Die automatische Optimierung wird auch weiterhin unter Verwendung eines mathematischen Modells der Anlage durchgeführt werden (Modellmethode).

3. Automatisierung von Produktionsprozessen der chemischen Industrie

Ausführliche Analysen der Entwicklung der Automatisierungstechnik haben gezeigt, daß der Anteil der Automatisierungsmittel im Investvolumen verfahrenstechnischer Anlagen in seiner zeitlichen Entwicklung bemerkenswerte Veränderungen erfahren hat, die in engem Zusammenhang mit der Entwicklung der Verfahren selbst stehen (in Abb. 1 für die USA). Bis 1960 lag dieser Anteil bei 5%. Mit Beginn der 60er Jahre wuchs dieser Anteil schnell an und erreichte 1965 schon 10%. Für einige Anlagen, z. B. für die Ammoniaksynthese, stieg der Anteil sogar auf über 20%. Eine nähere Analyse — in Verbindung mit den einleitend aufgeführten Tendenzen — zeigt, daß dieses Ansteigen des Automatisierungsanteils im engen Zusammenhang mit der Leistungssteigerung von Einstranganlagen steht (Abb. 2).

Der Automatisierungsanteil setzt sich aus zwei Komponenten zusammen, den BMSR-Geräten und den Geräten zur elektronischen Datenverarbeitung. Mit Beginn der 60er Jahre ist z. B. für die betrachteten Anlagen ein

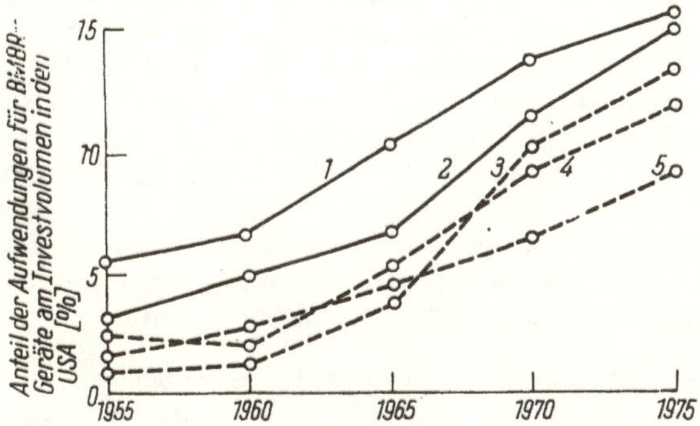

Abb. 1. Anteil der Aufwendungen für BMSR-Geräte am Investvolumen (%) in den USA

1 — chemische und erdölverarbeitende Industrie; *2* — Metallurgie; *3* — Zellulose- und Papierindustrie; *4* — Zementindustrie; *5* — Energiewirtschaft

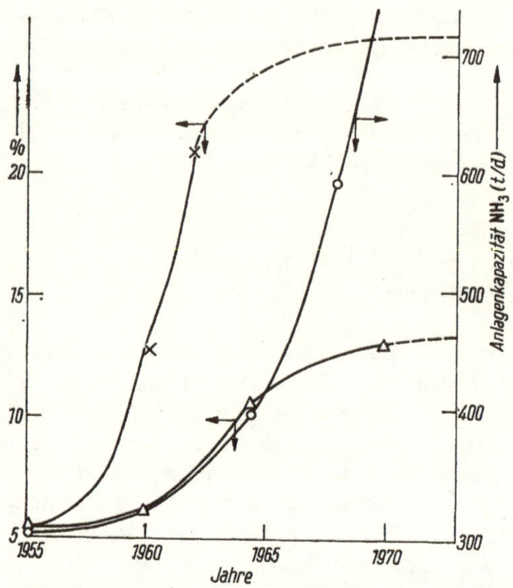

Abb. 2. Anteil des Investaufwandes für Automatisierungsmittel (x) und BMSR-Geräte (Δ) am Gesamtinvestvolumen (USA) und Durchsatzentwicklung von Ammoniaksynthesereaktoren

starkes Ansteigen der Komponente „Informationsverarbeitungsgeräte" innerhalb des Automatisierungsanteils zu vermerken. Offensichtlich führte die Leistungssteigerung und die gleichzeitig damit erfolgte verstärkte Integration der Anlagen in einen Anlagenverband zu einem kritischen Informationsumfang, der mit konventionellen Mitteln auch nicht annähernd optimal zu beherrschen war. Ein Ausweg aus dieser Lage wies der Einsatz von elektronischen Rechenanlagen. Tatsächlich ist der Einsatz von Digitalrechnern für die Datenerfassung und Prozeßsteuerung sprunghaft angestiegen (Abb. 3).

Obwohl man den Prozeßrechner als dialektische Weiterentwicklung der MSR-Technik betrachten kann, birgt sein Einsatz jedoch weitaus größere Möglichkeiten in sich als die konventionelle MSR-Technik.

— Sein Einsatz ist mit bedeutenden Vorbereitungsarbeiten verbunden.
— Der Rechner gestattet nicht nur die Regelung und Steuerung der Anlagen, sondern auch deren Optimierung und das optimale Zusammenwirken mehrer Anlagen.

Der bisherige Einsatz von Prozeßrechnern hat gezeigt, daß die nachträgliche Installation des Rechners in konventionell gebaute Anlagen nicht in allen Fällen die geforderte hohe ökonomische Effektivität garantiert, da der

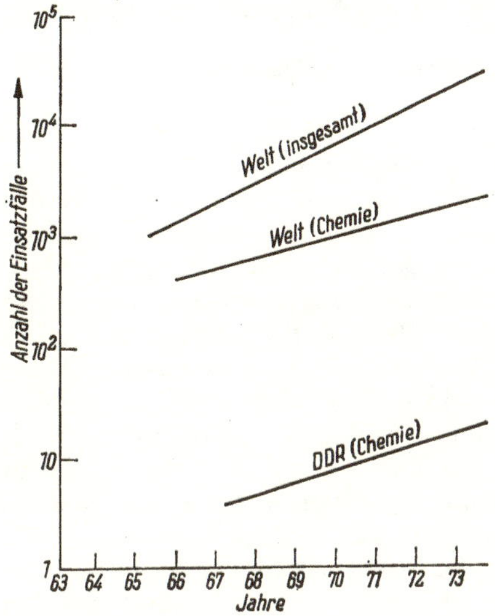

Abb. 3. Entwicklung des Prozeßrechnereinsatzes

Entwicklungsstand der Anlage dem Informationsverarbeitungsysstem „nichtadäquat" ist.

— Die Möglichkeiten der Anwendung der EDVA für die Automatisierung konnten nicht voll genutzt werden, da bei der Auslegung der Anlage die Forderungen der Automatisierung weitgehend unberücksichtigt blieben.
— Der Aufwand für die Modellerarbeitung wurde oft unterschätzt bzw. zu hoch getrieben.
— Ein um eine Größenordnung höherer zusätzlicher Gewinn hätte erzielt werden können, wenn alle Anlagen im Verband optimal zusammenwirken.

Daraus ergeben sich folgende Schlußfolgerungen für die Wechselwirkung Anlage—Automatisierungsmittel:

— Konzipierung, Projektierung, Bau und Betrieb von prinzipiell neuen Anlagen mit neuen Technologien, die die Möglichkeiten eines unmittelbar integrierten Rechners als Wirkprinzip berücksichtigen.
— Bewußte Anwendung moderner kybernetischer Methoden bei der Gestaltung, Modellierung und Steuerung von Anlagen, d. h. konsequente Anwendung der Systemanalyse auf allen Etappen zur Ermittlung einer optimalen Modellstruktur, und der Steuerungsstrategie, Ausnutzung des Hierarchieprinzips, Anwendung der mathematischen Modellierung, Berücksichtigung der Prozeßdynamik, Untersuchung des Stabilitäts- und Sensibilitätsverhaltens.
— Stufenweise Erarbeitung der Modelle für die Steuerung von Anlagen.
— Anwendung einer Hierarchiestruktur für die optimale Steuerung von Anlagenkomplexen.

— Die optimale Steuerung hat ausgehend von der Optimierung der gesamten Produktion zu erfolgen.
— Die Integration des Systems Produktion in den gesamten Reproduktionsprozeß ist zu berücksichtigen.

Ausgehend von den Phasen des Reproduktionsprozesses Prognose, Forschung und Entwicklung, Projektierung und Konstruktion, Bau und Montage, Probebetrieb sowie laufender Betrieb, Instandhaltung und Rekonstruktion, beginnt die Integration der Automatisierungstechnik in das zu entwickelnde Verfahren schon in der Prognosephase, der konzeptionelle Entwurf des Umfanges und des Integrationsgrades erfolgt in der Phase Forschung und Entwicklung. Hier tritt die Automatisierungstechnik unter Umständen als neues Wirkprinzip auf. Während der Projektierung und Konstruktion wird die apparative und maschinentechnische Gestaltung festgelegt, d. h., es erfolgt die konkrete Festlegung des Rechnertyps, der Anschlüsse usw. Eine bedeutende Rolle spielt die in die Neuanlage integrierte Automatisierungstechnik während des Probebetriebes. Hier ergibt sich nicht nur die Möglichkeit der Automatisierung von An- und Abfahrvorgängen, sondern gleichzeitig die Präzisierung des mathematischen Modells für die Steuerung während des Dauerbetriebes und erste Hinweise für eine Rekonstruktion und Rationalisierung sowie die Verbesserung von weiteren neu zu errichtenden Anlagen. Die volle Integration der Automatisierungstechnik in eine Anlage ergibt damit nicht nur eine Ökonomie an Invest- und Betriebskosten, sondern führt auch zu einer neuen Qualität des gesamten Entwicklungs- und Produktionsprozesses von Neuanlagen. Durch dieses Herangehen werden neue potentielle Gebiete für die Automatisierung, die eindeutig von der Ökonomie des gesamten Reproduktionsprozesses ausgehen, erschlossen. Wir befinden uns zur Zeit in der Übergangsphase, die durch folgende Automatisierungsgenerationen gekennzeichnet ist:

— Die konventionelle Meß- und Regeltechnik
— Die Prozeßrechentechnik in konventionell gestalteten Anlagen und
— die in die Anlage und den Reproduktionsprozeß integrierte Rechentechnik zur optimalen Gestaltung des gesamten Produktionsprozesses und ausgewählter Einzelanlagen.

Von Generation zu Generation wächst der Anteil der Systemunterlagen im Gesamtaufwand für die Automatisierung. Selbst auf solchen traditionellen Gebieten der Meßtechnik wie der Analysentechnik besteht die Tendenz darin, die Anzahl von Analysengeräten durch Auffinden von Korrelationen, d. h. mathematische Abstimmung zwischen verschiedenen Prozeßparametern, wesentlich zu verringern. In der primären Erdölverarbeitung sind auf diesem Gebiet schon bedeutende Erfolge erzielt worden.

Der Anteil des Aufwands für Systemunterlagen am Gesamtaufwand für eine mittlere oder große EDVA beträgt z. Z. schon über 60% und wächst weiter an. Für die Systemunterlagen zeichnen sich folgende Tendenzen ab:

- Vereinfachung und Standardisierung der Programmiersprachen
- Verarbeitung und Modellierung sowie optimale Steuerung
- Schaffung von automatisierten Berechnungssystemen für komplexe Prozesse.

Die optimale Gestaltung einer chemischen Anlage bei der Projektierung und Rekonstruktion sowie die Ausarbeitung von Steuerungssystemen zwingt zur Rationalisierung der Anlagendurchrechnung, die bei großen komplexen Anlagen sehr aufwendig werden kann. Die Rationalisierung besteht nun darin, die Struktur eines Systems, d. h. die Verknüpfung der einzelnen Elemente, untereinander mathematisch äquivalent darzustellen und von dem konkreten Inhalt der Elemente zu trennen. Die Struktur kann z. B. durch eine Verknüpfungsmatrix dargestellt werden. Durch bestimmte Transformationen, die sich algorithmieren lassen, kann eine der Ausgangsstrukturen äquivalente Verknüpfung der Elemente erreicht werden, die die Rechenzeit für die Durchrechnung minimal werden läßt. Die Modelle der einzelnen Apparate werden durch Unterprogramme dargestellt, ebenso mathematische Standardverfahren und die Berechnung von Stoffwerten. Über ein Organisationsprogramm erfolgt die Berechnung der Anlage, wobei Strukturänderungen oder Änderungen der anderen Programmbausteine einfach und unabhängig voneinander durchgeführt werden können.

Die Anwendung eines solchen Programmsystems zur digitalen Simulation komplexer Prozesse gestattet es, nicht nur das stationäre Verhalten eines Systems zu betrachten, sondern erlaubt es auch, die dynamischen Eigenschaften zu untersuchen (und solche wichtige Probleme wie Übergangsverhalten, Stabilität, Sensibilität aufzuklären). Die Rationalisierung kann unter Umständen sogar soweit getrieben werden, daß bei neu zu projektierenden Anlagen die beste Schaltungsart der Apparate und andere Steuerungsgrößen optimal bestimmt werden. Damit tritt auf dieser Stufe des Systems — der Anlage — als neues Wirkprinzip die technologische Schaltung auf. Im VEB PCK Schwedt, an der Technischen Hochschule für Chemie Leuna — Merseburg und anderen Institutionen sind solche Programmsysteme zur digitalen Simulation komplexer Prozesse vorhanden. Mit diesen Systemen ist es z. Z. möglich, das stationär und dynamische Verhalten komplexer Prozesse beliebiger Schaltungsarten zu simulieren.

Die Anforderungen an eine moderne Anlage vom Standpunkt der Automatisierung lassen sich wie folgt formulieren:

- Einordnung der Anlage in das System der operativen Lenkung der Gesamtproduktion des Werkes. Das betrifft sowohl die Ausrüstung der Anlage mit Automatisierungsgeräten, z. B. einer Datenerfassungsanlage zur Erfassung aller notwendigen Meßwerte für die automatische Aufstellung einer Werksbilanz, als auch die modellmäßige Einbeziehung der Anlage in das Werksmodell. Diese modellmäßige Widerspiegelung der Anlagenfahrweise kann in erster Näherung über die Stufennormtabelle erfolgen. Auf jeden Fall ist jedoch die Aufstellung eines kontinuierlichen bzw. stückweise stetigen Modells als Bestandteil des Werksmodells anzustreben. Obwohl die Zielfunktion für die verschiedenen Anlagen unterschiedlich sein werden, erfolgt die Festlegung der suboptimalen Politik einer Anlage über das Optimum der Zielfunktion der gesamten Produktion.

Welche Freiheitsgrade für die Einzelanlage nach der Festlegung dieser suboptischen Politik noch vorhanden sind, wird weiter unten dargestellt.

— Die Steuerung einer Anlage durch einen Prozeßrechner ist für konventionelle Verfahren nur dann zu empfehlen, wenn die Integration Rechner — Anlage erfolgt ist.
— Die Kenntnis des stationären Zustandes allein reicht für eine optimale Steuerung, insbesondere für das An- und Abfahren, für den Übergang von einer Fahrweise zur anderen nicht mehr aus. Aus der operativen Lenkung der Gesamtproduktion können sich auch kurzfristige Fahrweisenänderungen und Anlagenabschaltungen ergeben, die dann zeitoptimal durchzuführen sind.

Mit der Beherrschung des dynamischen Verhaltens einer Anlage sind aber Stabilität und Sensibilität eng verbunden. Wie bekannt, ist nicht jede Lösung des Gleichungssystems, die einen bestimmten Prozeß beschreibt, realisierbar. Für lineare Systeme höherer Ordnung und für nichtlineare Prozesse 2. und 3. Ordnung ist das Stabilitätsverhalten noch einigermaßen berechenbar. Die uns interessierenden Systeme sind jedoch dermaßen hochdimensional und nichtlinear, daß oft nicht einmal die Anzahl der stationären Zustände zu ermitteln ist, noch komplizierter wird die Ermittlung der Art des Gleichgewichts und dessen Einzugsbereiche. Die Kenntnis dieser dynamischen Eigenschaften jedoch ist eine Quelle für eine weitere bedeutende Effektivitätserhöhung eines Prozesses. Eng mit der Stabilität ist die Sensibilität verbunden. Unter Sensibilität $s_{x_i}^{y_i}$ versteht man die Empfindlichkeit gewisser Veränderlicher y gegenüber Änderungen anderer Veränderlicher x, z. B.

$$s_{x_i}^{y_i} = \frac{\partial y_i / y_i}{\partial x_i / x_i} = \frac{\ln y_i}{\ln x_i} \tag{1}$$

Dabei wird man bestrebt sein, solche Systeme zu gestalten, für die die Empfindlichkeit der Zielfunktion bzw. der Steuervariablen so gering wie möglich ist, d. h., daß Störungen nur geringen Einfluß auf den Prozeßzustand ausüben. Das erreicht man durch starke negative Rückkopplung im System.

4. Einige Probleme des Aufbaus von automatisierten Leitungssystemen unter Verwendung von Digitalrechnern

Die automatisierte Steuerung von Einzelanlagen muß sich organisch in die gesamte Leitungstätigkeit des Werkes bzw. Kombinats einordnen. Das heißt also, daß es notwendig ist, die Steuerung von Produktionsprozessen als ein Bestandteil eines automatisierten Leitungs- und Steuerungssystems (ASU) des Werkes zu betrachten.

International wird eingeschätzt, daß die Schaffung von automatisierten Leitungssystemen wesentlich zur Rationalisierung der Leitungstätigkeit beiträgt. So bemerkt L. I. Breshnjew auf dem 24. Parteitag der KPdSU:

„Die Wissenschaft hat das theoretische Arsenal der Planung durch die Ausarbeitung von Methoden der ökonomisch-mathematischen Modellierung, der Systemanalyse und andere stark bereichert. Es ist erforderlich, diese Methoden breiter anzuwenden und zügiger automatisierte Steuerungssysteme für die Industriezweige zu errichten. Dabei ist zu berücksichtigen, daß in der Perspektive uns die Schaffung eines gesamtstaatlichen automatisierten Systems der Informationsgewinnung und -verarbeitung bevorsteht" [12].

Auf einer im Jahre 1972 in Moskau durchgeführten Allunionsberatung über die Anwendung der Rechentechnik und automatisierter Steuerungssysteme führte der Minister für Gerätebau, Automatisierungsmittel und Steuerungssysteme der UdSSR, K. N. Rudrew, aus, daß im Fünfjahrplanzeitraum insgesamt 2700 automatisierte Steuerungssysteme in der Volkswirtschaft der UdSSR einzuführen sind, darunter 700 Prozeßsteuerungssysteme [12]. Auf der gleichen Beratung berichtete u. a. der Direktor des Sewerodonjezker Chemiekombinats, W. I. Kandela, über die erfolgreiche Einführung eines automatisierten Systems zur Leitung seines Werkes und fordert die Weiterentwicklung und Vervollkommnung dieses Systems [12].

Um die Entwicklung solcher automatisierter Systeme ökonomisch zu gestalten, ist die konsequente Anwendung von Typenprojekten zu fordern [12].

Die Schaffung von ASU in Werken und Kombinaten, deren Einsatz der Intensivierung und Rationalisierung des gesamten Reproduktionsprozesses dient, ist in der Regel mit dem Einsatz von elektronischen Datenverarbeitungsanlagen und Prozeßrechnern verbunden. Bei der Synthese von ASU ist von der Dekomposition des gesamten Reproduktionsprozesses in den einzelnen Systemen bzw. Basissystemen auszugehen, wobei die einzelnen Basissysteme durch eine sogenannte komplexe Betriebsplanung koordiniert werden. Ausgehend von diesem prinzipiellen Aufbau von ASU spielt das System Produktion eine entscheidende Rolle.

Bei der Ableitung der Aufgaben für den Aufbau eines automatisierten Steuerungssystems für die Gesamtproduktion wurde von den Kapazitätsreserven ausgegangen, die in jeder einzelnen Anlage vorhanden waren und die durch eine Intensivierung der Produktionsprozesse, d. h. in unserem Falle durch optimale Steuerung und Lenkung, teilweise auszuschöpfen sind.

Ausgehend von den konkreten Bedingungen, die beim Aufbau eines ASU zu beachten sind, erweist sich folgende allgemeine Verfahrensweise beim Entwurf eines ASU für chemische Werke mit kontinuierlichen Verfahren bei hoher Verflechtung und Integration sowie mit großer Verarbeitungskapazität, wie sie für die Erdölverarbeitung und Petrolchemie charakteristisch sind, als zweckmäßig:

1. Formulierung der Steuerungs- und Lenkungsaufgaben und einer Grobstruktur der Steuerungs- und Lenkungsalgorithmen einschließlich einer Grobabschätzung des ökonomischen Nutzens.
2. Abschätzung des notwendigen Umfanges auszutauschender Informationen zwischen den einzelnen Algorithmen bzw. Teilsystemen bezüglich Menge und Frequenz.
3. Der Aufbau der zur Realisierung der Steuerungs- und Optimierungsalgorithmen notwendigen technischen Basis des automatisierten Steuerungssystems. Dabei ist folgende Zielfunktion zu minimieren:

$$F = Q - \sum_{j=1}^{N} \sum_{k=0}^{n} P_k \cdot q_{kj} - \frac{K}{T} - B \tag{2}$$

   wobei: Q — die Effektivität des Systems bei absolut sicherer Rechentechnik; P_k — Wahrscheinlichkeit des Zustandes k; q_{kj} — Effektivität des Untersystems j im Zustand k; K — die Gesamtkosten des Systems; B — die Betriebskosten; T — die Gesamtbetriebszeit; N — Anzahl der zu steuernden Objekte; n — die Anzahl der Zustände sind.

   Das globale Minimum von (2) wird bei Verwendung eines Rechnerhierarchiesystems als technische Basis erreicht.
4. Präzisierung der Steuerungs- und Lenkungsalgorithmen. Auswahl der effektivsten Algorithmen. Ergänzung der technischen Basis.
5. Aufnahme eines schrittweisen Dauerbetriebes des ASU.

Neben den hier formulierten Etappen ist beim Aufbau eines ASU unbedingt zu beachten, daß es bei der Struktursynthese darauf ankommt, das Gesamtsystem aus relativ autonomen Teilsystemen sowohl vom Standpunkt der Systemtechnik (hardware) als auch der Systemunterlagen (software) aufzubauen. Vom Standpunkt der Systemunterlagen realisiert dieses Hierarchiesystem die Planung und operative Lenkung der Produktion und die Prozeßsteuerung ausgewählter Anlagen als jeweils autonome Systeme. Diese Notwendigkeit folgt sowohl aus der Prozeßanalyse als auch aus der Analyse der Informationsbeziehungen der Leitungstätigkeit.

Das Ziel bei der Steuerung des Systems Produktion besteht darin, eine kontinuierliche Erfüllung des Produktionsplanes zu gewährleisten. Dabei wird gleichzeitig in der Regel angestrebt, den Nettogewinn des Werkes zu maximieren.

In mathematischer Form läßt sich die Aufgabe der Produktionsplanung in den meisten Fällen als eine Aufgabe der Linearprogrammierung formulieren. Auch die operative Lenkung als zeitlich nachgeschaltete Phase verwendet lineare Modelle.

Im allgemeinen wird folgende Zielfunktion

$$F = \sum_i c_i x_i \tag{3}$$

mit folgender Nebenbedingung verwendet:

$$Ax = B. \tag{4}$$

Auf einige spezielle Probleme der Planung und operativen Lenkung der Produktionsprozesse wird im weiteren noch eingegangen. Unter Verwendung der für die Planung und operative Lenkung formulierte Aufgabenstellung muß eine wissenschaftlich begründete Auswahl der Objekte vorgenommen werden, für die eine Prozeßsteuerung vorzusehen ist. Im engstem Zusammenhang damit stehen die Fragen der Auswahl der Steuerungsalgorithmen. Bei der Lösung dieser Aufgabe ist es besonders wichtig, den quantifizierbaren Nutzen der Prozeßsteuerung abzuschätzen.

Wird für einzelne Anlagen eine Prozeßsteuerung realisiert, so setzt sich der durch diese Maßnahme erzielte Nutzen additiv aus zwei Summanden zusammen:

$$\Phi_{PS} = \Phi_{PS1} + \Phi_{PS2}, \tag{5}$$

wobei: Φ_{PS1} — ökonomischer Nutzen, der im übergeordneten System der operativen Lenkung realisiert wird (Systemeffekt); Φ_{PS2} — ökonomischer Nutzen, der im zu steuernden System selber entsteht (z. B. Material- und Energieeinsparung) sind.

Der Teilnutzen Φ_{PS1} wird im wesentlichen dadurch erreicht, daß die Koeffizienten in den Nebenbedingungen durch optimale Steuerung variiert werden. Wenn eine Prozeßsteuerung zu den Veränderungen ΔA, ΔB führt, so berechnet sich Φ_{PS1} folgendermaßen:

$$\Phi_{PS1} = \sum_{i=1}^{n} \frac{\partial F}{\partial a_i} \Delta a_i + \sum_{i=1}^{m} \frac{\partial F}{\partial b_i} \Delta b_i, \tag{6}$$

wobei: $\frac{\partial F}{\partial a_i}$ und $\frac{\partial F}{\partial b_i}$ die Sensibilitäten der Zielfunktion der operativen Lenkung bei Variation der entsprechenden Parameter in der Gleichung (4) sind. Es wurde ein Algorithmus ausgearbeitet, der unter Verwendung der Theorie der linearen Programmierung diese Sensibilitäten berechnet. Dabei ist es gelungen, die Abhängigkeit der Sensibilitäten von den Variationen Δa_i und Δb_i zu berechnen. Dabei war zu beachten, daß die Sensibilitäten selber als auch ihre Ableitungen nach den Variationen (Sensibilitäten 2. Ordnung) Unstetigkeitsstellen aufweisen können. Durch diese Methode zur Bestimmung der Effektivität bzw. der Schwerpunkte bei der Prozeßsteuerung von ausgewählten Anlagen gelingt es jedoch nicht, in expliziter Form eine Bewertung der Massenströme am Eingang bzw. am Ausgang einer verfahrenstechnischen Anlage vorzunehmen. Das ist besonders dann von Bedeutung, wenn es darauf ankommt, eine gezielte Veränderung des mengenmäßigen Verhältnisses der Eingangs-, Ausgangs- und Zwischenproduktströme einer Einzelanlage vorzunehmen. In diesem Falle wird zur Abschätzung des ökonomischen Nutzens eine Methode vorgeschlagen, die auf dem Kuhn-Tacker-Theorem basiert. Außerdem wird dadurch eine Bewertung in Form von Preisen der Zwischenprodukte eines gesamten Produktionskomplexes erreicht, die in die Zielfunktion bei der Steuerung der Einzelanlagen eingeht. Die Aufgabe der Produktionssteuerung kann wie folgt formuliert werden, wenn angenommen wird, daß eine Prozeßsteuerung ausgewählter Anlagen erfolgt:

$$F = \sum_{i=1}^{n} (a_i x_i + b_i y_i + c_i u_i) \to \max \tag{7}$$

$$x_i = \sum_j f_{ij}(y_i, u_i) \cdot y_j + \sum_j \varphi_{ij}(y_i, u_i) \cdot u_j . \tag{8}$$

Diese Aufgabe ist gelöst, wenn der Sattelpunkt der Funktion G bestimmt wurde:

$$\min_{\lambda} \max_{x,y,u} G = \min_{\lambda} \max_{x,y,u} \times \left[\sum_{i=1}^{n} (a_i x_i + b_i y_i + c_i u_i) + \lambda_i \left(\sum_j f_{ij} \cdot y_j + \sum_j \varphi_{ij} u_j - x_i \right) \right] . \tag{9}$$

Die Gleichung (9) kann wie folgt umgeschrieben werden:

$$\min_{\lambda} \max_{x,y,u} G = \min_{\lambda} \left\{ \max_{x,y,u} \left[\sum_{i=1}^{n} (a_i x_i + b_i y_i + c_i u_i) + p_i y_i + q_i u_i - \lambda_i x_i \right] \right\} \tag{10}$$

$$p_i = \sum_j \lambda_j f_{ij}; \qquad q_i = \sum_j \lambda_j \varphi_{ij} .$$

Die Koeffizienten p_i, q_i und λ_i sind in diesem Fall als die gesuchten Preise der Eingangs-, Steuer- und Ausgangsgrößen der Einzelanlagen zu betrachten.

In den Formeln (7) bis (10) ist zu beachten, daß die Funktion f_{ij} und φ_{ij} für die Anlagen, in denen eine Prozeßsteuerung vorgenommen wird, in der Regel nichtlinear sind. In einigen Fällen wird diese Funktion auch nicht in expliziter Form vorliegen.

Für die optimale Produktionssteuerung kann dann folgender Algorithmus vorgeschlagen werden:

1. Mit jeweils linearisierten Koeffizienten werden nach einem Iterationsalgorithmus die Werte für λ, x, y und u bestimmt. Dadurch ist es möglich, die Preise für die Eingangs- und Ausgangsprodukte einer jeden Anlage zu bestimmen.
2. Die unter 1. ermittelten Preise sind die Koeffizienten in der Zielfunktion der Prozeßsteuerungsvorhaben; die Koeffizienten f_{ij} und φ_{ij} sind in diesem Fall nichtlineare Koeffizienten, die nur dann wieder linearisiert werden können, wenn auch das Prozeßsteuerungsvorhaben selbst als Hierarchiesystem realisiert wird.
3. Die bei 1. verwendeten Koeffizienten bzw. Funktionen f_{ij} und φ_{ij} müssen nach Realisierung des Punktes 2. korrigiert werden.

Der hier beschriebene Algorithmus zur Bestimmung der Beziehungen bzw. des Verhältnisses von operativer Lenkung zur Prozeßsteuerung kann auch für die Ableitung von Aufgaben zur Steuerung und Regelung von Teilanlagen, ausgehend von den Aufgaben der Prozeßsteuerung, angewendet werden. Dadurch wird das gesamte System zur Steuerung des Produktionssystems durchgehend hierarchisch gestaltet.

Wie bereits erwähnt, besteht das Ziel beim Einsatz von elektronischen Datenverarbeitungsanlagen zur Intensivierung des Produktionsprozesses darin, ein automatisiertes Leitungssystem aufzubauen. Dabei kann es nicht darum gehen, ein vollautomatisches System zu errichten. Es kommt darauf an, den Menschen mit seinen Fähigkeiten und Erfahrungen voll in das automatisierte Leitungs- und Steuerungssystem zu integrieren. Eine vollständige Automatisierung ist aus folgenden Gründen nicht möglich. Erstens wird es in absehbarer Zeit nicht gelingen, alle Aufgaben der Steuerung und Lenkung verfahrenstechnischer Prozesse zu formalisieren und mathematisch zu beschreiben. Diese mathematische Beschreibung ist aber die Voraussetzung für eine vollständige Automatisierung. Die mathematische Beschreibung der gesamten Steuerungsaufgabe ihrerseits muß jedoch von einem vollständigen mathematischen Modell des Steuerungsobjektes ausgehen. Diese Verfahrensweise erfordert offensichtlich unvertretbar hohe finanzielle Aufwendungen. Der einzige Ausweg aus dieser Situation ist die Organisation eines effektiven Lernprozesses von Mensch und Maschine. Die Steuerungsaufgabe trägt also bei verfahrenstechnischen Prozessen ausgeprägten dualen Charakter, der in der Einheit von Erkennen der Prozeßeigenschaften und Entscheidungsfindung bei der Prozeßführung, d. h. in der Einheit von Identifikation und Steuerung, liegt. Bei der Ausarbeitung des Steuerungsalgorithmus muß unbedingt berücksichtigt werden, daß die Menge an Information über den Prozeß seinen Eigenschaften nur teilweise adäquat ist. Ein weiteres Hindernis auf dem Wege zu einem vollautomatisierten Steuerungssystem sind die begrenzten Möglichkeiten der EDVA einschließlich der Prozeßrechner bezüglich Speicherkapazität und Rechengeschwindigkeit sowie der Ein- und Ausgabeeinheiten.

Es geht also darum, ein effektives Wechselspiel zwischen Rechner und Mensch, also ein Mensch-Maschine-System (ergatisches System) aufzubauen. Es hat sich gezeigt, daß die Effektivität des Einsatzes elektronischer Rechenanlagen zur Lenkung und Steuerung von Produktionsprozessen in bedeutendem Maße von folgenden Faktoren bestimmt wird:

1. Gegenseitiges Verstehen von Mensch und Rechner ist von besonderer Wichtigkeit bei der Organisation eines effektiven Dialoges zwischen Mensch und Rechner. Es ist notwendig, daß die Aufgabe, die der Mensch durch den Rechner gelöst haben will, genau formuliert wird. Es hat sich in diesem Zusammenhang als sehr nützlich erwiesen, daß z. B. der Schichtleiter über das Steuerpult oder über die Steuerschreibmaschine bestimmte Programme oder sogenannte „Funktionen“ aufrufen kann, wie „Anwahl einer Meßstelle“, „Start der Optimierung“, „Ausdruck der Schichtbilanz“ u. a.

Des weiteren ist darauf zu achten, daß bei der Erarbeitung der Algorithmen berücksichtigt wird, daß die „Antwort" des Rechners auf eine Anforderung des Anlagenfahresr bzw. des Dispatchers mit der notwendigen Geschwindigkeit erfolgt. So muß z. B. erreicht werden, daß bei der Verwendung von Simulationsmodellen für die Auswahl der besten Fahrweise einer Einzelanlage oder des gesamten Produktionsprozesses die für die Lösung der Gleichungen des Simulationsmodells erforderliche Rechenzeit einschließlich der Zeit für die Ein- und Ausgabe hinreichend klein ist. Dasselbe gilt z. B. auch in dem Fall, wenn die Nebenbedingungen für die Optimierung einer Anlage in Abhängigkeit von Zwischenergebnissen zu korrigieren sind.

Für das gegenseitige Verstehen von Mensch und Maschine ist von besonderer Wichtigkeit, daß die Anwenderkollektive ausführlich mit den Besonderheiten des Rechners vertraut gemacht werden, der in den Händen der Anwender zu einem echten Produktionsinstrument werden muß. Zu diesem Zweck ist eine ausführliche Schulung des Anlagenpersonals notwendig, bevor die endgültige Übergabe des Automatisierungsvorhabens an die Produktionsabteilung erfolgt.

2. Der zweite Faktor, der wesentlich die Effektivität des Rechnereinsatzes beeinflußt, ist die psychologische Bereitschaft des Anlagenpersonals, wichtige Steuerungs- und Lenkungsaufgaben mit Hilfe des Rechners zu lösen. Die psychologische Bereitschaft ist offensichtlich um so höher, je besser das Anlagenpersonal auf den Prozeßrechnereinsatz vorbereitet wurde, d. h. je beser die Schulung des Anlagenpersonals durchgeführt wurde. Um die psychologische Bereitschaft des Anlagenpersonals zu verbessern, ist es anzustreben, bei der Realisierung des Rechnereinsatzes nach einem Stufenprogramm vorzugehen und Teilergebnisse bereits produktionswirksam zu machen. Dadurch wird erreicht, daß die Leitungsorganisation schrittweise dem Endzustand bei der Einführung der Datenverarbeitung angepaßt werden kann. Für das Anlagenpersonal sind dadurch die Lernschritte genügend klein und es wird angehalten, sich kontinuierlich mit dem Problem des Rechnereinsatzes zu beschäftigen.
3. Die optimale Zugriffsmöglichkeit zum Rechner als weiterer Faktor ist eng mit der psychologischen Bereitschaft des Anlagenpersonals verbunden. Unter optimaler Angriffsmöglichkeit verstehen wir die Möglichkeit des Menschen, zu beliebiger Zeit den Rechner für die Steuerung und Lenkung zu benutzen bzw. ihn als Informationsgeber zu verwenden. Dieses Problem gewinnt besondere Bedeutung, wenn der Rechner zur unmittelbaren technischen Basis eines Dispatchersystems gehört.
4. Für eine effektive Arbeit mit dem Rechner ist es notwendig, daß der Anlagenfahrer die Rechenergebnisse in ansprechend kurzen Zeitintervallen erhält, die es ihm noch gestatten, die Ergebnisse zu beurteilen und seine Entscheidung zum rechten Zeitpunkt unter Verwendung dieser Rechenergebnisse fällt. Das ist bei der Erarbeitung der Steuerungsalgorithmen und bei der Programmierung des Rechners unbedingt zu beachten. Bei der Lösung einer Reihe von Steuerungs- und Lenkungsaufgaben kommt es darauf an, Variantenrechnungen durchzuführen bzw. Zielfunktion und Nebenbedingungen bei der Optimierung operativ zu ändern. In diesen Fällen hat oft die Rechengeschwindigkeit Vorzug vor der Genauigkeit, was wiederum bei der Synthese des Steuerungsalgorithmus zu beachten ist.
5. Als fünfter Faktor, der die Effektivität des Rechnereinsatzes wesentlich bestimmt ist der notwendige bequeme Umgang mit dem Rechner zu nennen. Hierbei sind einige, Forderungen der Ingenieurpsychologie zu erfüllen, besonders bezüglich der Eingabe von Daten, der Übersichtlichkeit der Datenausgabe, der Anordnung der Datenendplätze und der Schwerpunkte des Umschaltmechanismus von automatischer Sollwertführung auf Handsteuerung usw.

5. Entwurf von Steuerungssystemen für kontinuierliche Produktionsprozesse

Im VEB PCK Schwedt wird seit mehreren Jahren daran gearbeitet, EDVA zur Rationalisierung und Automatisierung von Verwaltungs- und Leitungsarbeit sowie der Produktionssteuerung einzusetzen. Dabei wird ein weiteres Aufgabenspektrum erfaßt, das von der Lohn- und Gehaltsrechnung bis zur Prozeßsteuerung reicht. Im vorliegenden Sammelband wird jedoch nur auf die Lenkung und Steuerung der eigentlichen Produktionsprozesse eingegangen. Durch die moderne Technologie des Werkes und die hohe Verflechtung der einzelnen Anlagen — das Werk besteht aus mehreren Rohöldestillations-, Raffinations- und Reformierungsanlagen sowie je einer Anlage zur Aromatengewinnung, Gaszerlegung, Normalparaffinerzeugung, ACN-Herstellung sowie einer Düngemittelfabrik zur Herstellung von Kalkammonsalpeter — ergeben sich sowohl rohstoffseitig als auch über die Zwischenprodukte sehr enge Kopplungen zwischen den einzelnen Anlagen.

So kommen z. B. in der Düngemittelfabrik Raffinations- und Restgas aus der primären Erdölverarbeitung und in der ACN-Anlage Ammoniak aus der Düngemittelfabrik zum Einsatz. Verschiedene Dieselfraktionen aus den Rohöldestillationen sind Einsatzprodukte für die Normalparaffinerzeugung usw. Außer diesen starken eingangsseitigen Kopplungen der Anlagen hat die absatzseitige Rückkopplung für die Lenkung des Betriebes und die Steuerung der Anlagen große Bedeutung, die dazu führt, daß sich die Produktionsprogramme in relativ kurzen Zeiträumen ändern. Zur optimalen Beherrschung dieses stark vermaschten dynamischen Produktionssystems wurde ein Rechnerhierarchiesystem mit der in Abb. 1 gezeigten Struktur und den in Tab. 1 zusammengestellten technischen Daten eingesetzt.

Als globale Ziele wurden dabei festgelegt:

1. Optimierung der Produktionsprogramme und deren Realisierung in Kurzzeiträumen für das gesamte Werk.
2. Ableitung optimaler Führungsgrößen für einzelne Anlagen und Aggregate auf der Grundlage von 1.
3. Prozeßsteuerung ausgewählter Anlagen.

Komplizierend wirkte, daß die technischen Parameter des Informations- und Rechnersystems zu einem Zeitpunkt fixiert werden mußten, zu dem der Aufbau des Werkes sowie die Analyse des Systems und die Ableitung der Steuerungsaufgaben noch nicht abgeschlossen waren. Während die zum Zeitpunkt der Rechnerauswahl bereits vorhandenen Produktionsanlagen für die Kopplung mit den Rechnern nicht vorbereitet waren, d. h. umgerüstet werden mußten, konnten in Neuanlagen die Forderungen des Rechnereinsatzes berücksichtigt werden. Da das zur Realisierung des Vorhabens erforderliche Kaderpotential beschränkt war und die Forderung bestand, so früh wie möglich einzelne Teile des Informationsverarbeitungssystems zu nutzen, kam für den Aufbau des Systems nur ein Stufenprogramm in Frage, das mit der Ermittlung der Aufgaben des Informationssystems begann und mit der Inbetriebnahme der einzelnen Teilsysteme abschloß.

Im Rahmen des zweistufigen Hierarchiesystems zur automatisierten Steuerung der Produktion löst das System der Planung und operativen Lenkung als oberste Stufe des ASU im wesentlichen folgende Aufgaben: Produktionsplanung, die Produktionslenkung, die Ermittlung der Produktionsergebnisse und die Bilanzierung des gesamten Produktionsprozesses.

Damit wird auch der zeitlichen Reihenfolge und der Häufigkeit (Frequenz) der Leitungsentscheidungen bei der Leitungs- und Lenkungstätigkeit für große Produktionssysteme Rechnung getragen. Bei der Konzipierung des automatisierten Systems der Planung und operativen Lenkung ist von den Ergebnissen einer Prozeßanalyse, also von den Eigenschaften des gesamten Produktionsprozesses, auszugehen.

Des weiteren muß das bereits vorhandene System zur Leitung des Reproduktionsprozesses des Werkes berücksichtigt werden. Bei der Synthese des automatisierten Systems der Planung und Lenkung bereitet die mathematische Beschreibung des gesamten Produktionsprozesses, für den eine hohe Dimension der Phasenvariablen charakteristisch ist, besondere Schwierigkeiten. Offensichtlich ist ein effektiver Kompromiß zwischen der Genauigkeit des Modells und der Rechenzeit, die für die Lösung der Modellgleichungen notwendig ist, nur dann zu erreichen, wenn im Rahmen eines Mensch-Maschine-Systems Simulationsmethoden für die Entscheidungsvorbereitung verwendet werden. Das erscheint um so mehr als notwendig, als es in der gegenwärtigen Zeit noch nicht möglich ist, das Ziel der Lenkung der Produktion in Form einer mathematischen Zielfunktion zu formulieren. Mathematische Optimierungsmethoden sind für die Entscheidungsfindung also nur begrenzt anwendbar.

Das allgemeine Konzept der Planung und operativen Lenkung im PCK Schwedt wird in [13] erläutert. Hier werden auch die in diesem Zusammenhang stehenden Fragen der mathematischen Modellierung sowie der Gestaltung eines effektiven ergatischen Systems betrachtet.

Die Entscheidungsfindung bei der Lenkung des Produktionsprozesses erfolgt in einem zweistufigen Prozeß. In der ersten Etappe wird ein Produktionsprogramm für einen längeren Zeitraum (etwa 10 Tage) ermittelt. Dabei werden integrale Produktionskennziffern ermittelt. In der zweiten Etappe wird ein Fahrprogramm für die einzelnen Produktionskomplexe festgelegt, wobei die in der ersten Etappe berechneten Produktionskennziffern als Nebenbedingungen betrachtet werden. Ausführlich wird auf den Algorithmus der Entscheidungsfindung und deren Realisierung auf einem Rechner in [14] eingegangen. Durch diese Zweistufigkeit der Entscheidungsfindung ist es gelungen, das bereits oben erwähnte Problem der hohen Dimension bei der Lenkung von kontinuierlichen Produktionsprozessen erfolgreich zu lösen. Bei der Ermittlung der Produktionsergebnisse und bei der Bilanzierung des gesamten Produktionsprozesses spielt die Erfassung der wichtigsten Meßwerte und der Ausgleich der Massenbilanzen eine entscheidende Rolle. Beim Bilanzausgleich gehen wir von normalverteilten Meßstellen aus. Das führt zu einem relativ einfachen Ausgleichsalgorithmus. Einige Untersuchungen haben jedoch gezeigt, daß eine Normalverteilung nicht in jedem Fall vorgenommen werden kann.

Die Fragen des Bilanzausgleichs und der Meßwerterfassung im System der Planung und operativen Lenkung werden in [15] dargelegt. Speziell wird hier auch das schwierige Problem der on-line-Erfassung der Meßwerte behandelt.

Die zweite Ebene des automatisierten Steuerungssystems beinhaltet einige Teilsysteme, in denen Prozeßrechner selbständige Steuerungsaufgaben lösen und zur Informationsgewinnung für dar übergeordnete System der operativen Planung und Lenkung verwendet werden.

Hierbei handelt es sich um die Steuerung der Düngemittelanlage, der Rohöldestillation und der Faserrohstoffproduktion.

Die Anlage zur Produktion von Kalkammonsalpeter aus Flüssiggas und Abfallgasen der primären Erdölverarbeitung über die Zwischenstufen Ammoniak und Salpetersäure ist vollständig mit einem modernen elektrischen BMSR-System ausgerüstet und wird von einer Zentralwarte aus ferngesteuert. Ein Satellitenrechner vom Typ ICL 4120 wurde in unmittelbarer Nähe dieser Meß- und Steuerwarte installiert. Bedienungspult und Ausgabegeräte des Rechners stehen in der Warte. Der Rechner wird zur Erfassung und Aufbereitung der Information über den Prozeß zur Lösung einiger ausgewählter Steuerungsaufgaben genutzt; die beiden erstgenannten Funktionen mit ihren Komponenten Meßstellenabfrage, Meßwertkorrektur, Sinnfälligkeitstest, Grenzüberwachung, Protokollierung aller Verletzungen vorgegebener Regime, Ausgabe von Trendprotokollen, Berechnung von Kennwerten, Chromatogrammauswertung, Bilanzierung und Langzeitspeicherung der Anlagengeschichte waren für lange Zeit der Einsatzvorbereitung die einzigen produktionswirksamen Ergebnisse der Rechnerinstallation. Durch die damit verbundene bessere Kontrolle und Reproduzierbarkeit der Handlungen des Anlagenpersonals führten sie zu einer Erhöhung der Produktionskultur und zu einem großen, jedoch nicht quantifizierbaren, ökonomischen Effekt.

Erst nach einer sehr detaillierten Prozeßanalyse konnten die Steuerungsaufgaben festgelegt werden, durch deren Lösung das Betriebsergebnis wesentlich beeinflußt werden kann. Als Optimierungskriterium wurde die Maximierung der Ammoniakproduktion gewählt. Ausgehend von ihrem Einfluß auf die Zielfunktion „Ammoniakproduktion“ wurden folgende wichtige Teilsteuerungsaufgaben ermittelt:

1. Optimale Einsatzproduktmischung, um aus dem Rohstoffangebot die maximal mögliche Synthesegasmenge zu produzieren.

2. Regelung der Stufen Rohstoffmischung, Primär- und Sekundärreformer, um Anlagenausfälle bei Rohstoffstörungen zu vermeiden.
3. Stabilisierung des H_2/N_2-Verhältnisses im Ammoniaksynthesekreislauf durch entsprechende Steuerung des Primär und Sekundärreformerkomplexes, um die Produktionsverluste durch Abweichung vom optimalen H_2/N_2-Verhältnis zu minimieren.
4. Stabilisierung und Optimierung des Temperaturregimes des Ammoniaksynthesereaktors (unter Anwendung der Steuerung nach dem Temperaturfeld [2, 3]), um die Ammoniakausbeute im Reaktor zu maximieren.

Die Algorithmen für die Realisierung dieser vier Teilaufgaben wurden erarbeitet und getestet. Sie werden z. Z. schrittweise produktionswirksam, wobei die 4. Aufgabe bereits als DDC-System im Dauerbetrieb ist und andere Aufgaben z. Z. noch in on-line-open-loop-Betrieb realisiert werden. Einige Teilaufgaben erfordern Rechnungen auf dem Zentralrechner ICL 4130, die durch die Verbindung zwischen den Rechnern möglich sind. Der Betreiber der Anlage bestätigte einen jährlichen Gewinnzuwachs durch die Einführung des Prozeßrechners in Höhe von 2 Mio. Mark, der planwirksam wurde.

Die Anlagen für die atmosphärische und Vakuumdestillation sind mit einem pneumatischen BMSR-System ausgerüstet. Da sie über eine große Fläche verteilt sind, erhält der entsprechende Prozeßrechner (ICL 4120) deshalb keine zentrale PEA, sondern in den einzelnen Anlagenteilen wurden separate Erfassungseinrichtungen mit P/I-Transmittern und A/D-Wandlern aufgestellt, die vom Erdölrechner aus angesteuert werden. Das Informationssystem dieses Rechners ist ähnlich dem des Düngemittelrechners. Beschränkungen bestehen hinsichtlich der maximalen Abfragefrequenz. Typisch für Anlagen der primären Erdölverarbeitung ist, daß sie nach einer Vielzahl von Parametern gefahren werden, die automatisch nicht oder nur mit großem Aufwand gemessen werden können (während im Gegensatz dazu in der Ammoniakanlage fast alle wesentlichen Größen automatisch erfaßt werden). Eine der drei parallel arbeitenden Rohöldestillationen wurde soweit wie möglich mit automatischen Analysengeräten ausgerüstet, hinsichtlich ihrer Effektivitätsreserven untersucht, und es wurde die Entscheidung getroffen, eine optimierende Steuerung zu realisieren.

Diese Steuerung maximiert durch Vorgabe von Regimeparametern wie Rücklaufverhältnisse, Entnahmemengen und Temperaturen das Betriebsergebnis der Anlage. Das führt zu einer Maximierung der Ausbeute heller (teurer) Produkte.

Diese Steuerung wird im on-line-open-loop-Dauerbetrieb realisiert, wobei die eigentlichen Optimierungsrechnungen auf dem Zentralrechner ICL 4130 erfolgen. Die Optimierungsergebnisse werden in den entsprechenden Warten ausgegeben. Vom Betreiber der Anlage wurde ein jährlicher Nutzen in Höhe von 2,2 Mio. Mark zu Betriebspreisen für eine Rohöldestillation bestätigt. Eine Nutzung des Optimierungsprogramms für andere Rohöldestillationsanlagen ist vorgesehen, wobei der hohe Hardwareaufwand für die Analysentechnik verringert werden soll.

In einer Anlage zur Faserrohstoffproduktion, die sich aus vielen Teilkomplexen zusammensetzt, wurde der Rechner (ebenfalls ICL 4120) weitestgehend in die Meßwarte sowie in die BMSR-Konzeption integriert, so daß ein großer Teil des Hardware-Rechneraufwand durch Einsparungen an Sekundärräten (die zur Einsparung einer Meßwarte führten) kompensiert wird. In dieser Anlage war der Rechner eher betriebsbereit als die chemischen Ausrüstungen und beschleunigte durch das betriebsfähige Informationssystem die Anlageninbetriebnahme wesentlich. Nach ausführlicher Prozeßanalyse sollen auch diesem Rechner zusätzlich zu den Aufgaben des Informationssystems Steuerungsaufgaben übertragen werden, die z. T. ebenfalls Rechnungen auf dem Zentralrechner einschließen werden.

Dieser Einsatzfall ist ein Beweis dafür, daß bei einer Integration des Prozeßrechners in die Anlage und bei seiner Verwendung für die Durchführung des Probebetriebes beim Anlagenpersonal die oben erwähnte psychologische Barriere beim Rechnereinsatz praktisch nicht auftaucht.

Die Realisierung eines Systems zur Steuerung von Einzelanlagen (Prozeßsteuerung) beinhaltet im wesentlichen folgende Etappen. In der ersten Etappe wird eine grobe Abschätzung der statistischen Charakteristika der Störgrößen vorgenommen. Darüber hinaus werden die Forderungen der operativen Lenkung der Produktion an die Einzelanlage fixiert.

Auf der Grundlage dieser Informationen wird eine vorläufige Auswahl der Steuerungsaufgaben und unter Verwendung eines groben Näherungsmodells der Anlage eine Vorabschätzung des zu erwartenden ökonomischen Nutzens durch den Einsatz eines Steuerungssystems vorgenommen. Dieser zu erwartende Nutzen bildet im Vergleich zu dem zu erwartenden Aufwand die Grundlage für die am Ende der ersten Etappe erfolgende Entscheinung über den Aufbau eines Prozeßsteuerungssystems.

Die zweite Etappe beim Aufbau des Steuerungssystems geht davon aus, daß der Prozeßrechner bereits an die Anlage angeschlossen wurde. Das schafft wiederum die Voraussetzung für eine ausführliche Störgrößenanalyse für die mathematische Modellierung des statischen und dynamischen Verhaltens der Anlagenteile und der Gesamtanlage sowie für die Ausarbeitung der Steuerungsalgorithmen für die Einzelanlage. Die Ergebnisse der ausführlichen Störgrößenanalyse und das mathematische Modell werden für die Abschätzung der Effektivität eines jeden Steuerungsalgorithmus im Rahmen der Prozeßsteuerung einer bestimmten Einzelanlage herangezogen. Durch Dekomposition der Steuerungsaufgabe können wir es bei jeder Einzelanlage mit mehreren zum Teil parallel arbeitenden Steuerungsalgorithmen zu tun haben. Für jeden einzelenen Steueralgorithmus wird dann die Entscheidung über seine Realisierung und Anwendung in der Praxis getroffen.

Die dritte Etappe umfaßt dann die Programmierung und die Testung der Algorithmen und die Übergabe des Steuerungssystems an die unmittelbaren Anwender.

Die im PCK Schwedt gesammelten Erfahrungen zeigen, daß besonders in der ersten und der zweiten Etappe des Entwurfes von Steuerungssystemen deutlich folgende zwei Phasen zu erkennen sind: Die Prozeßanalyse und die Synthese des Steuerungsalgorithmus. Als ein charakteristisches Beispiel ist in diesem Zusammenhang der Entwurf eines Systems zur Steuerung des Ammoniaksynthesereaktors zu nennen. Als wesentlicher Bestandteil der Prozeßanalyse ist die mathematische Modellierung des Reaktors zu nennen. Diesem Problem ist der Beitrag [16] gewidnet. Bei der Steuerung von technologischen Prozessen besteht das Ziel der mathematischen Modellierung einmal darin, die Eigenschaften des Prozesses zu analysieren, um damit die notwendige Ausgangsinformation für die Synthese des Steuerungssystems zu erhalten.

Hierbei spielen die Fragen der Simulation des Prozesses und damit der Lösung der Gleichungen des mathematischen Modells eine entscheidende Rolle.

Zum anderen wird das mathematische Modell bei der Steuerung des Prozesses zur laufenden Berechnung der optimalen Steuergröße verwendet.

Um in allen Anwendungsfällen ein optimales Verhältnis zwischen der Genauigkeit und dem Kompliziertheitsgrad des mathematischen Modells zu erreichen, müssen spezialisierte Modelle für die Analyse des Prozesses, für die Synthese des Steuerungssystems und für eine laufende Prozeßoptimierung geschaffen werden. Dabei ist es zu empfehlen, nach Möglichkeit von einem mathematischen Modell auszugehen, das alle wesentlichen Eigenschaften des Prozesses beschreibt und das als Etalon für die vereinfachten Modelle dienen kann. Diese Fragen der „optimalen Grobheit" des Modells werden ebenfalls in [16] behandelt.

Einige Probleme der Vereinfachung und der Approximation von mathematischen Modellen für Apparate mit verteilten Parametern sind auch in [17] dargestellt. Solche Apparate sind bekanntlich in der chemischen Verfahrenstechnik weit verbreitet und spielen bei der Synthese von Steuerungssystemen eine große Rolle [10].

Trotz umfangreicher theoretischer Arbeiten auf dem Gebiet der optimalen Steuerung von Systemen mit verteilten Parametern, existieren in der gegenwärtigen Zeit noch keine praktisch hinzureichend erprobten Methoden für die Synthese von Regelungs- und Steuerungssystemen, wenn von einem mathematischen Modell ausgegangen werden soll, das die Verteiltheit der Parameter exakt berücksichtigt (System partieller Differetialgleichungen).

Es wird in diesen Fällen oft auf Methoden zurückgegriffen, die von Systemen mit konzentrierten Parametern ausgehen. Aus diesem Grunde hat die Transformation von Systemen mit verteilten Parametern in Systemen mit konzentrierten Parametern große praktische Bedeutung. In [17] werden dafür zwei Methoden beschrieben, die auf einer orthogonalen Zerlegung des Systems partieller Differentialgleichungen basieren.

Ein wesentlicher Bestandteil der Prozeßanalyse ist die Identifikation der dynamischen Eigenschaften von Steuerungsobjekten, Dabei besteht die

Aufgabe oft darin, ausgehend von einer Reihe Meßdaten die Parameter in Differentialgleichungen zu bestimmen.

Die Struktur der Gleichungen wird in der Regel vorgegeben. Die Fragen der Identifikation von Steuerungsobjekten sind in [18] dargestellt. Hier wird eine spezielle Methode der Quasilinearisierung verwendet. Um den Einfluß der Teilfunktion auf die Ergebnisse der Identifikation zu untersuchen, werden die Methoden der kleinsten Quadrate und die Tschebyscheffapproximation verglichen.

Ein schwieriges und in der gegenwärtigen Zeit noch nicht befriedigend gelöstes Problem ist die mathematische Modellierung und Simulation großer verfahrenstechnischer Komplexe. Am Beispiel des Ammoniaksynthesekreislaufs wird in [19] gezeigt, wie, ausgehend von den mathematischen Modellen der Einzelapparate die statischen und dynamischen Eigenschaften des Kreislaufes untersucht werden, um damit die Ausgangsinformation für die Synthese des Steuerungssystems des Ammoniaksynthesekreislaufs zu schaffen.

In diesem Zusammenhang sei auch auf die bereits vorher erwähnten Arbeiten [20, 21] hingewiesen, in denen eine Methode zur automatischen Berechnung verfahrenstechnischer SYSTEME vorgestellt wird. Diese Methode wird in der gegenwärtigen Zeit im PCK Schwedt zur Analyse einer Anlage zur Faserrohstoffproduktion verwendet. Das Ziel dieser Analyse besteht in der Ableitung und Begründung von Steuerungsaufgaben.

Neben der Ermittlung der Eigenschaften des Steuerungsobjekts ist die Untersuchung der auf das Steuerungsobjekt einwirkenden Störgrößen ein wichtiger Teil der Prozeßanalyse. Dabei kommt es darauf an, die statischen Charakteristika der Störgrößen zu betimmen und eine vergleichende Bewertung dieser Charakteristika mit den statischen und dynamischen Eigenschaften des Steuerungsobjekts vorzunehmen. Einige Ergebnisse einer solchen Komplexanalyse werden unter anderem auch in [22] erläutert.

Die hier erwähnte Komplexanalyse schafft den Ausgangspunkt für die zweite Phase des Entwurfs des Steuerungssystems, die Synthese des Steuerungsalgorithmus. Hierbei ist besonders wichtig, die technologischen Forderungen bei der Steuerung der Anlage in eine mathematische Aufgabenstellung umzusetzen.

In [22] werden am Beispiel der optimalen Steuerung eines Rohrreaktors die theoretische Synthese und die praktische Realisierung eines Steuerungssystems erläutert. In diesem Beitrag werden auch einige Prinzipien der Dekomposition der allgemeinen Steuerungsaufgabe erläutert. In diesem Zusammenhang wird gezeigt, daß für den betrachteten Rohrreaktor, wie für die meisten verfahrenstechnischen Apparate, nur ein Steuerungsalgorithmus angewendet werden kann, der zur Optimierung der Steuergrößen ein mathematisches Modell verwendet. Dazu ist es notwendig, daß das mathematische Modell den sich verändernden Eigenschaften des Steuerungsobjektes (z. B. Änderung der Stoff- und Wärmeübertragungskoeffizienten, Änderung der

Katalysatoraktivität usw.) angepaßt wird. Darüber hinaus muß bei sich ändernden Prozeßbedingungen eine Neubestimmung einer Reihe von Koeffizienten vorgenommen werden (Änderung des Arbeitsregimes durch Variation der mathematischen Erwartung der äußeren Einflußgröße), da wir immer vom idealisiertem Modell ausgehen. Die dadurch notwendige Nachführung des mathematischen Modells kann bei Einsatz eines an den Prozeß direkt gekoppelten Rechner automatisch bzw. teilweise automatisch erfolgen. Der Algorithmus der Modellnachführung ist Bestandteil des Steuerungsalgorithmus.

Da in diesem Fall für die Nachführung des Modells eine sehr große Anzahl von Meßdaten zur Verfügung steht, ist es motwendig, die Meßdatensätze auszuwählen, die die beste Übereinstimmung von Modell und Prozeß garantieren. Dabei kann man z. B. fordern, daß die Determinante der Kovarianzmatrix der Modellfehler ein Minimum erreicht. Einige theoretische und praktische Ergebnisse der automatischen Modellnachführung werden in [23] dargelegt.

Im Übereinstimmung mit der bereits erwähnten allgemeinen Tendenz zum Aufbau eines zweistufigen Steuerungsalgorithmus für Einzelanlagen mit der Hierarchie „Stabilisierung — automatische Optimierung" werden im PCK Schwedt für die Stabilisierung des optimalen Regimes meistens mehrdimensionale Regelsysteme verwendet, wie das auch bei verfahrenstechnischen Systemen oft der Fall ist.

In diesem Zusammenhang werden in [24] einige Modelle zur Synthese solcher Regelsysteme dargestellt, wobei, wie allgemein üblich, von der Linearisierbarkeit der statischen Charakteristika in einem bestimmten Bereich ausgegangen wird.

Die Abschätzung der ökonomischen Effektivität eines Steuerungsalgorithmus ist naturgemäß ein zentrales Problem bei der Automatisierung von Produktionsprozessen.

Dabei muß davon ausgegangen werden, daß die auf das System einwirkenden Störungen, die ihrerseits erst eine laufende Optimierung und Steuerung notwendig machen, stochastischer Natur sind. Als Grundlage für die Abschätzung eines Steuerungsalgorithmus dient der Wert folgender Funktion:

$$\Phi = M\{\varphi(y)\} = F(T, \varrho) \tag{11}$$

wobei: y — Abweichung des Steuervektors von seinem optimalen Wert; $\varphi(y)$ — die sogenannte Verlustfunktion; T — Zeitintervall zwischen zwei Optimierungsrechnungen; ϱ — Verstärkungskoeffizient des Steuerungsalgorithmus sind.

Das Zeichen „M" in der Formel (11) stellt die mathematische Erwartung dar. Der Koeffizient ϱ ist die Zahl, mit dem der Zuwachs der Steuergrößen nach erfolgter Optimierung multipliziert wird. Der optimale Wert hängt von den Eigenschaften des Steuerungsobjektes ab.

Im VEB PCK Schwedt wurde eine Methodik zur Effektivitätsabschätzung von Steuerungsalgorithmen ausgearbeitet und für praktische Aufgaben angewendet. Dabei wurden zwei Fälle betrachtet. Im ersten Fall erfolgt die Kompensation der auf das Steuerungsobjekt einwirkenden Störungen durch einen eindimensionalen Steuervektor, wobei der Steuerkanal beliebige dynamische Eigenschaften besitzt [25]. Im zweiten Fall wird die Kompensation der Störungen durch einen mehrdimensionalen Steuervektor vorgenommen, wobei die Steuerkanäle lediglich einfach Totzeitglieder sind [26].

Für die Anwendung dieser Methodik sind folgende Ausgangsinformationen notwendig:

- statisches Modell des Steuerungsobjektes oder dessen Approximation,
- Übertragungsfunktionen der Stör- und Steuerkanäle,
- Korrelationsmatrix der Störgrößen.

Ausgehend von der Möglichkeit, die Effektivität eines jeden Algorithmus abzuschätzen, kann jetzt die bei einem Prozeßrechner oder Rechnersystem zur Verfügung stehende Rechenzeit optimal verteilt werden. Dabei geht es darum, die Frequenz zu bestimmen, mit der die einzelnen Optimierungsalgorithmen abgearbeitet werden. In diesem Fall muß Φ als Funktion der Frequenz $f = 1/F$ dargestellt werden. Das Optimum bei der Steuerung des Gesamtsystems ist erreicht, wenn folgende Bedingung erfüllt wird

$$Q = \sum_{i=1}^{N} \Phi_i(f_i) \rightarrow max \tag{12}$$

bei Einhaltung folgender Nebenbedingungen

$$\sum_{i=1}^{N} f_i \cdot \Delta t_i = M \tag{13}$$

wobei: Δt_i — die Rechenzeit, die für die Berechnung des optimalen Steuervektor des i-ten Steuerobjektes benötigt wird, M — die zur Verfügung stehende Gesamtrechenzeit sind.

Abschließend kann festgestellt werden, daß die komplexe Automatisierung als eine effektive Form der Rationalisierung nicht nur die Automatisierung von technischen Prozessen beinhaltet, wie z. B. den Einsatz von konventionellen Meß- und Regelungstechniken und Prozeßrechnern, sondern ein außerordentlich effektiver Weg zur optimalen Gestaltung der Planung und Leitung des Reproduktionsprozesses ist. Die Realisierung dieses Weges erfordert die Lösung noch vieler theoretischer Probleme sowie die Schaffung mathematischer Verfahren, Algorithmen und Programme. Zur Analyse und Steuerung verfahrenstechnischer Anlagen ist außerdem ein effektiver Einsatz einer leistungsfähigen Rechentechnik notwendig, um diese Verfahren,

Algorithmen und Programme praxiswirksam werden zu lassen. Die Lösung dieser Probleme führt auch zu wichtigen Ergebnissen bei der Ermittlung der Art und des Umfanges der in den niederen Hierarchiestufen einzusetzenden Automatisierungsmittel. Die in der Sowjetunion und in anderen hochentwickelten Industriestaaten sowie die auch im Petrolchemischen Kombinat Schwedt laufenden Arbeiten lassen erkennen, daß die hier aufgezeigten Tendenzen bei der Automatisierung in der chemischen Industrie durch umfangreiche praktische Ergebnisse bestätigt werden.

6. Literatur

[1] SHAWORONKOW, N. M., Teoret. Osn. Chim. Techn. **6** (1972) 659
[2] TICHOMIROW, S. M., Teoret. Osn. Chim. Techn. **6** (1972) 675
[3] KOSTANDOW, L. S., Teoret. Osn. Chim. Techn. **6** (1972) 687
[4] FJODOROW, W. S., Teoret. Osn. Chim. Techn. **6** (1972) 697
[5] KEIL, G., SCHOLTE, G., Chem. Techn. **24** (1972) 197, 328
[6] SCHIRMER, W., Chem. Techn. **23** (1971) 385
[7] FRATZSCHER, W., Chem. Techn. **24** (1972) 388
[8] SCHIRMER, W., Chem. Techn. **24** (1972) 129
[9] SCHMIDT, S., ZIMMERMANN, G., Chem. Techn. **23** (1971) 392
[10] Autorenkollektiv, Leitung von Dr. K. HARTMANN, „*Analyse und Steuerung von Prozessen der Stoffwirtschaft*", Akademie-Verlag Berlin, 1971, VEB Deutscher Verlag für Grundstoffindustrie Leipzig, 1971
[11] DOUGLAS, J. M., GAITONDE, N. Y., Ind. Eng. Chem., Fund. **6** (1967) 265
[12] „*Automatisierte Steuerungssysteme*", Verlag Ekonomika, Moskau, 1973, (russ.)
[13] BIEDKA, K., „*Methodische Betrachtungen zur automatisierten Leitung von Produktionsprozessen der petrolchemischen Industrie*", im vorliegenden Sammelband
[14] DAMM, A., BIEDKA, K., „*Zur Entscheidungsfindung bei der Lenkung petrolchemischer Produktionsprozesse im PCK Stammbetrieb Schwedt*", im vorliegenden Sammelband
[15] SCHMIDT, G., „*Bilanzierung zum Zwecke der Produktionsermittlung*" im vorliegenden Sammelband
[16] BALZER, D., ILJIN, B. W., REINIG, G., „*Modellierung eines industriellen Rohrreaktors für die Ammoniaksynthese zum Zwecke der Analyse und Steuerung*", (im vorliegenden Sammelband, (russ.)
[17] BIEDKA, K., „*Zur Transformation von Systemen mit verteilten Parametern in Systemen mit kontentrierten Parametern*", im vorliegenden Sammelband
[18] DAMERT, K., „*Anwendung einer neuen Variante der Quasilinearisierung zur Identifikation von Steuerungsobjekten*", im vorliegenden Sammelband
[19] HÖNNICKE, H., „*Mathematische Modellierung und digitale Simulation des statischen und dynamischen Verhaltens eines Ammoniaksynthesekreislaufes*", im vorliegenden Sammelband
[20] HANSEL, K., Dissertation, Leningrader Technologisches Institut, 1972 (russ.)
[21] KAUSCHUS, W., Dissertation, THC-Leuna-Merseburg, 1973
[22] BALZER, D., ILJIN, B. W., REINIG, G., „*Optimale Steuerung eines Rohrreaktors*", im vorliegenden Sammelband

[23] Balzer, D., Letzki, E. K., Pawlak, P., Reinig, G., „*Nachführung theoretischer Modelle von technologischen Prozessen*", im vorliegenden Sammelband

[24] Biedka, K., „*Methoden zur Reglerkonstruktion für träge Regelstrecken*", im vorliegenden Sammelband

[25] Balzer, D., Kusin, P. E., „*A priori Abschätzung der ökonomischen Effektivität von automatischen Steuerungssystemen*", unveröffentlichtes Manuskript, PCK Schwedt

[26] Letzki, E. K., Reinig, G., „*Zur Effektivitätsabschätzung von optimierenden Steuerungen*", Messen — Steuern — Regeln, Nr. 3, 1973

Methodische Betrachtungen zur automatisierten Leitung von Produktionsprozessen der petrolchemischen Industrie

(K. Biedka)

Summary

The topic of this paper consists of consideration of some approaches concerning design and realisation of man-machine-systems for planning and control in a plant. The practical experience obtained in this field permits to formulate some principles and methods which application occurs helpful in such aeraes as design of multi-level enterprise planning and control systems, modelling of such systems and defining the part of machine and man in them.

1. Einführung

Die Schaffung von automatisierten Leitungssystemen ist ein wesentlicher Beitrag zur Steigerung der Effektivität des Produktionsprozesses. Davon zeugen die auf diesem Gebiet in der Sowjetunion gemachten Erfahrungen [1]. Die Notwendigkeit zur ständigen Erhöhung der Qualität der Leitung der Volkswirtschaft leitet sich ab aus den Veränderungen, die der wissenschaftlich-technische Fortschritt im Produktionsprozeß selbst hervorruft. Hochproduktive Anlagen und komplizierte Technologien sind mit herkömmlichen Leitungsmethoden immer weniger zu beherrschen. Im besonderen Maße gilt das für die erdölverarbeitende und petrolchemische Industrie.

Bei der Schaffung von automatisierten Leitungssystemen im umfassenden Sinne wirft das Problem der Planung und operativen Lenkung der Produktion einige im Verhältnis zur Prozeßautomatisierung neue Fragen auf. Einige spezielle Probleme wurden in dieser Hinsicht bereits in [2] dargestellt. Während sich die bei der Ausarbeitung der einzelnen Teile des automatisierten Leitungssystems zu durchlaufenden Etappen in mancher Hinsicht ähneln, zeichnen sich bei den anzuwendenden Methoden deutliche Unterschiede ab. Da die Schaffung von solchen Systemen ein verhältnismäßig neues wissenschaftlich-technisches Problem ist, kann es nicht verwundern, daß die Diskussion über anzuwendende Mittel und Methoden noch im Gange ist. Ungeachtet des allgemeingültigen kybernetischen Herangehens wird jedes Leitungssystem der Spezifik der zu leitenden Produktion Rechnung tragen. Nach Anhäufung einer genügend großen Erfahrung wird es aber auch hier möglich sein, bestimmte Prinzipien zu verallgemeinern und somit die Theorie der wissenschaftlichen Leitungstätigkeit auf diesem Gebiet zu bereichern.

Im vorliegenden Artikel werden Erfahrungen mitgeteilt, die bei der Ausarbeitung und Einführung des Systems der Planung und operativen Lenkung der Produktion im Petrolchemischen Kombinat Stammbetrieb Schwedt gewonnen wurden.

Unter dem Begriff Produktion ist ein Teil des betrieblichen Reproduktionsprozesses zu verstehen. Demzufolge werden solche Teile wie Grundfonds, Finanzen, Material usw. nicht betrachtet. Wesentliche Bestandteile dieses Systems sind in den Arbeiten [3] und [4] dargestellt. Hier wird versucht, die bei der Schaffung dieses Systems angewendeten und noch anzuwendenden Methoden aus einer etwas allgemeinen Sicht zu betrachten und damit einen Beitrag zur oben genannten Diskussion zu leisten.

Die nachfolgende Betrachtung gliedert sich in fünf Abschnitte, in denen auf einige für die Schaffung des Leistungssystems wichtige Problemkomplexe eingegangen wird.

2. Konzipierung des Leitungssystems

Bei der Schaffung des Systems der Planung und operativen Lenkung in Schwedt konnte von einem bestehenden Leitungssystem des Produktionsprozesses ausgegangen werden. Dadurch wurden solche Probleme wie Festlegung der Leitungshierarchie, Abgrenzung der funktionellen Bestandteile des Systems und Formulierung des Leitungszieles relativ einfach gelöst. Andererseits gab und gibt es dadurch nicht zu unterschätzende Schwierigkeiten bei der Festlegung der neuen Leitungsorganisation und bei der Einführung dieses Systems. Bei einem neu zu schaffenden Leitungssystem werden sich vermutlich diese Verhältnisse umkehren.

Als hauptsächliches Automatisierungsmittel der Leitungstätigkeit sind elektronische Datenverarbeitungsanlagen (EDVA) anzusehen. Damit ist nicht gesagt, daß damit die Leitung automatisch, d. h. ohne Eingreifen des Menschen vor sich geht. Die EDVA ist nur ein Arbeitsinstrument für den Menschen, etwa in der Art, wie der Rechenschieber für den Ingenieur.

Die zur Leitung anzuwendenden Methoden werden im wesentlichen durch die technische und mathematische Versorgung der EDVA bestimmt. Daraus ergeben sich für den Menschen zwei Probleme: Erstens muß er, zumindest teilweise, von alten, ihm vertrauten Methoden auf neue, ihm zunächst unbekannte Methoden überwechseln. Zweitens wird sich, bedingt durch die Technologie der Datenverarbeitung in einer EDVA, der Ablauf einiger Arbeiten verändern. Diese Probleme führen zur Errichtung einer ideologischen Barriere, die bei der Einführung des Systems zu überwinden ist. Hierbei wurde die Erfahrung gemacht, daß diese Hemmnis dort am ehesten beseitigt wurde, wo es gelang, dem Betreffenden Methode und Ablauf auf der Basis seiner bisherigen Tätigkeit verständlich zu machen, und wo es gelang, ihn in die Erarbeitung des Systems einzubeziehen.

Aus diesen Erfahrungen läßt sich auch ableiten, daß eine vollkommene Umgestaltung des Leitungssystems durch eine Folge von Schritten am einfachsten ist. Daraus wiederum erhebt sich die Forderung nach nutzbringenden Teillösungen, die sich ineinander überführen lassen. Diese Forderung ist sowohl bei der Auswahl der Methoden als auch bei der Festlegung der Leitungsorganisation zu beachten.

Aus diesem Grund erscheint es sinnvoll, zunächst die funktionellen Bestandteile herauszufinden, die sowohl im alten als auch im neuen System eine wesentliche Rolle spielen. Diese Bestandteile lassen sich aus den Aufgaben (Leitungsziel) ableiten, die diese Systeme erfüllen sollen. Dabei kann die Voraussetzung gemacht werden, daß sich die Aufgaben des neuen Systems von denen des alten nicht prinzipiell unterscheiden. Unterschiede gibt es hauptsächlich in der Art, in der diese Aufgaben gelöst werden. Für das Schwedter System der Planung und operativen Lenkung des Produktionsprozesses sind diese Bestandteile und ihr Zusammenhang in Abb. 1 dargestellt. Die Herausstellung von Bestandteilen im bestehenden System und ihr Zusammenhang kann mit einer der in [11] beschriebenen Methoden der Informationsflußanalyse vorgenommen werden.

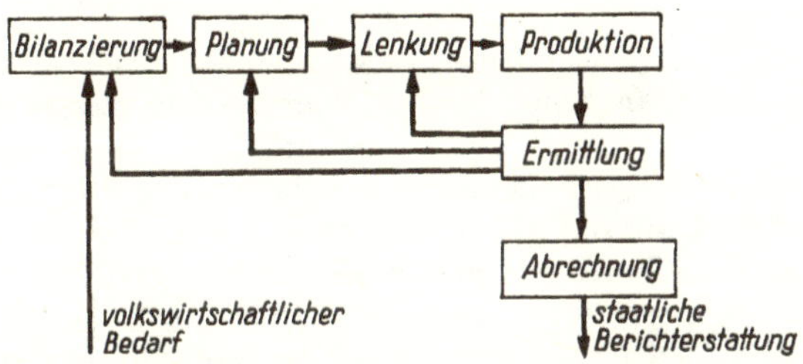

Abb. 1. Bestandteile des Systems zur Leitung des Produktionsprozesses

Mit der Bestimmung der funktionellen Bestandteile und ihrem Zusammenhang ist auch die Leitungshierarchie gegeben. Das in Abb. 1 gezeigte Schema ist in gleicher Weise für das neue, wie auch für das alte System zutreffend. Die qualitative Verbesserung im neuen System ist nur in einer Veränderung der Funktionsweise in den Bestandteilen zu suchen. Diese Behauptung kann deshalb aufgestellt werden, da die Aufgaben im alten als auch im neuen System wegen ihrer prinzipiellen Gleichheit ein analoges Lösungsschema verlangen. Das Lösungsschema wiederum läßt sich folgendermaßen aus den Aufgaben ableiten: Die Ähnlichkeit des Leitungsschemas in Abb. 1 mit dem Schema einer Kaskadenregelung führt auf den Gedanken, daß die Bestandteile Bilanzierung, Planung und Lenkung benötigt werden, um, in Termini der Regelungstheorie gesprochen, die in einem äußerst breiten Frequenzbereich gelegenen Eigenschwingungen der Regelstrecke „Produktion" sicher beherrschen und somit der Führungsgröße Volkswirtschaftlicher Bedarf, die ebenfalls über ein breites Frequenzband verfügt, folgen und damit die gestellte Aufgabe erfüllen zu können. Durch den Rythmus der Planung der gesamten Volkswirtschaft bedingt, beträgt die größte „Schwingungsperiode“ ein Jahr. Die niedrigste „Schwingungsperiode“ der Lenkungseinwirkungen liegt im Bereich von Sekunden. In Anbetracht dieses ungewöhnlich breiten Spektrums ist es nur den außergewöhnlichen, durch den Menschen realisierten Regelalgorithmen zu verdanken, daß diese Kaskade nur dreifach ist.

Die dreistufige Kaskade erweist sich aber auch noch aus einer anderen Sicht als notwendig. Da der Produktionsprozeß nur ein Teil des betrieblichen Reproduktionsprozesses darstellt, ist ein Zusammenwirken mit den übrigen Teilen notwendig. Dieses Zusammenwirken würde sich äußerst erschweren, wenn auf eine „Zweifach-“ oder gar „Einfach“-Regelung zurückgegangen würde. Man müßte dann z. B. bei jedem größeren Auftrag neue Arbeitskräfte einstellen und Anlagen aufbauen.

Die hier aufgestellten Überlegungen verweisen darauf, daß bei der Behandlung von Hierarchien der zeitliche Aspekt neben dem der informationellen Kopplung stärker in Betracht gezogen werden sollte.

Die oben aufgestellte Behauptung wird damit als erwiesen angesehen. Da sich also auch bei einer schrittweisen Umgestaltung des Leitungssystems nur die Funktionsweise der Bestandteile, nicht aber ihr schematischer Zusammenhang ändert, vereinfacht sich die Realisierung von nutzbringenden, ineinander überführbaren Teillösungen. Es ist möglich, die einzelnen Bestandteile arbeitsteilig in Angriff zu nehmen. Gleichzeitig wird die Suche nach Methoden erleichtert, da die Forderung nach erweiterbaren Lösungen im Rahmen eines funktionellen Bestandteiles leichter zu erfüllen ist.

Die bisher erhaltenen Ergebnisse: Leitungsschema und Vorgehensweise können als erste Etappe der Konzipierung angesehen werden. In der zweiten Etappe sind Lösungsschema und Vorgehensweise für jedes der funktionellen Bestandteile zu erarbeiten. Dabei kann man ähnlich wie bei der ersten Etappe vorgehen. Hierbei sind jedoch weitere Gesichtspunkte zu beachten, die mit der Beschreibung der Funktionsweise der Bestandteile zusammenhängen. Diese Gesichtspunkte werden in den nachfolgenden Abschnitten erläutert.

3. Fragen der Modellierung

Die Leitungstätigkeit im allgemeinen fußt auf Modellvorstellungen über den zu leitenden Prozeß. Voraussetzung für die Anwendung von mathematischen Methoden und ihre Realisierung auf einer EDVA ist die mathematische Modellierung. Ohne auf die zentrale Stellung des Modellbegriffs in der Kybernetik näher eingehen zu wollen, sei hier gesagt, daß auch bei der Schaffung des Schwedter Systems der Planung und operativen Lenkung der

Modellierung eine erstrangige Bedeutung beigemessen werden mußte. Während im Anfangsstadium die Arbeitsrichtung im wesentlichen durch die Möglichkeiten der vorhandenen Optimierungsverfahren bestimmt wurde und die Modelle in der von diesen Verfahren geforderten Form ausgearbeitet worden, ging man später auf einigen Gebieten den umgekehrten Weg.

Eine weitere Erfahrung besagt, daß ungeachtet der spezifischen Funktionsweise eines jeden Bestandteiles im Leitungsschema bei der Modellierung der Bestandteile der zu leitende Produktionsprozeß zugrunde zu legen ist, da von diesem ja auch bei der Herausbildung der Funktionsweise im alten System ausgegangen wurde. Die sich aus der Stellung im Leitungsschema abgeleitete Spezifik jedes Bestandteiles ist auf dieser Grundlage in das Modell einzuarbeiten.

Bei einer Nichtbeachtung des Primats der Produktionsprozesse im Leitungsschema wäre das neue System eher eine Modernisierung des Leitungsapparates unter Beibehaltung seiner Unzulänglichkeiten, als ein Mittel zur Erhöhung der Qualität der Leitungstätigkeit.

In der Regelungstheorie ist es eine triviale Selbstverständlichkeit, beim Entwurf von Regelkreisen von den dynamischen Eigenschaften der Regelstrecke auszugehen. (In praktischen Aufgaben haben diese Eigenschaften sogar Einfluß auf die Wahl des Gütekriteriums, welches im Regelkreis optimiert werden soll.) Beim Entwurf von Leitungssystemen ist das Primat des zu leitenden Prozesses nicht immer in ausreichendem Maße erkannt worden. (Eine Erklärung dafür könnte beispielsweise im Hang zum Selbstzweck zu suchen sein, von dem kein menschliches Leitungssystem so ohne weiteres frei ist.)

Ein weiteres Prinzip der Modellierung ist die Forderung nach der gegenseitigen Überführbarkeit der in den verschiedenen Bestandteilen des Systems der Planung und operativen Lenkung verwendeten Modellen. Überführbarkeit bedeutet, daß die Modelle der einzelnen Bestandteile aus einem Grundmodell abgeleitet werden, wobei in der Art der Ableitung und dem Hinzufügen von Ergänzungen die Spezifik des jeweiligen Bestandteiles zum Ausdruck kommt. Durch die Überführbarkeit wird gewährleistet, daß die Ausgangsgrößen des vorgeschalteten Bestandteils vom nachgeschalteten Bestandteil eindeutig interpretiert werden können und gleichzeitig auch aus der Sicht des letzten sinnvoll sind. Damit werden günstige Voraussetzungen für den Durchgriff der Führungsgröße im Leitungssystem geschaffen.

Für die Planung und operative Lenkung der Produktionsprozesse der Erdölverarbeitung und Petrolchemie können ännähernd lineare Verhältnisse zwischen den Anlageneingängen und -ausgängen angenommen werden. DieserUmstand ermöglicht es, als Grundmodell die Gesamtheit aller linearen Anlagen-, Speicher- und Leitungsmodelle (Elementarmodelle) zu betrachten. Die Elementarmodelle werden je nach Spezifik des funktionellen Bestandteils aggregiert und miteinander verbunden. Das so abgeleitete Modell beschreibt den Produktionsprozeß aus der Sicht des jeweiligen Bestandteils.

Dieses Modell wird noch durch die Forderungen des Bestandteils an den Produktionsprozeß ergänzt und somit das Modell für den Bestandteil erhalten.

In den Abb. 2 bis 6 ist die Anwendung dieser Methode an einem Beispiel erläutert. Abb. 2 zeigt einen Abschnitt des Produktionsprozesses mit verschiedener Detailliertheit. Für den Bestandteil Lenkung ist die Darstellung a notwendig, während für den Bestandteil Planung dieser Abschnitt als ein Komplex (Darstellung b) aufgefaßt werden kann. Die inneren Verbindungen sind hier unwesentlich. In Weiterführung dieses Beispiels kann man die zu einem Produktstrang gehörenden Komplexe zu einem Bilanzierungsstrangmodell aggregieren. In Abb. 3 sind die Elementarmodelle der im betrachteten Abschnitt enthaltenen Anlagen (A 1, A 2), Speicher (T 1) und Leitungen (L 1, L 2, L 3, L 4) aufgeführt. Die Indexierung bezieht sich auf die Anschlußpunkte der entsprechenden technologischen Einheiten in Abb. 2a. Außer den Produktbilanzen sind in den Elementarmodellen noch feststehende Schranken für Durchsatz, Bestände und Fördermenge enthalten. (Es werden prinzipiell feststehende Nebenbedingungen aufgenommen.)

In Abb. 4 sind die Elementarmodelle entsprechend der in Abb. 2a angedeuteten Verbindungen zusammengesetzt dargestellt. Diese Zusammen-

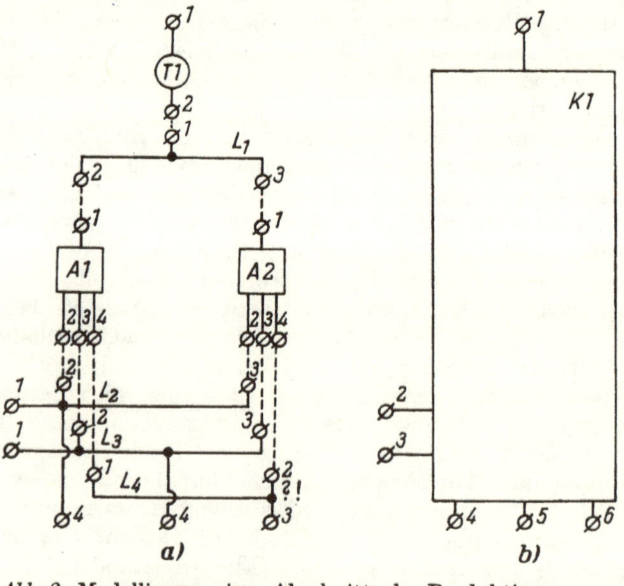

Abb. 2. Modellierung eines Abschnitts des Produktionsprozesses
a) für den Bestandteil Lenkung
b) für den Bestandteil Planung

$$
\begin{array}{lllll}
T1: & x_e - x_a + x_1 - x_2 & = & 0 & \\
 & x_e & \leq & 20 & \\
 & x_e & \geq & 0{,}5 & \\
 & x_a & \leq & 20 & \\
 & x_a & \geq & 0{,}5 &
\end{array}
\qquad
\boxed{\begin{array}{l} x_e - \text{Endbestand} \\ x_a - \text{Anfangsbestand} \end{array}}
$$

$$
\begin{array}{llll}
A1: & 0{,}5\,x_1 - x_2 & = & 0 \\
 & 0{,}3\,x_1 \quad - x_3 & = & 0 \\
 & 0{,}1\,x_1 \qquad - x_4 & = & 0 \\
 & x_1 & \leq & 7 \\
 & x_1 & \geq & 3 \\
A2: & 0{,}6\,x_1 - x_2 & = & 0 \\
 & 0{,}3\,x_1 \quad - x_3 & = & 0 \\
 & 0{,}05\,x_1 \qquad - x_4 & = & 0 \\
 & x_1 & \leq & 8{,}5 \\
 & x_1 & \geq & 2{,}5 \\
L_1: & x_1 - x_2 - x_3 & = & 0 \\
L_2: & -x_1 + x_2 + x_3 - x_4 & = & 0 \\
 & x_2 & \leq & 4 \\
 & x_3 & \leq & 4 \\
L_3: & -x_1 + x_2 + x_3 - x_4 & = & 0 \\
 & x_2 & \leq & 3 \\
 & x_3 & \leq & 3{,}5 \\
L_4: & x_1 + x_2 - x_3 & = & 0 \\
 & x_1 & \leq & 2 \\
 & x_2 & \leq & 1{,}5
\end{array}
$$

Abb. 3. Elementarmodelle der Anlagen, Speicher (Tanks) und Leitungen

setzung des Gesamtmodells für den betrachteten Abschnitt des Produktionsprozesses aus den Elementarmodellen ist der erste Teil der Ableitung des Lenkungsmodells aus dem Grundmodell. Der zweite Teil besteht im Hinzufügen von lenkungsspezifischen Nebenbedingungen (im Beispiel nicht der Fall).

Abb. 5 zeigt das aus dem Lenkungsmodell mit Hilfe der JORDAN-Transformation (siehe Abschnitt 5.) abgeleitete und anschließend ergänzte Planungsmodell für den Komplex K 1 (Abb. 2b). Abb. 6 vermittelt die bei dieser Ableitung erhaltenen Berechnungsvorschriften für die inneren Größen im Komplex K 1. Bei dieser Ableitung wurde davon ausgegangen, daß im

		–	–	1										2	4	3	5	6		
				Ø										Ø	Ø	Ø	Ø	Ø		
		1	2	3	4	5	6	7	8	9	10	11	12	13	14	15	16	17		
	1	1	–1	1	–1														=	0
	2	1																	≤	20
T1	3	1																	≥	0,5
	4		1																≤	20
	5		1																≥	0,5
	6					0,5	–1												=	0
	7					0,3		–1											=	0
A1	8					0,1			–1										=	0
	9					1													≤	7
	10					1													≥	3
	11									0,6	–1								=	0
	12									0,3		–1							=	0
A2	13									0,05			–1						=	0
	14									1									≤	8,5
	15									1									≥	2,5
L_1	16				1	1				–1									=	0
	17						1				1			–1	–1				=	0
L_2	18						1												≤	4
	19										1								≤	4
	20							1				1				–1	–1		=	0
L_3	21							1											≤	3
	22											1							≤	3,5
	23								1				1					–1	=	0
L_4	24								1										≤	2
	25												1						≤	1,5

Abb. 4. Zur Ableitung des Lenkungsmodells aus den Elementarmodellen.
(Die mit Ø bezeichneten Spalten kennzeichnen die Anschlußpunkte für das Planungsmodell auf Bild 2)

Speicher T 1 keine Bestandsveränderung erfolgt und die Bestände in den vorgegebenen Schranken liegen. Für Planungszwecke brauchen mitunter Pufferkapazitäten nicht berücksichtigt zu werden.

Die in den Abb. 4, 5 und 6 dargestellten Matrizenmodelle lassen die Überführbarkeit des Planungs- und Lenkungsmodells erkennen: Jede aus dem Lenkungsmodell abgeleitete Lenkungsentscheidung führt zu eindeutigen Festlegungen für Ein- und Ausgänge des Komplexes K 1, während jede aus dem Planungsmodell K 1 abgeleitete Vorgabe auch dem Lenkungsmodell genügt. Somit existieren zwischen beiden Modellen eindeutige Verbindungen, die verhindern, daß z. B. die Planung nichtrealisierbare Vorgaben für die Lenkung aufstellt.

Das Modell für den Bestandteil Ermittlung (Abb. 1) ist zweckmäßigerweise in der gleichen Art aufzubauen wie das Lenkungsmodell. Die Elementarmodelle können also auch nur aus Bilanzzeilen bestehen. Dabei gilt fol-

	1 ø 3	2 ø 13	4 ø 14	3 ø 15	5 ø 16	6 ø 17		
9	−1					20	≤	7
10	−1					20	≥	3
14	2					−20	≤	8,5
15	2					−20	≥	2,5
17	0,7	−1	−1			−2	=	0
18	0,5					10	≤	4
19	1,2					−12	≤	4
20	0,3			−1	−1		=	0
21	−0,3					6	≤	3
22	0,6					−6	≤	3,5
24	−0,1					2	≤	2
25	0,1					−1	≤	1,5
	1						≥	5
		1		−0,3			≥	0

Abb. 5. Zur Ableitung des Komplexmodells K 1 für die Planung aus dem Lenkungsmodell.

(Die beiden letzten Zeilen stellen eine Ergänzung aus der Sicht der Planung dar)

	1 ø 3	2 ø 13	4 ø 14	3 ø 15	5 ø 16	6 ø 17	4	5	6	7	8	9	10	11	12	
1	1						−1									= 0
16	−1					20		−1								= 0
6	−0,5					10			−1							= 0
7	−0,3					6				−1						= 0
8	−0,1					2					−1					= 0
23	2					−20						−1				= 0
11	1,2					−12							−1			= 0
12	0,6					−6								−1		= 0
13	0,1					−1									−1	= 0

Abb. 6. Berechnung der inneren Komplexgrößen von K 1 durch die äußeren

gende Besonderheit: Wenn innerhalb des Ermittlungszeitraumes (z. B. 24h) mehrere Verschaltungen der Anlagen, Speicher und Leitungen realisiert wurden, so müssen alle diese Verschaltungen im Modell enthalten sein, denn es fallen dafür Meßwerte an. Hier gibt es zwei Möglichkeiten: Entweder man stellt ein umfangreiches Modell auf, in dem alle technologisch möglichen Verschaltungen enthalten sind (etwa wie in [3]), oder man stellt sich das für den Ermittlungszeitraum gültige Modell jedesmal neu zusammen. Einfacher in der Handhabung ist die erste Möglichkeit. Ihre Anwendung kann aber an der Größe des erforderlichen Modells scheitern.

Das Modell für die Abrechnung (Abb. 1) ergibt sich aus den Forderungen der Berichterstattung und braucht nicht in der Art und Weise wie die übrigen Modelle aufgebaut und überführbar zu sein.

Zum Abschluß dieses Abschnittes sein noch kurz auf einige Probleme des Verhältnisses zwischen der Planung und operativen Lenkung der Produktion und der Prozeßsteuerung im Rahmen des automatisierten Leitungssystems eingegangen. Dabei ist festzustellen, daß die Prozeßsteuerung für die betreffenden Abschnitte des Produktionsprozesses Zwischenglied zwischen Lenkung und Produktionsprozeß ist. Damit entsteht die Aufgabe, die Vorgaben der Lenkung unter Berücksichtigung der Möglichkeiten der Prozeßsteuerung zu treffen. Das auf die gleiche Weise zu tun, wie eben für Planung und Lenkung beschrieben wurde, ist nicht möglich. Zwischen Prozeßsteuerung und Lenkung kann es keine Überführbarkeit im oben erläuterten Sinne geben, da die Modelle zu unterschiedlich sind. (Die Elementarmodelle der Anlagen stellen in der Regel eine lineare Approximation der komplizierten Prozeßmodelle bei fest vorgegebenen Prozeßparametern dar.) Um aber bei der Lenkung die Möglichkeiten der Prozeßsteuerung trotzdem in gewissem Maße berücksichtigen zu können, müssen Prozeßfahrweisen katalogisiert werden, die mit Hilfe der Prozeßsteuerung realisiert werden können. (An- und Abfahrvorgänge, Fahrweisenänderung.) Aus den Katalog kann dann die Lenkung die der Fahrweise entsprechenden Charakteristika wie Leistung, Zeitdauer, Ausbeuten u. ä. entnehmen. Die Prozeßsteuerung wiederum kann die Katalogfahrweisen so realisieren, daß solche Gütekriterien wie Standzeit von Katalysatoren, spezifischer Verbrauch von Hilfsstoffen und Energien u. a. m. optimiert werden. Die Optimierung bei der Prozeßsteuerung darf auf keinen Fall die durch die Lenkung vorgegebenen Richtwerte (z. B.: Innerhalb der nächsten 24 h sind 7,5 kt Rohöl zu destillieren) über- oder unterschreiten, da dann die Abgestimmtheit des gesamten Produktionsprozesses in Frage gestellt ist.

4. Problem der Bewertungskriterien

Um eine Leitungsentscheidung wissenschaftlich treffen zu können, müssen die sich aus einem Modell des zu leitenden Prozesses ergebenden Varianten bewertet werden. Diese Bewertung setzt ein unmißverständlich formuliertes Leitungsziel voraus. In bezug auf das in Abb. 1 dargestellte Leitungssystem kann gesagt werden, daß im Bestandteil Bilanzierung das Leitungsziel exakt vorgegeben ist: Befriedigung des volkswirtschaftlichen Bedarfs. Dieser Bedarf ist für das Planjahr mengen- und sortimentsmäßig vorgegeben. Mit Hilfe von Strangmodellen kann überprüft werden, ob der Bedarf erfüllt werden kann oder nicht. Wenn ja, wird es in der Regel mehrere Möglichkeiten für die Planung dieser Bedarfserfüllung geben. Ebenso wird es für eine Planvariante mehrere Umsetzungsmöglichkeiten durch die Lenkung geben. Daraus folgt, daß es zur Erfüllung des Leitungszieles entweder keine oder aber mehrere, auf die Bestandteile Bilanzierung, Planung und Lenkung verteilte Möglichkeiten gibt. Diese Möglichkeiten können genutzt werden, um zeitliche Aspekte des Bedarfs (termingebundener Bedarf) zu berücksichtigen, um auf Störungen im Produktionsprozeß zu reagieren und um eine aus verschiedener Sicht rationelle Produktion zu organisieren.

Aus dieser Darlegung ist zu erkennen, daß für jede Leitungsebene eine Bewertung der durch die Vorgabe der höheren Ebene möglichen Varianten der eigenen Entscheidung erfolgen kann. Somit wird bei der Leitung des Produktionsprozesses nicht ein globales Bewertungskriterium wirksam, sondern eine hierarchisch geordnete und sich nicht überschneidende Menge von Einzelkriterien.

Innerhalb einer Hierarchieebene kann es wiederum eine Anzahl von Einzelbewertungen geben, die sich aber überschneiden können. Die Erfahrungen beim Aufbau des Schwedter Systems der Planung und operativen Lenkung besagen, daß es äußerst kompliziert ist, die wesentlichen Bewertungsmaßstäbe in eine Zielfunktion zu kleiden. Dagegen lassen sich diese Maßstäbe im einzelnen relativ leicht ermitteln. Dabei zeigte es sich, daß neben Bewertungsmaßstäben auch Elementarentscheidungen zur Ableitung einer Entscheidung benutzt werden. Diese Elementarentscheidungen haben die Form eines bedingten Operators: Wenn A erfüllt ist, dann verfahre nach B. Diese Elementarentscheidungen enthalten implizit eine Bewertung mehrerer Varianten bei der Erfüllung von A, wobei B die in jedem Falle günstigste und damit zu realisieren ist.

Der hierarchische Aufbau von Bewertungskriterien, deren Vielzahl auf jeder Ebene und das Vorhandensein von Elementarentscheidungen sind Faktoren, die weit über die Möglichkeiten der bisher gebräuchlichen Optimierungsverfahren hinausgehen. Deshalb werden Versuche unternommen, Algorithmen zur Beherrschung dieser Faktoren zu entwickeln. Dabei kommt gegenwärtig den Simulationsmethoden [4, 5] besondere Bedeutung zu. Im Abschnitt 5. ist ein Algorithmus zur hierarchischen Optimierung angegeben, der von der Überführbarkeit der Modelle der Hierarchieebenen ausgeht.

5. Zur Arbeitsteilung im ergatischen Leitungssystem

Ein automatisiertes Leitungssystem ist ein Hybrid zwischen Mensch und technischen Mitteln, hauptsächlich EDVA, also ein ergatisches System. Im Hinblick auf die weitgehend voneinander abweichende Arbeitsorganisation des Menschen und der EDVA ist es verständlich, daß die Effektivität dieses ergatischen Systems in hohem Maße von der Arbeitsteilung zwischen Mensch und EDVA abhängt.

Aus der Sicht der Kybernetik ist die Leitung komplizierter Systeme ein Prozeß des Abbaues der dem Prozeß innewohnenden Vielfalt (Freiheitsgrade).

Um diese Vielfalt abzubauen, muß dem Leitungssystem selbst eine hinreichende Vielfalt eigen sein [7]. Ein Vergleich der diesbezüglichen Eigenschaften von Mensch und EDVA geht eindeutig zuungunsten der EDVA aus (z. B. Vergleich der Anzahl der möglichen Zustände im Neuronennetz und in den Elementen einer EDVA). Ein weiteres kybernetisches Prinzip bei der Leitung komplizierter Systeme ist das Prinzip der äußeren Ergänzung: Da jede Leitungssprache unzureichend ist, muß, um die von der Leitung stehenden Aufgaben zu erfüllen, ein „schwarzer Kasten“ in die Leitungskette einbezogen werden. Dieser hat die Äufgabe, Entscheidungen in einer Sprache höherer Ordnung auszudrücken, die in der Leitungssprache definitionsgemäß nicht ausgedrückt werden können [7]. Ein einfaches Beispiel der äußeren Ergänzung ist in Abb. 5 dargestellt: Die Ergänzungszeilen aus der Sicht der Planung lassen sich in Termini des Lenkungsmodells und seiner Ableitung (obere Matrix) nicht erklären, sind aber für die Leitung im Bestandteil Planung sinnvoll. Auch bei der Verwirklichung dieses Prinzips dürfte klar sein, daß dem Menschen hier eine herausragende Rolle zukommt.

Somit zeichnet sich bereits eine Grenze für die Arbeitsteilung zwischen Mensch und EDVA ab: Der Mensch erfüllt Aufgaben der Informationsgewinnung (komplizierte stochastische Algorithmen der Informationsverarbeitung mit eingebetteten determinierten Unterprogrammen), die EDVA dagegen Aufgaben der Informationsaufbereitung (relativ einfache, überwiegend determinierte Algorithmen der Informationsverarbeitung).

Eine zweite Grenze der Arbeitsteilung läßt sich aus den Kommunikationsmöglichkeiten zwischen Mensch und EDVA ableiten.

Daraus ergibt sich, daß die Automatisierung der Bilanzierung (Entscheidungen müssen nicht unmittelbar getroffen werden) einen höheren Grad erreichen kann, als die Automatisierung der Lenkung (Entscheidungen müssen oft augenblicklich getroffen werden). Durch die Anwendung von künstlichen Sprachen läßt sich die Kommunikation vereinfachen und damit der Automatisierungsgrad erhöhen. Durch die neun Anweisungen (vgl. Abb. 2 a)

2 T 1 – 1 L 1; 2 A 1 – 2 L 2; 2 A 2 – 3 L 2;
2 L 1 – 1 A 1; 3 A 1 – 2 L 3; 3 A 2 – 3 L 3;
3 L 1 – 1 A 2; 4 A 1 – 1 L 4; 4 A 2 – 2 L 4;

wird z. B. das in Abb. 4 gezeigte Lenkungsmodell aufgebaut, durch die Anweisung (vgl. Abb. 2b)

K 1: T 1, A 1, A 2, L 1 , L 2, L 3, L 4

wird der Komplex K 1 definiert usw.

In [6] ist der Prozeß der Erarbeitung einer von mehreren Lenkungsentscheidungen unter dem Gesichtspunkt der Arbeitsteilung zwischen Mensch und EDVA beschrieben. Der Grundgedanke ist folgender: Diese

Lenkungsentscheidung, genannt Fahrprogramm, wird mit Hilfe eines Simulationsprogramms erstellt, welches mit zwei Modellen arbeitet: Einem Verflechtungsmoell. (in der Art des in Abb. 4 gezeigten) und einem Entscheidungsmodell. Das Entscheidungsmodell ist eine Menge von bedingten Operatoren (vgl. Abschnitt 3., Elementarentscheidungen), die vom Menschen aus seiner Erfahrung heraus formuliert und der EDVA eingegeben worden sind. Der Ablauf des Produktionsprozesses wird ausgehend von einem gegebenen Anfangszustand digital simuliert, wobei nach jedem Simulationszeitschritt das Entscheidungsmodell auf erfüllte Bedingungen hin überprüft wird. Die Operatoren der erfüllten Bedingungen werden ausgeführt. Danach wird der nächste Simulationsschritt durchgerechnet. Bestimmte bedingte Operatoren bewirken ein Anhalten der Simulation, um dem Menschen Steuerentscheidungen treffen zu lassen (Festlegung der weiteren Fahrweise, Rückkehr zu bestimmten Simulationsschritten usw.). Die Entscheidungen werden der EDVA in Form einer Simulationssprache verständlich gemacht (Ein- und Ausgabe über Bildschirmgeräte).

An diesem Beispiel wird klar, daß es nach wie vor vom Menschen abhängt, welches Fahrprogramm zustande kommt. Bei dieser Informationsgewinnung wird er von der EDVA unterstützt, die, gemäß seiner Steuerung, Informationen aufbereitet, indem sie Auskunft gibt auf die Frage: Was passiert, wenn ... Diese Auskunft könnte der Mensch ohne EDVA nur nach mühseligen Rechnungen erhalten (Gegenwärtig beschränkt sich der Mensch auf die „wichtigsten" Rechnungen und ist daher in seinen Aussagen eingeschränkt).

In [8] werden einige Faktoren beschrieben, die auf die Effektivität eines Systems Mensch—Rechner wesentlichen Einfluß haben.

6. Zur Anwendung mathematischer Methoden

Unter diesem Abschnitt werden zwei Methoden vorgestellt, die für die in diesem Artikel aufgeworfenen Probleme von Interesse sind: Die Jordan Transformation und die hierarchische Optimierung.

Die Jordan-Transformation [9] dient der Elimination von Spaltenvariablen in zweidimensionalen Matrizen. Dabei wird die eliminierte Variable in Abhängigkeit der übrigen dargestellt. Diese Ergebnisse sind nützlich bei der Aggregierung, z. B. bei der Ableitung des Komplexmodells aus dem Lenkungsmodell (Abb. 4 und 5). Des weiteren sind sie für die Analyse linearer Bedingungssysteme wertvoll (Empfindlichkeitsuntersuchungen zwischen vorgegebenen Punkten eines Verflechtungsmodells, Anwendung bei der Linearoptimierung, Lösung von Gleichungssystemen, Matrizeninversion u. a. m.).

Die Jordan-Transformation wird nach folgendem Schema (siehe Abb. 7) vorgenommen: Gegeben ist eine beliebige rechteckige Matrix (die Spalten

$$A = [a_{ij}] = \begin{bmatrix} a_{11} & \cdots & a_{1k} & \cdots & a_{1n} \\ \vdots & & \vdots & & \vdots \\ a_{s1} & \cdots & a_{sk} & \cdots & a_{sn} \\ \vdots & & \vdots & & \vdots \\ a_{m1} & \cdots & a_{mk} & \cdots & a_{mn} \end{bmatrix}$$

$$B = [b_{ij}] = \begin{bmatrix} b_{11} & \cdots & 0 & \cdots & b_{1n} \\ \vdots & & \vdots & & \vdots \\ & & 0 & & \\ b_{s1} & \cdots & -1 & \cdots & b_{sn} \\ & & 0 & & \\ \vdots & & \vdots & & \vdots \\ b_{m1} & \cdots & 0 & \cdots & b_{mn} \end{bmatrix}$$

Abb. 7. Darstellung der Jordan-Transformation

der rechten Seiten eines Bedingungssystems sind darin eingeschlossen), eine Pivotspalte k und dazu eine Pivotzeile s so, daß das Pivotelement a_{sk} ungleich Null ist. Dann errechnen sich die Elemente der Matrix B, welche die sk-jordantransformierte zu A ist, wie folgt

$$p = -1/a_{sk}$$

$$b_{sj} = a_{sj} \cdot p, \qquad j = 1, \ldots, n$$

$$b_{ij} = a_{ij} + a_{ik} \cdot b_{sj}, \quad i = 1, \ldots, m, \; j = 1, \ldots, n \qquad i \neq s$$

Bei der mehrmaligen Anwendung der Jordan-Transformation dürfen vorher als Pivotzeile und Spalte benutzte Zeilen und Spalten nicht wieder als solche verwendet werden.

Zur Ableitung des Komplexmodells (Abb. 5) von dem Lenkungsmodell (Abb. 4) mit Hilfe der Jordan-Transformation wurde nach der in Tab. 1 gezeigten Reihenfolge verfahren. (Die Spalten 1 und 2 des Lenkungsmodells wurden vereinbarungsgemäß weggelassen.) Als Pivotspalten wurden die Spalten der inneren Größen des Komplexes K 1 gewählt. Zur jeweiligen Pivotspalte wurde als Pivotzeile eine Bilanzzeile gewählt. Dadurch bleiben einerseits die Schranken des Lenkungsmodells in ihrem Zahlenwert auch im Komplexmodell erhalten (wichtig für die Interpretation des Komplexmodells!) und zum anderen erhält man so eindeutige Berechnungsvorschriften für die inneren Größen (Abb. 6).

Die hierarchische Optimierung fußt auf der Überführbarkeit der Modelle in den einzelnen Hierarchieebenen. Für das hier betrachtete Leitungssystem

Tabelle 1: Reihenfol geder JORDAN-Transformation zur Ableitung des Planungsmodells aus dem Lenkungsmodell

Nr. der Transformation	Pivotspalte	Pivotzeile
1	4	1
2	5	16
3	6	6
4	7	7
5	8	8
6	9	23
7	10	11
8	11	12
9	12	13

entsprechen den Hierarchieebenen von oben nach unten die Bestandteile Bilanzierung, Planung und Lenkung (Abb. 1). Die Idee der hierarchischen Optimierung [10] geht aus den folgenden Ablaufschritten hervor:

1. Schaffung einer Hierarchie (in Anlehnung an vorhandene Strukturen).
2. Beschreibung aller Teile der untersten Ebene (z. B. Funktionsweise, Bedingungen, obere und untere Schranken für Veränderliche usw.).
3. Synthese der Beschreibung der Teile der nächsthöheren Ebene ausgehend von den Beschreibungen der Teile der unteren Ebene, bis oberste Ebene beschrieben ist.
4. Formulierung einer Gütefunktion für jedes Teil jeder Ebene (in Anlehnung an „Wünsche“ der Praxis), welche auch die inneren Verknüpfungen des Bestandteils einschließt.
5. Optimierung der obersten Ebene, ausgehend von ihrer (synthesierten) Beschreibung.
6. Die Optimierungsergebnisse der oberen Ebene in ihrer Gesamtheit (d. h. für alle Teile) legen allen Teilen der nächstniedrigen Ebene Beschränkungen auf. Einzeloptimierung jedes Teils der nächstniedrigen Ebene, ausgehend von dessen Beschreibung und den zutreffenden Beschränkungen. So bis zur untersten Stufe.
7. Die Gesamtheit der Optimierungsergebnisse der untersten Stufe stellt das gesuchte Ergebnis dar.

7. Zusammenfassung

Im Artikel wurde dargelegt, daß bei der Ausarbeitung von Systemen der Planung und operativen Lenkung der Produktion ebenfalls Probleme des Entwurfs, der Modellierung und der Bewertungskriterien auftauchen, wie sie aus der Prozeßsteuerung bekannt sind. Zur Lösung dieser Probleme finden aber z. T. andere Methoden Anwendung. Ausgehend von der linearen Betrachtungsweise in Leitungssystemen petrolchemischer Produktionsprozesse ist es hier möglich, Modelle der einzelnen Hierarchieebenen aus dem Grundmodell abzuleiten und durch eine äußere Ergänzung zu komplettieren. Somit kann die Idee der hierarchischen Optimierung auf natürliche Weise angewendet werden. Das Leitungssystem erhält damit ein erfolgversprechendes Arbeitsinstrument.

Stärker als daß bei der Prozeßsteuerung der Fall ist, stellt sich bei der Planung und operativen Lenkung der Produktion das Problem der Arbeitsteilung zwischen Mensch und Rechner und der Arbeitsorganisation in diesem ergatischen System.

Anhand einiger Beispiele wurden die Erfahrungen dargelegt, die beim Aufbau des Schwedter Systems der Planung und operativen Lenkung bisher gesammelt wurden.

8. Literatur

[1] „*Avtomatisirovannyje sistemy upravlenija*", Isd-wo Ekonomika, Moskwa, 1972

[2] Balzer, D., Hartmann, K., „*Probleme der Automatisierungsstrategie in der chemischen Industrie*", im vorliegenden Sammelband

[3] Schmidt, H., „*Bilanzierung zum Zwecke der Produktionsermittlung*", im vorliegenden Sammelband

[4] Damm, A., Biedka, K., „*Zur Entscheidungsfindung bei der Lenkung petrolchemischer Produktionsprozesse im PCK Stammbetrieb Schwedt*", im vorliegenden Sammelband

[5] Petzold, B., Dittrich, J., Zeitschritt-Simulation, Rechentechnik/Datenverarbeitung, Nr. 10, 1970

[6] Unveröffentlichte Konzeption zur operativen Lenkung im PCK Stammbetrieb Schwedt, 1973

[7] Beer, St., „*Kibernetika i upravlenije proisvodstvom*", 2. Ausgabe, Isd-wo Nauka, Moskva 1965, (russ.) S. 74

[8] Ebenda, S. 109

[9] Berjosin, I. S., Shidkov, N. P., „*Metody wycislenij*", 1. Band, 3. Ausgabe, Isd-wo Nauka, Fismatlit, Moskva 1966, S. 383

[10] Privatmitteilung aus dem Zniosistem, Moskau

[11] Nemtschikow, W., Tschernak, J., Maiminas, J., u. a. „*Informationsströme in der Wirtschaft*", Verlag Die Wirtschaft, Berlin 1971

Zur Entscheidungsfindung bei der Lenkung petrolchemischer Produktionsprozesse im PCK Stammbetrieb Schwedt

(A. DAMM, K. BIEDKA)

Summary

This paper describes the project for an planning and control system in a petroleum-enterprise in order to deal with made practical experience. The paper consists of following parts: Statement of the planning and control problem, form of a linear programming modell and consideration of possibilities to simulate the process in the plant.

1. Einleitung

Die Methoden der Produktionslenkung sind in starkem Maße abhängig von der Technologie des zu lenkenden Produktionsprozesses, sowie von dessen statischen und dynamischen Eigenschaften. Die verflochtene Massenfließproduktion, wie sie z. B. in dem hier zu behandelnden Fall vorliegt, erfordert Methoden, die die Optimierung der Gesamtproduktion mit dem zeitlichen Wechsel der Fahrweisen und Durchsätze von Anlagen, Tanks und Rohrleitungen zum widerspruchsfreien Fahren des Produktionssystems verbinden. Im vorliegenden Beitrag soll dargestellt werden, welche Methoden zur Lösung dieser Probleme im Schwedter System der Planung und operativen Lenkung angewendet werden.

2. Beschreibung des zu lenkenden Produktionsprozesses

Da die Technologie eine entscheidende Rolle bei der Wahl der Mittel und Methoden der Lenkung der Produktion spielt, soll sie zunächst für den hier betrachteten Fall kurz charakterisiert werden.

Der Produktionsprozeß (Abb. 1) besteht aus mehreren Komplexen. Aus der Sicht des technologischen Ablaufs ist zunächst die primäre Erdölverarbeitung zu nennen. Sie besteht aus mehreren Rohöldestillationen, Raffinations- und Reformierungsanlagen, Stabilisationsanlagen sowie der Anlage zur Gewinnung von Aromaten, die in mehreren Stufen erfolgt.

Verschiedene Zwischenprodukte der primären Erdölverarbeitung werden im Düngemittelkomplex, im Komplex der Faserrohstofferzeugung oder in der

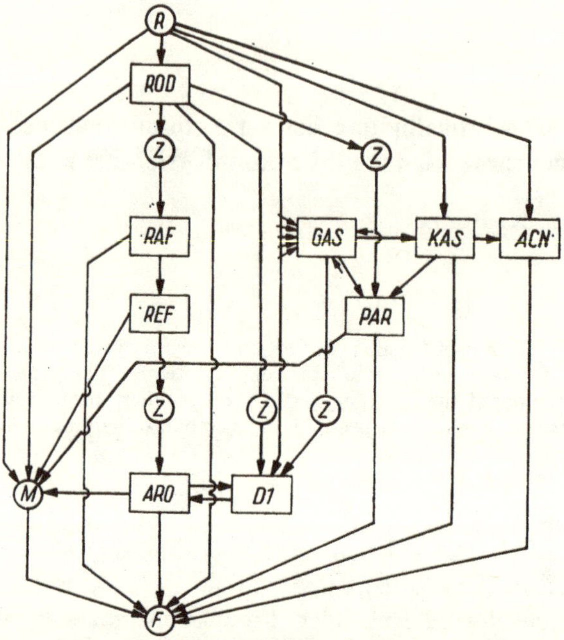

Abb. 1. Technologisches Schema des Produktionsprozesses

○ – Tankkomplex oder/und Lagerkomplex; □ – Anlagenkomplex; ACN – Faserproduktion; ARO – Aromatenerzeugung; D1 – Faserproduktion; F – Fertigprodukte; GAS – Komplex zur Weiterverwendung der in den Anlagen anfallenden Gase; M – Mischanlage; KAS – Düngemittelproduktion; PAR – Normalparaffingewinnung; R – Rohstoffe; RAF – Raffination; REF – Reforming; ROD – Rohöldestillation; Z – Zwischenprodukte

Paraffinerzeugung weiterverarbeitet. Außerdem sind alle diese Komplexe noch über Energieträger und Gase miteinander verflochten.

Zum Produktionsprozeß gehören weiterhin das Tanklager mit den Mischanlagen für Vergaserkraftstoffe, Dieselkraftstoffe und Heizöl sowie ein Industriekraftwerk, das die Produktionsanlagen mit Elektroenergie und Dampf versorgt.

Die generellen Verflechtungsmöglichkeiten des Werkes sind charakterisiert durch ca. 600 Stoffflüsse, davon werden im aktuellen Fall ca. 470 genutzt. Kennzeichnend für die Technologie sind die vorhandenen Zwischentanks, die in den meisten Fällen ein unabhängiges Betreiben nacheinander folgender Anlagen über mehrere Schichten gestatten. Die Anlagen sind so ausgelegt, daß eine möglichst gleichmäßige Kapazitätsauslastung aller Anlagen angestrebt wurde.

Es entstehen jedoch ständig Disproportionen, die mittels aktueller Lenkungsentscheidungen ausgeglichen werden müssen.

Die Ursachen dieser Disproportionen bestehen in folgendem:

- Es werden mehrere Erdölsorten eingesetzt, die unterschiedliche Siedekurven haben. Selbst innerhalb bekannter Erdölsorten treten in bestimmten Maße Schwankungen auf.
- In Abhängigkeit von der Jahreszeit tritt bei verschiedenen Produkten eine kritische Absatzsituation ein. Im Sommer wird viel Vergaserkraftstoff und wenig Heizöl, im Winter wird viel Heizöl und wenig Vergaserkraftstoff abgesetzt. Im Frühjahr und im Herbst tritt ein hoher Bedarf an Dieselkraftstoff auf. Da die Mengenverhältnisse zwischen den verschiedenen Produkten zum größten Teil durch die physikalische Zusammensetzung des eingesetzten Erdöls bestimmt und keine Spaltanlagen vorhanden sind, muß versucht werden, durch Veränderung der Siedeschnitte und geschickte Ausnutzung des nicht sehr umfangreich zur Verfügung stehenden Tankraums die Produktion zu lenken, nach Möglichkeit ohne Verminderung der Kapazitätsauslastung.
- Planmäßige oder unplanmäßige Anlagenabstellungen.
- Nichteinhaltung von innerbetrieblichen oder staatlichen Qualitätsbestimmungen (z. B. Fehlmischungen).
- Kurzfristige Veränderung von Plangrößen.
- Saisonbedingte Verschlechterungen der Transportsituation.

Alle diese Faktoren erfordern ständig neue Lenkungsentscheidungen, die in der Änderung der Fahrweisen bestimmter Anlagen, in der Inbetriebnahme oder Außerbetriebsetzung von Anlagen, in der Änderung der Rohrleitungs- und Tankbelegung sowie in der Änderung der Siedeschnitte bestehen.

3. Zum Problem der Produktionslenkung

Die Aufgabe der Lenkung besteht darin, unter den bereits genannten komplizierten Bedingungen die Planerfüllung zu organisieren.

Das setzt die Gewährleistung der inneren Stabilität des Gesamtsystems trotz des Wirkens unkontrollierbarer und kontrollierbarer innerer und äußerer Störgrößen voraus.

Die Lösung dieser Aufgabe erfordert die Einhaltung folgender Prinzipien:

- Prinzip der Reservehaltung

  Dieses Prinzip wird verwirklicht durch die nicht volle Kapazitätsauslastung der Anlagen und durch die Arbeit mit den Tanks. Damit die Tanks ihre Funktion erfüllen können, müssen sie sowohl für die vorgeschalteten als auch für die nachgeschalteten Anlagen gleichermaßen in bestimmtem Maße unabhängiges Fahren gestatten, d. h. nur bis zu einem bestimmten Grade gefüllt sein. Bei den Anlagen wird dieses Prinzip dadurch verwirklicht, daß man die Kapazität normalerweise nicht 100%ig auslastet. Die Gewährleistung der inneren Stabilität des Systems setzt die Möglichkeit voraus, in bestimmten Situationen bei bestimmten Anlagen die Kapazitätsauslastung erhöhen oder senken zu können.

— Prinzip der Proportionalität
  Das Prinzip beinhaltet die Abgestimmtheit der Fahrweisen und der Durchsätze der Anlagen sowie der Belegung der Rohrleitungen und Tanks der gesamten technologischen Einheit zum widerspruchsfreien Fahren des Gesamtsystems. Dieses Prinzip setzt sich nur der Tendenz nach durch. Dabei wirken die mannigfaltigen Störungen dieser Tendenz entgegen, während die Lenkungsentscheidungen sie immer wieder herstellen.

Aus mathematischer Sicht handelt es sich hier um ein kompliziertes Optimierungsproblem. Es ist mit klassischen Methoden nicht lösbar, da keine feststehenden Mengenbeziehungen zwischen dem Rohstoff und den Fertigprodukten bestehen. Diese sind von der jeweiligen Verbindung der Anlagen untereinander abhängig. Entscheidend ist auch die Einhaltung bestimmter Grenzen bei der Wahl von Einsatzverhältnissen und bestimmter Qualitätsparameter (z. B. Mischungsverhältnisse). Da die Produktionsanlagen eine hohe Kapazität haben und ein großes Grundmittelvolumen darstellen, wird die Wirtschaftlichkeit des Gesamtprozesses wesentlich durch die Kapazitätsauslastung der Anlagen beeinflußt. Die möglichst vollkommene Berücksichtigung aller dieser Forderungen und Gegebenheiten erfordert die Anwendung eines Optimierungsverfahrens, welches sowohl Parameter als auch Struktur des Produktionsprvzesses in zeitlicher Hinsicht als Optimierungsvariable behandelt.

4. Anforderungen an ein mathematisch-ökonomisches Modell für die Produktionslenkung

Mit dem Ziel der Maximierung einer Zielfunktion (Erlös, Gewinn, wenig Umstellungen) muß das Modell folgenden Anforderungen genügen:

- Berücksichtigung der Kapazität der Anlagen und Tanks
- Berücksichtigung der Qualitätsbeziehungen (z. B. bei Mischungen)
- Berücksichtigung vorgegebener Tankstände und Durchsätze zu vorgegebenen Zeitpunkten bzw. in vorgegebenen Zeiträumen
- Erhaltung oder Schaffung günstiger Produktionsbedingungen über den betrachteten Lenkungszeitraum hinaus bis zum Ende des Planzeitraumes
- Berücksichtigung von Planaufgaben und Absatzanforderungen

Die Berechnungsergebnisse sind:

Zeitpunkte und Art der Umstellung von Tanks, Anlagen und Rohrleitungen mit einer in der Praxis realisierbaren Genauigkeit (soweit sie nicht vorgegeben sind).

Ausreichend erprobte mathematische Methoden, die es gestatten, praktische Probleme dieser Art in vertretbaren Bearbeitungszeiten zu lösen, gibt es unserer Kenntnis nach noch nicht.

Aus diesem Grunde wird im PCK Stammwerk Schwedt dieses Problem in zwei Etappen unterteilt:

In der ersten Etappe wird mit Hilfe der Linearoptimierung ein Produktionsprogramm für einen vorgegebenen Zeitraum (z. B. eine Woche) ermittelt. Das der Optimierung zugrunde liegende Modell geht von für den Zeitraum invarianten Anlagenverbindungen aus (feste Struktur), sieht aber für jede Anlage so viele parallelarbeitende Pseudoanlagen vor, wie Fahr- und Verschaltungsweisen betrachtet werden sollen.

In der zweiten Etappe wird ausgehend vom Produktionsprogramm, welches für den betrachteten Zeitraum die insgesamt je Fahr- und Verschaltungsweise der Anlagen zu produzierenden Mengen enthält, eine zeitliche Reihenfolge der Fahr- und Verschaltungsweisen festgelegt (Fahrprogramm). Dazu werden Simulationsmethoden Anwendung finden. Die Berechnungsergebnisse der ersten Etappe werden gegenwärtig zur manuellen Berechnung von Lenkungsentscheidungen herangezogen.

5. Beschreibung des Modells für das Produktionsprogramm

Die für die Linearoptimierung verwendete Matrix hat eine Größe von ca. 200 Spalten und ca. 200 Zeilen.

$$Ax \geqq b \qquad c^T x = \max$$

$$x \geqq 0$$

Die Zeilen haben zum Inhalt:

- Rohstoffgleichungen
- Zwischenproduktgleichungen bzw. -ungleichungen
- Fertigproduktgleichungen bzw. -ungleichungen
- Qualitätsbeziehungen
- Mischungsbeziehungen (soweit feste Rezepte verwendet werden)
- Kapazitätsschranken.

Die Spaltenvariablen x einschließlich Spaltenvektor b stellen dar:

- Durchsätze durch Produktionsanlagen, unterteilt nach Fahrweisen
- für bestimmte Zwecke vorgesehene Zwischenproduktmengen
- Absatzmengen
- Tankstände.

Das Optimierungsziel ist die Maximierung des Gewinns $c^T x$. Dementsprechend müßten die Koeffizienten c_i der Zielfunktion Verkaufspreise und Kosten sein.

Die Verwendung von Kostenkennziffern ist nur dann sinnvoll, wenn die Anhängigkeit der Kosten vom Durchsatz der Einzelanlagen mathematisch formuliert werden kann. Da gegenwärtig noch keine detaillierten Untersuchungen auf diesem Gebiet vorliegen, andererseits aus der Sicht der notwendigen Genauigkeit derartige Untersuchungen auch nicht als sinnvoll erscheinen, wird eine Erlösmaximierung vorgenommen. Dementsprechend werden gegenwärtig nur Verkaufspreise in der Zielfunktion verwendet.

Bei der Formulierung der Zielfunktion für das Produktionsprogramm gibt es einige Probleme.

Nicht alle Preise entsprechen den volkswirtschaftlichen Gegebenheiten. Einige Preise werden künstlich hoch oder niedrig gehalten. Das erfordert, für die Zwecke der Optimierung bestimmte Korrekturen vorzunehmen, Darüber hinaus werden fiktive Zielfunktionskoeffizienten mit aufgenommen. die eine hohe Anlagenauslastung und gewünschte Tankstandsbewegungen stimulieren sollen. Derselbe Effekt ließe sich zwar auch durch die Formulierung entsprechender Nebenbedingungen erreichen. Diese Wirkung ist jedoch zu starr und führt häufig zu Widersprüchen.

Die Zielfunktion in dieser Art und Weise zu verwenden, erfordert viel Testarbeit, um die Wirkungsweise der Veränderung der Zielfunktion auf das Ergebnis zu erkennen und bewußt zu nutzen.

Es empfiehlt sich, wie es im Stammwerk des PCK vorgesehen ist, mit mehreren Zielfunktionen in einem Rechengang zu arbeiten. Infolge der Störanfälligkeit der Rechentechnik sowie der nicht vollen Beherrschung des Modells sind nicht alle Berechnungsergebnisse verwendbar. Darüber hinaus bereitet die Modellnachführung zur Berücksichtigung der in der Technologie eingetretenen Veränderungen bestimmte organisatorische Schwierigkeiten.

Die Ergebnisse liefern jedoch gute Hinweise für die Produktionslenkung in folgender Hinsicht:

- Sind die Absatzvorgaben einzuhalten?
- Welche Mengen an Zwischen- und Endprodukten sind bestenfalls möglich?
- Welche Tankprobleme (unzureichender oder nicht genutzter Tankraum) bei Zwischenprodukt- als auch bei Fertigprodukttanks sind zu erwarten?

6. Anwendung von Simulationsmethoden zur Erstellung von Fahrprogrammen

Einzelheiten der Simulationsalgorithmen sind noch ungeklärt. Es bieten sich folgende Möglichkeiten an:

- Zeitschrittsimulation in Form eines Mensch-Maschine-Systems.
  Dabei berechnet der Automat den technologischen Zustand für aufeinanderfolgende Zeitschritte und gibt die zum Zeitpunkt einer notwendig werdenden Entscheidung erreichte technologische Situation in einer Kurzcharakteristik aus.
  Mit der Entscheidung (zu wählende Fahrweise, Verschaltung, Durchsatzmengen) des Menschen wird das Programm fortgesetzt.
- Zeitschrittsimulation bei Vorgabe von Rangfolgen für Entscheidunden.
  Ein derartiges Simulationsmodell ist in einem Betrieb des PCK bereits erfolgreich erprobt worden.

Hierbei trifft der Rechner auf Grund der Rangfolge vorgegebener Entscheidungsmöglichkeiten selbständig zu jedem Zeitschritt Entscheidungen [1].

— Zeitschrittsimulation bei Anwendung einer Zielbaummethode

Dabei wird zunächst eine Möglichkeit von Umstellungsfolgen für den Lenkungszeitraum berechnet und durch eine Zielfunktion bewertet, in der die einzelnen in der Folge enthaltenen Umstellungen in vorgegebener Weise bewertet und diese Zahlenwerte aufaddiert werden. Der Zielfunktionswert der Folge wird als Vergleichswert bezeichnet.

Danach werden alle weiteren möglichen Umstellungsfolgen berechnet, wobei die Berechnung der Folge abgebrochen wird, sobald der sich bei der Folge aufaddierende Zielfunktionswert schlechter als der Vergleichswert ist.

Tritt bei einer Folge ein Zielfunktionswert auf, der besser als der Vergleichswert ist, so wird dieser als Vergleichswert bezeichnet.

Nach der Simulation aller Umstellungsfolgen ist die dem Vergleichswert entsprechende Folge als beste bestimmt.

Aus der augenblicklichen Sicht scheint die erste Möglichkeit für den hier zu betrachteten Fall hinsichtlich der Realisierung als die einfachste.

7. Literatur

[1] Petzold, B., Dittrich, J., „*Die operative Lenkung eines chemischen Werkes mit Hilfe eines Zeitschritt-Simulationsmodells*", Rechentechnik/Datenverarbeitung, H. 10, 1970

Bilanzierung zum Zwecke der Produktionsermittlung

(G. Schmidt)

Summary

The estimation of the actual produktion amount is the basis for settlement and control of a plant.
A method is described for simulation of complex plants. This method uses analogy of the plant model with a struktural matrix for calculation on a digital computer.
Several algorithms for balance smoothing are explained. Point is made of the following problems:

1. Use of measuring instruments
2. Primary data processing
3. Organisation of files in computer memory
4. Organisation of data handling (off-line and on-line)

1. Modellierung

Die Kontrolle und Abrechnung vorgegebener Produktionspläne und -programme erfolgt im allgemeinen auf der Basis von Bilanzen. Im Prozeß der Aufstellung solcher Bilanzen werden die Ein- und Ausgänge der Produktionsanlagen im Produktionssystem und in Verbindung zur Umwelt (Rohstoffeingang, Absatz von Fertigprodukten) als Komplex betrachtet. In einem iterativen Prozeß werden die zur Verfügung stehenden Meßwerte, denen eine auf Erfahrung beruhende Wertigkeit zugeordnet ist, korrigiert. Nach der gebräuchlichen Form der Matrixdarstellung stellt sich das Ergebnis so dar, daß sowohl die Spaltensummen (Produktionsanlagen) als auch die Zeilensummen (Produkte) Null sind und somit durch alle der Matrix zuzuordnenden Bilanzgleichungen die Beziehung

$$\sum m_i = 0 \tag{1}$$

(m_i = Massenwert)

für den betrachteten Komplex erfüllt ist (Tabelle 1).
Diese Matrix zeigt

1. die Möglichkeit für Kontrolle und Abrechnung des betrachteten Komplexes. Sie ist sowohl produkt- als auch anlagenorientiert möglich;
2. den Ausgangspunkt für die Bearbeitung des Prozesses mit Hilfe von EDVA.

Tabelle 1: Matrixdarstellung von Bilanzierungsergebnissen

Knoten im Netz		14		1	2	12	13	3
Anlagen mit Kostenstelle → / Produkt der Nr. ↓		Zugang	Bestandsdifferenz	Anlage *A*	Anlage *B*	Produktsammelpunkt für Anlage *C*	Produktsammelpunkt für Anlage *D*	Anlage *C*
		—	—	001	002	012	013	003
x	101	−1508	0	+1009	+499			
a_1	102			−500		+500		
a_2	103			−509			+509	
b_1	104				−196	+196		
b_2	105				−303		+303	
c_1	106							−403
c_1	106		0					
c_2	107							−293
c_2	107		−100					
d_1	108							
d_1	108		−60					
d_2	109							
d_2	109		+208					
h	110							
i	111							
a_1/b_1	112					−696		+696
a_2/b_2	113						−812	
Σ	—	−1508	+48	0	0	0	0	0

Die Grundlagen des zu verwendenden Bilanzmodells sind

- die Übersicht über die Technologie des zu untersuchenden Bereiches einschließlich der Verflechtungsmöglichkeiten von Einzelanlagen,
- die Berücksichtigung möglicher Fahrweisen von Produktionsanlagen,
- die Übersicht über Leitungsnetze, Behälter, Verzweigungen und Mischstellen des Produktionsbereiches sowie
- die Übersicht über die zur Bilanzierung heranzuziehenden Meßstellen.

Die Ausführlichkeit der notwendigen Erhebungen und des daraus resultierenden technologischen Schemas richtet sich danach, wie die Bilanz weiterverarbeitet werden soll. Im allgemeinen ist für die Kontrolle und Abrechnung von Produktionsplänen oder -programmen die Betrachtung der Anlagenein- und -ausgänge sowie der Grenzen des Produktionskomplexes ausreichend. Es macht sich aber doch erforderlich, den geltenden Abrechnungsmodus (z. B. bei der abrechnungstechnischen Unterteilung einer Pro-

4	5	8	9	6	7	10	11	
Anlage *D*	Speicher *E*	Misch-strecke *H*	Misch-strecke *J*	Speicher *F*	Speicher *G*	Speicher *K*	Verladung *L*	Σ
004	005	008	009	006	007	010	011	—
								0
								0
								0
								0
								0
					+403			0
					−403		+403	0
	+293							0
	−293	+247	+146					0
−200						+200		0
						−200	+260	0
−612				+612				0
		+196	+208	−612				0
		−443					+443	0
			−354				+354	0
								0
+812								0
0	0	0	0	0	0	0	+1460	0

duktionsanlage in mehrere Kostenstellen) zu berücksichtigen. Weit mehr Gewicht hat diese Frage bei der Modellierung, da anzustreben ist, die Bilanzierungsergebnisse ohne Zwischenaufbereitung weiteren Arbeitsgängen datenverarbeitungsgerecht zuzuführen.

Die Modellierung stellt sich als Übertragung des technologischen Schemas in ein Bilanznetz dar. Den

- Produktionsanlagen oder Teilen derselben
- Einzeltanks oder zu Komplextanks zusammengefaßten Einzeltanks (bei gleicher Produktqualität)
- Produktverzweigungsstellen
- Mischstellen sowie
- Verladeeinrichtungen

werden Knoten zugeordnet, die Produktströme selbst werden als Richtungspfeile zwischen den Knoten dargestellt. Sie werden als Bilanzlinien bezeichnet. Versieht man die Knoten des Netzes mit voneinander verschiedenen natürlichen Zahlen, so ist jeder Produktstrom charakterisiert. Dieses offene Bilanznetz wird formal geschlossen, indem die Umwelt als Knoten Null in das Netz aufgenommen wird.

Die Modellierung soll an einem der Tabelle 1 entsprechenden Beispiel demonstriert werden. In Abb. 1 ist ein Produktionskomplex, bestehend aus Primär- (A, B) und Sekundärverarbeitungsstufen (C, D), Zwischenspeichern (E, F), Mischstrecken (H, J), Fertigproduktanks (G, K) und einer Verladeeinrichtung (L) dargestellt.

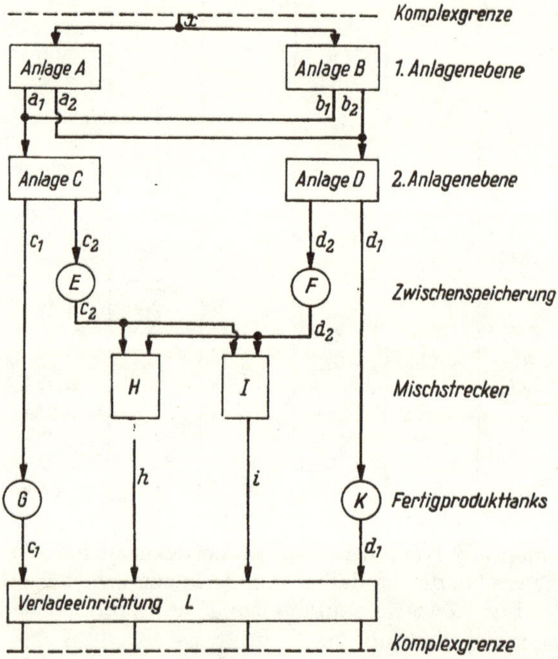

Abb. 1. Technologisches Schema eines Produktionskomplexes

Das Ausgangsprodukt x wird in a_1, a_2, b_1 und b_2 getrennt. Die Produkte a_1 und b_1 werden in C zu c_1 als Finalprodukt und c_2 als Mischkomponente verarbeitet; die Bearbeitung von a_2 und b_2 erfolgt in D zu d_1 als Fertigprodukt und zu d_2 als Mischkomponente. Nach Zwischenspeicherung werden c_1 und d_1 der Verladeeinrichtung zugeführt, c_2 und d_2 werden in H und J zu zwei Produktqualitäten gemischt und danach ohne Zwischenspeicherung als h und i verladen.

Dieses Schema hat als Bilanznetz die in Abb. 2 angegebene Struktur. Zu beachten ist die positive bzw. negative Rückführung von Bestandsdifferenzen zum Nullknoten. Ableitend aus der Graphentheorie wurde also eine Darstellungsform gewählt, die der mathematischen Behandlung wegen der Analogie mit einer Strukturmatrix zugänglich ist.

Bei größeren Produktionssystemen verfährt man aus Übersichtsgründen so, daß man die graphische Darstellung nach Produktionskomplexen unterteilt vornimmt. Die Unterteilung kann noch durch die produktionskomplexorientierte Bezifferung der Knoten unterstützt werden. Die Zusammenfassung der Komplexe ergibt das geschlossene Bilanznetz (Abb. 3). In einem

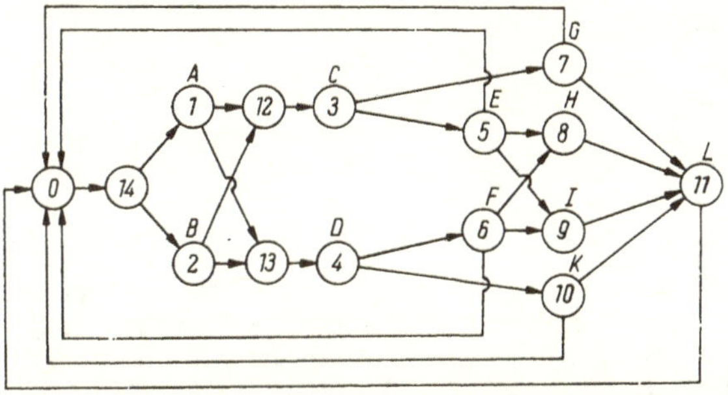

Abb. 2. Bilanznetz für das technologische Schema auf Abb. 1

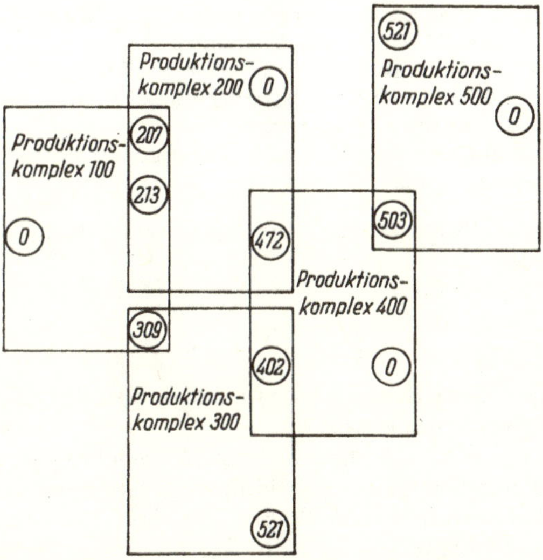

Abb. 3. Prinzip der graphischen Darstellung von Produktionskomplexen in einem geschlossenen Bilanznetz

Produktionskomplex dieser Größe sind bei der Modellierung in vielen Fällen Besonderheiten zu berücksichtigen. Die wesentlichen sollen hier erläutert werden:

- Varianten bei der Verflechtung von Einzelanlagen und dadurch bedingte alternative Messung von Stoffflüssen unterschiedlicher Qualität werden durch Bilanzlinien berücksichtigt, die nur dann in die Rechnung eingehen, wenn für den betrachteten Zeitraum entsprechend der durchgeführten Fahrweise eine Belegung mit einem Meßwert erfolgen kann. Im angegebenen Beispiel (Abb. 4) treten bei je drei Primär- und mit ihnen verbundenen Sekundärverarbeitungsanlagen 9 Verflechtungsmöglichkeiten auf

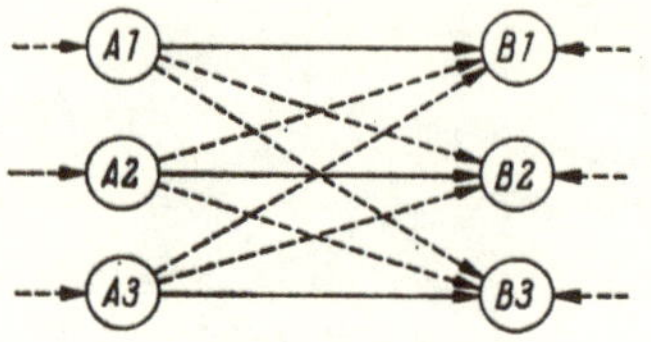

Abb. 4. Berücksichtigung von Fahrweisevarianten im Modell

  von denen in kurzen Bilanzzeiträumen jedoch nur 3 ausgeschöpft werden (unter der Annahme, daß das gesamte in einer Anlage *A* erzeugte Produkt in je einer Anlage *B* eingesetzt wird). Die Belegung des Modells kann durch Indizierung der Meßwerte erfolgen. Nichtbenötigte Linien im Modell werden vor der Rechnung aussortiert. Diese Verfahrensweise läuft darauf hinaus, daß das der aktuellen Produktionsverflechtung adäquate Modell vor jeder Bilanzrechnung neu aufgebaut wird.
- Bei groß dimensionierten Anlagen reicht meist ein Tank für die Zwischenspeicherung von Komponenten bzw. für die Mischung von Verkaufsprodukten nicht aus. Bei der Modellierung ist es zweckmäßig, alle Tanks gleicher Produktqualität als einen fiktiven Komplextank anzusehen und bei der Belegung des Modells mit der Summe der Bestandsveränderungen zu arbeiten. Veränderte Produktqualität muß bei der Summenbildung berücksichtigt werden. Sie hat auch Einfluß auf die Zuordnung von Einzeltanks zu Produktionsanlagen.

Jeder Bilanzlinie eines Netzes werden zwei Werte zugeordnet, der Mengenwert und die Toleranz.

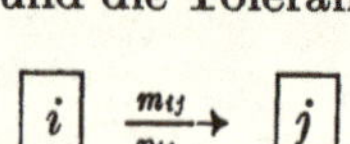

Die Größen m_{ij} geben die im Bilanzierungszeitraum gemessenen oder berechneten Massen für jeden Produktweg an.

Die Größen p_{ij} sind ein Maß für die relativen Abweichungen der Meßwerte vom realen Wert auf Grund gerätebedingter Meßfehler. Bei Bilanzrechnungen wird für das betreffende Meßgerät mit dem Produkt $m_{ij} * p_{ij}$ als absoluter Toleranz gerechnet. Geschätzten Werten von m_{ij} wird eine geschätzte Toleranz zugeordnet, deren Größe von der Schätzgenauigkeit für m_{ij} abhängig ist.

2. Meßwertberechnung und Datenerfassung

Zur Belegung des Bilanzmodells werden

- Durchflußmessungen sowie Tank- und Behälterstände zur Volumenbestimmung
- Messungen von Massen über Waagen sowie
- Temperaturen, Drücke und Dichten zur Korrektur bzw. Umrechnung in Massen

herangezogen.

Neben einer hohen Verfügbarkeit sind von den Meßgeräten bestimmte Genauigkeitsforderungen einzuhalten. Folgende Fehlertoleranzen können als Durchschnittswerte gefordert werden:

Volumenmessungen von Flüssigkeiten:	2%
Volumenmessungen von Gasen:	5%
Massenbestimmungen über Waagen:	1%
Temperaturmessungen:	3 °C
Druckmessungen:	2%

Neben Volumenzählern gehören Blenden und Differenzdruckwandler zur Normalausrüstung einer Anlage. Da die Qualität eines durch Wirkdruckgeber erfaßten Wertes wesentlich von den Einbaubedingungen bestimmt wird, ergeben sich hier Abweichungen gegenüber der Charakteristik des Meßgerätes, so daß im praktischen Betrieb teilweise mit anderen Fehlertoleranzen gearbeitet werden muß. Die richtige Auslegung der Wirkdruckgeber ist Voraussetzung für die Einhaltung der Fehlertoleranz. Folgende Auslegung hat sich bewährt:

Die richtig angezeigte minimale Menge beträgt 25 bis 20% des Normaldurchsatzes durch eine Rohrleitung, wobei als Normaldurchsatz 70 bis 80% des Maximaldurchsatzes anzusehen sind. Die Begrenzung des Minimaldurchsatzes ist durch das Verhältnis $Q \sim \sqrt{h}$ und die Konstanzgrenze für die Durchflußzahl α bedingt. Im allgemeinen ist die Auslegung so vorgenommen, daß der Punkt, an dem die Konstanzgrenze erreicht wird, die richtige Anzeige des Durchflusses nach unten begrenzt. Durch diese Verfahrensweise ist es möglich, neben Fahrweiseänderungen auch An- und Abfahrvorgänge von Produktionsanlagen in einer für die Bilanzierung erforderlichen Genauigkeit zu erfassen.

Bei Unterschreitung des Minimaldurchsatzes ist es nicht sinnvoll, die entsprechenden Werte zur Weiterverarbeitung heranzuziehen. Die Meßstelle ist aus der Verarbeitung herauszunehmen.

Die Berechnung der Bilanz erfolgt auf Massenbasis.

Die Bestimmung der Massenwerte wird zweckmäßigerweise bei gleichzeitiger Korrektur der von den Auslegungsbedingungen der Meßgeräte abweichenden Betriebszustände nach den Beziehungen

$$M = Q \cdot \sqrt{\frac{\varrho_a}{\varrho_t}} \cdot \varrho_{B20} \text{ für Wirkdruckgeber}$$

und

$$M = Q \cdot \varrho_t \qquad \text{für Zähler}$$

mit

M — Masse
Q — unkorrigierter Volumenwert
ϱ_a — Auslegungsdichte bei Normtemperatur
ϱ_t — gemessene Dichte bei Betriebstemperatur
ϱ_{B20} — gemessene Dichte bei Normtemperatur

durchgeführt.

Die Berechnung der Dichte bei Betriebstemperatur erfolgt aus der gemessenen Dichte bei Normtemperatur unter Berücksichtigung der Art der zu messenden Stoffe. Bei Gemischen (Erdöl, Erdölprodukte) besteht eine Möglichkeit zur Verbesserung der Meßgenauigkeit in der Verwendung stoffgruppenorientierter Algorithmen zur Berechnung von ϱ_t.

Zur Berechnung der Massen werden die Dichten zweckmäßigerweise in einen Maßstabsvektor übertragen bzw. dort als Standarddichten oder aktuelle Fertigproduktdichten, nach Untersuchungen durch die technische Kontrollorganisation, bereitgestellt.

Die Datenerfassung erfolgt teils automatisch im on-line-Betrieb eines Prozeßleitrechners, teils auf konventionelle Art manuell. Diese Art der Datenerfassung ergibt sich daraus, daß eine bestimmte Menge von Daten schon zum Zwecke der Prozeßsteuerung erfaßt werden und somit für die Produktionsermittlung nachgenutzt werden können. Von ca. 600 zu bilanzierenden Mengenströmen des Stammwerkes des PCK Schwedt müssen etwa 430 gemessen werden, um einen Bilanzausgleich nach [1] durchführen zu können. Durch die Prozeßsteuerung einzelner Anlagen werden ca. 350 Mengenströme im on-line-Betrieb gemessen. Die restlichen 80 Werte müssen konventionell gesammelt, aufbereitet und dem Rechner eingegeben werden, da eine on-line-Bereitstellung dieser Werte ausschließlich zum Zwecke der täglichen Produktionsermittlung nicht gerechtfertigt ist.

Die Bereitstellung von on-line-Daten erfolgt in folgenden Schritten:

— Abfrage
— Umrechnung der Signale in Ing.-Einheiten
— Durchführung von Sinnfälligkeitstests
— Massenberechnung
— Mittelwertbildung und
— Übertragung der Werte in einen Meßwertvektor

Die Abfrage der Meßstellen durch den Rechner erfolgt zeitgesteuert, wobei die Abfragefrequenzen entsprechend der Bedeutung einzelner Meßstellen unterschiedlich gewählt werden. Untersuchungen haben gezeigt, daß ein Abfragebereich von 1 bis 4 Minuten dem Verarbeitungszweck genügt.

Die Umrechnung des analogen bzw. digitalen Ausgangssignals des Meßgerätes in gebräuchliche Ing.-Einheiten (m^3, Nm^3, t) erfolgt rechnerintern nach eventueller vorheriger Wandlung. Die Algorithmen für diese Berechnung sind bekannt.

Vor der Weiterverarbeitung ist es zweckmäßig, die Meßwerte einem Sinnfälligkeitstest zu unterwerfen. Dadurch wird vermieden, daß kurzzeitige Störungen in der Übertragungskette die Qualität aggregierter Werte beeinträchtigen. Zum anderen ist es auch möglich, Defekte am Meßgerät zu erkennen. Die Sinnfälligkeitsprüfung läuft darauf hinaus, nur die Meßwerte zur Weiterverarbeitung zuzulassen, die in einem vom Auslegungswert des Meßgerätes abhängigen Toleranzbereich liegen. Unter Berücksichtigung von Durchsatzänderungen infolge Fahrweiseverschiebungen muß der Toleranzbereich bei dieser Verfahrensweise relativ groß gewählt werden. Die Toleranzgrenzen lassen sich verkleinern, wenn man als Bezugsbasis für die Sinnfälligkeitsbetrachtung den zuletzt abgefragten Meßwert wählt. In diesem Fall wird ein Meßwert weiterverarbeitet, wenn er nicht um festgelegte Beträge vom vorherigen abweicht. An- und Abfahrvorgänge von Anlagen sind so exakt zu erfassen.

Die Verarbeitung von Mittelwerten als Grundlage zur Belegung des Bilanzmodells ist auf Grund der beim Sinnfälligkeitstest beschriebenen Selektierung fehlerhafter Momentanwerte sinnvoll. Der Mittelwert berechnet sich nach der Beziehung:

$$\text{Mittelwert} = \frac{\sum \text{sinnfälliger Momentanwerte}}{\text{Anzahl der Abfragen sinnfälliger Momentanwerte}} * \begin{array}{l}\text{Anzahl der möglichen}\\ \text{Abfragen im Mittel-}\\ \text{wertbildungszeitraum}\end{array}$$

Der Mittelwertbildungszeitraum ist den Erfordernissen der Produktionslenkung und -abrechnung anzupassen, d. h., er sollte so klein gewählt werden, daß jederzeit aktuelle Datensätze zur Berechnung der Bilanz zur Verfügung stehen. Zu empfehlen ist die Arbeit mit Stundenmittelwerten. Entsprechend der oben angeführten Abfragefrequenz stehen in diesem Zeitraum genügend Momentanwerte zur Verfügung, um einen reellen Durchsatzwert zu berechnen. Außerdem ist eine Zusammenfassung dieser Werte zu gewünschten Abrechnungszeiträumen leicht möglich. Ein Vorschlag ist im Pkt. 3. unterbreitet.

3. Datenorganisation

Unabhängig davon, ob die Bilanz nach manueller oder automatischer Datenerfassung und -aufbereitung aufgestellt wird, ist zur Gewährleistung einer rationellen Arbeitsweise der Daten- und Speicherorganisation große Bedeutung beizumessen. Sie ist so zu konzipieren und zu realisieren, daß auch der arbeitsorganisatorische Aufwand ein Minimum beträgt und sich lediglich auf die Bereitstellung, Eingabe und eventuelle Korrektur von Meßwerten beschränkt. Diese müssen bei off-line-Verarbeitung entsprechend dem verwendeten Bilanzausgleichsprogramm richtig dimensioniert (als Massenwerte) vorliegen. Bei der Berechnung der Bilanz auf der Grundlage on-line erfaßter Meßwerte erfolgt die Berechnung der Massenwerte entsprechend den Angaben in Pkt. 2.

Diese Verfahrensweise bedingt die Arbeit mit fest abgespeicherten Stammdaten. Entsprechend den im Punkt Modellierung angedeuteten Verarbeitungs- und Verwendungsprinzipien sind folgende Stammdaten erforderlich:

- die Kennzeichnung des Stoffflusses durch die Numerierung der begrenzenden Knoten (Knotenvektor)
- die Kennzeichnung des Stoffflusses durch die zugeordnete Produktnummer (Stofffluß-Nummern-Vektor)
- die den Elementen des Meßwertvektors zugeordnete Genauigkeit als Funktion der Menge (Toleranzvektor)
- die den Stofffluß verbal beschreibenden Zeichenketten für Produktionsanlagen Speicher und Produkte
- der Summenbildungsvektor für Komplextanks.

Ebenfalls abgespeichert ist das benötigte Programmsystem für

- Korrektur zu verarbeitender Meßwerte
- Bilanzausgleich
- Ausgabe von Bilanzierungsergebnissen.

Durch Eingabe bzw. rechnerinterne Berechnung (nach der on-line-Erfassung) werden die dem Knoten- bzw. Stoffflußnummernvektor zugeordneten Meßwertvektoren aufgebaut.

Hier ist eine Gruppierung entsprechend der für operative Beurteilung des Produktionsgeschehens bzw. für seine Abrechnung erforderlichen Zeiträume vorzunehmen.

Wird, wie im Pkt. 2. angegeben, mit Stundenmittelwerten gearbeitet, ist folgende Gruppierung möglich:

- Stundenmittelwerte werden als Einzelwerte bis zum Erreichen der Schichtgrenze gespeichert (8 bis 12 Stunden): Es ist ein Bilanzausgleich über jede interessierende Stunde möglich.

- Es erfolgt eine Kumulierung der Stundenmittelwerte seit Schicht- bzw. Tagesbeginn: Es ist eine Schicht- bzw. Tagesbilanzierung möglich.
- Es werden Gruppen von Tagen seit Monatsbeginn bis zum Bilanzierungszeitraum zusammengestellt: Es ist eine Bilanzierung operativer Zeiträume möglich.
- Es erfolgt eine Kumulierung von Tageswerten von Monatsbeginn bis Monatsabschluß: Es ist die Monatsbilanz als Grundlage der Abrechnung des Betriebsergebnisses durchzuführen.

Sinngemäß läßt sich das Gesagte auch auf die Speicherung der Bilanzierungsergebnisse übertragen. Bei diesen Betrachtungen wurde eine on-line-Erfassung und -Verarbeitung der Meßwerte vorausgesetzt. Die Organisation der off-line-Datenerfassung wird es kaum ermöglichen, für größere Produktionskomplexe mit Werten unter der Grenze eines Tages oder Gruppen von Tagen zu arbeiten. Für die off-line-Verarbeitung sind die Ausführungen aus diesem Grunde ebenfalls sinngemäß zu verstehen. Die gewählte Form wird in jedem Fall durch

- die betrieblichen Möglichkeiten und Erfordernisse und
- die Kapazität der EDVA

bestimmt.

4. Bilanzausgleich

Wie im Pkt. 1. angeführt, ist das verwendete Bilanznetz gekennzeichnet durch eine Anzahl von Meßwerten m_{ij} und die dazugehörigen Toleranzen p_{ij}, die jeweils einer Bilanzlinie zugeordnet sind.

Da an den Knoten des Netzes die Bilanzgleichung

$$\sum m_i = 0 \tag{1}$$

(m_i = korrigierter Meßwert)

mit den fehlerbehafteten Meßwerten nicht erfüllt wird, besteht die Aufgabe des zu verwendenden Programms in der Berechnung von Ausgleichswerten (M_{ij}), die neben der ausgeglichenen Bilanz an den Knoten des Netzes die Forderung nach Minimierung der Fehlersumme

$$\sum_{(i,j)} \frac{(M_{ij} - m_{ij})^2}{p_{ij}} \to \min \tag{2}$$

erfüllen.

Zur Berechnung der Ausgleichswerte wurden Erfahrungen mit verschiedenen Programmen gesammelt. Die Algorithmen seien kurz dargestellt:

1. Zur Berechnung der Ausgleichswerte wird ein Regressionsverfahren angewendet [2].

Der Darstellung

$$\boxed{i} \xrightarrow[p_{ij}]{m_{ij}} \boxed{j} \xrightarrow[p_{jk}]{m_{jk}} \boxed{k}$$

entspricht das lineare Gleichungssystem

$$\sum_i m_{ij} = \sum_k m_{jk}, \tag{3}$$

das durch die Mengenmatrix $X(r, r)$ dargestellt werden kann.

r — Anzahl der Bilanzlinien

Ihr zugeordnet ist die Toleranzmatrix $D(r, r)$.

Aus der Anwendung des Knotensatzes folgt die Matrix A vom Typ (i, K).

K — Anzahl der Knoten

Die Anwendung des Gaussschen Prinzips der kleinsten Fehlerquadratsumme führt zur Berechnungsmatrix M für die ausgeglichenen Mengen:

$$M = [E - D \cdot A^T (A \cdot D \cdot A^T)^{-1}] \cdot X \tag{4}$$

E — Einheitsmatrix
A^T — transponierte Matrix von A

Die Anwendung der Matrixgleichung (4) gestattet die Berechnung eines geschlossenen Bilanznetzes.

Aus

$$M \cdot X^{-1} = E - [D \cdot A^T \cdot (A \cdot D \cdot A^T)^{-1}] = E - F$$

ergibt sich

$$F = E - M \cdot X^{-1}. \tag{5}$$

Die Elemente der Matrix F stellen die berechnete Verteilung der minimalen Abweichungen der ausgeglichenen von den gemessenen Mengen dar.

2. Es existiert wiederum ein Bilanznetz, der in Pkt. 1. beschriebenen Form. Dieses Netz besteht aus L Linien und K Knoten. Für die Linien sind Meßwerte X_M gegeben. Diese Werte sind derart zu modifizieren, daß die Knotensätze erfüllt werden:

$$\sum_j X_{ij} = \sum_k X_{ik} \quad \text{am } j\text{-ten Knoten}$$

X_{ij} — Linien von i nach j,

der Ausdruck einen Extremwert annimmt:

$$\sum \frac{(X_{ij} - \overline{X}_{ij})^2}{q_{ij}} = \min!$$

q_{ij} — Toleranz,

die Nichtnegativitätsbedingung erfüllt wird:

$$X_{ij} \geqq 0.$$

Die Lösung erfolgt nach folgender Vorschrift:

$$X^i = (G^{-1}Nq(Nq \cdot G^{-1} \cdot Nq)^{-1} Nq \cdot G^{-1} - G^{-1})\, g. \quad (1)$$

Diese Gleichung wird iterativ angewendet, bis alle Bedingungen erfüllt sind.

Es bedeuten:

G — Diagonalmatrix $g_{ij} = -\frac{2}{pi}\, \delta ij$
G^{-1} — Inverse zu G
g — 1. Ableitung der Zielfunktion nach x
Nq — $(L \cdot q)$ — Matrix der Nebenbedingungen

Diese Matrix enthält mindestens alle Knotensätze (a). Hinzu kommen Nebenbedingungen der Art $xj = 0$, wenn eine der Nebenbedingungen (c) verletzt wird. Das Programm besteht aus 2 Phasen.

In der ersten Phase werden die Meßwerte, Toleranzen usw. eingelesen und die inverse Matrix für alle Knotensätze berechnet. Es wird ein Speichervolumen von $K = (K + 1)/2$ benötigt.

In der zweiten Phase erfolgt die Auswertung der Gleichung (1). Werden keine Nebenbedingungen verletzt, ist nach der 1. Iteration die Lösung vorhanden [3].

3. Ein in Anlehnung an das Ausgleichsprogramm 1. erarbeiteter Ausgleichsalgorithmus, der jedoch anstelle der invertierten Matrix mit dem äquivalenten Gleichungssystem $BZ = Q$ arbeitet [1]. Dieses wird mit Hilfe der Methode der konjugierten Gradienten gelöst.

Im einzelnen stellt sich der Algorithmus folgendermaßen dar:

$$Ax = 0$$

$$F = (X - X)^T Q(C - X) + {}^T Ax$$

$$Fx = 0$$

$$F = 0$$

$$X = X - Q^{-1}A^T(AQ^{-1}A^T)^{-1} A\bar{x}$$

$$X = X - \Delta$$

$$X = Q^{-1}AT = Z$$

$$(AQ^{-1}A^T)\, Z = A\bar{x} \equiv a$$

$$BZ = Q$$

4. Bei der Bilanzierung entsteht oft das Problem, daß nicht alle Massenströme gemessen werden können. Auf Grund des Massenerhaltungssatzes läßt sich innerhalb eines Bilanznetzes eine Einteilung in unabhängige Massenströme (Basisvektor) und in daraus ableitbare abhängige Massenströme vornehmen. Da diese Einteilung in bestimmten Grenzen willkürlich ist, liegt es nahe, solche Massenströme als Basisvektor festzulegen, für die ein Meßwert vorliegt, bzw. für die mit einer hohen Genauigkeit ein Wert ermittelt werden kann. Die Kenntnis eines Basisvektors und der Ableitung der abhängigen Massenströme aus diesen gestattet es, mit den Meßwerten der Basislinien und einiger zusätzlicher Linien einen Ausgleich der gemessenen Werte nach der Methode der quadratischen Optimierung [1] so vorzunehmen, daß die Bilanzgleichungen für alle Linien, auch für die nichtgemessenen, erfüllt werden.

Im Hinblick auf eine rationelle Arbeitsorganisation, insbesondere unter den Bedingungen der on-line-Erfassung von Meßwerten und der automatischen Modellbelegung, wird dieser Ausgleichsalgorithmus empfohlen. Seine Verwendung gestattet darüber hinaus, einen gezielten Einbau von Meßgeräten, wodurch ein positiver ökonomischer Effekt (insbesondere durch Einsparung von Investmitteln) eintreten kann. — Ein Beispiel für einen durchgeführten Bilanzausgleich ist in Tab. 2 angegeben.

Tabelle 2: Ergebnisse eines Bilanzausgleichs für das technologische Schema in Abb. 1

Lfd. Nr.	Anfangsknoten	Endknoten	Toleranz	Meßwert	ausgeglichener Wert
1	0	14	15.09000	1509.00000	1508.30110
2	14	1	19.98000	999.00000	1009.10045
3	14	2	9.84000	492.00000	499.20065
4	1	12	25.65000	513.00000	499.88703
5	2	12	6.03000	201.00000	196.55304
6	1	13	25.50000	510.00000	509.21342
7	2	13	9.15000	305.00000	302.64761
8	12	3	6.93000	693.00000	696.44007
9	13	4	8.10000	810.00000	811.86103
10	3	5	5.88000	294.00000	293.36759
11	0	5	1.00000	100.00000	100.33684
12	3	7	8.12000	406.00000	403.07248
14	4	6	18.54000	618.00000	612.05702
15	6	0	2.09000	209.00000	208.29447
16	4	10	3.98000	199.00000	199.80400
17	0	10	0.60000	60.00000	60.51608
18	5	8	12.55000	251.00000	246.37674
19	5	9	7.35000	147.00000	147.32769
20	6	8	10.00000	200.00000	196.30875

Tabelle 2: Fortsetzung

Lfd. Nr.	Anfangs-knoten	End-knoten	Toleranz	Meßwert	ausgeglichener Wert
21	6	9	10.35000	207.00000	207.45381
22	7	11	4.02000	402.00000	403.07248
23	8	11	4.41000	441.00000	442.68548
24	9	11	7.10000	355.00000	354.78150
25	10	11	5.26000	263.00000	260.32009
26	11	0	14.66000	1466.00000	1460.85955

Wert der Zielfunktion: 3.4346662826E + 01

5. Arbeitsorganisation

Die Arbeitsorganisation zur Berechnung einer Bilanz kann entsprechend dem Produktionsprofil, dem vorgesehenen Weiterverarbeitungszweck, der BMSR-Ausrüstung des Bereiches sowie der rechentechnischen Gegebenheiten sehr unterschiedliche Formen haben und kann aus diesem Grunde nur allgemein behandelt werden. Bei der reinen off-line-Variante der Berechnung ist es durchaus möglich, die bestehende Arbeitsorganisation im wesentlichen beizubehalten und die Belegung des Bilanzmodells durch bestehende zuständige Struktureinheiten durchführen zu lassen. Die Berechnung kann als Dienstleistung von der Abteilung Rechentechnik übernommen werden.

Da es aber im Hinblick auf die rationellste Form der Informationsgewinnung und um die Flexibilität des Lenkungssystems zu erhöhen, anzustreben ist, auch die Datenerfassung und -aufbereitung in ökonomisch vertretbarem Maße zu automatisieren, ist die Konzipierung und der Aufbau eines allen Ansprüchen genügenden Organisations- und Informationssystems notwendig. Der Aufbau einer speziellen, im Schichtbetrieb tätigen Arbeitsgruppe erscheint notwendig. Sie ist für die Arbeit mit den technischen Einrichtungen

— Rechner
— Bedienpult, Display
— Ausgabe- und Eingabeeinheiten
— Flexowriter
— Wechselsprechanlagen

verantwortlich. Zur Wahrnehmung der Verantwortlichkeit wird eine Ausbildung an den rechentechnischen Einrichtungen sowie detaillierte Kenntnisse der Produktionsverflechtung und -durchführung vorausgesetzt. Vorgeschulte Arbeitskräfte mit einer Fachschulausbildung der Richtung Chemische Verfahrenstechnik dürften die erwarteten Voraussetzungen erfüllen. Das Aufgabenspektrum umfaßt im Überblick folgende Punkte:

- Einlesen von on-line-Programmen nach Wartung oder Ausfall des Rechners
- Überprüfung der Betriebsbereitschaft der peripheren Geräte
- Kontrolle der Betriebsbereitschaft der Übertragungsanlagen
- Inbetriebnahme der benötigten on-line-Verbindungen
- Überprüfung der Betriebsbereitschaft des Rechners und der Speichereinheiten
- Bereitstellung von Rechnerergebnissen entsprechend der festgelegten Organisation
- Koordinierung zwischen Test-, Haupt- und Folgerechnungen
- Organisation der Beseitigung von Störungen
- Aufrechterhaltung der notwendigen Korrespondenz und Informationstätigkeit
- Zyklische oder operative Datensicherung
- Ständige Kontrolle der Sinnfälligkeit der zu Bilanzierungszwecken übertragenen Meßwerte
- Durchführung von Bilanztestrechnungen
- Eingabe von Korrekturdaten nach den Ergebnissen des Bilanztests
- Handeingabe von Werten bei Störungen an Meßgerät bzw. Übertragungskette
- Durchführung von Gerätetests
- Handeingabe konventionell erfaßter Meßwerte
- Durchführung von Folgerechnungen.

Auf einige dieser Aufgaben soll etwas konkreter eingegangen werden.

1. Korrektur fehlerhafter Mengenmessungen

Entsprechend Pkt. 2. wird ein Sinnfälligkeitstest für übertragene Meßwerte durchgeführt. Störungen an Meßgeräten oder den Übertragungseinrichtungen sind erkennbar und können durch Handeingabe (Lochstreifen oder Display) korrigiert werden. Daneben kann die Störungsbeseitigung eingeleitet werden. Darüber hinaus sind folgende Kontrollen, die bei Bedarf eine Korrektur nach sich ziehen, möglich:

- Visuelle Kontrolle der technologischen Sinnfälligkeit ausgewählter Meßwerte an Hand von Stundenprotokollen
- Visuelle Kontrolle von Eckmessungen, die im Rechnerraum ausgedruckt werden, durch das Schichtpersonal
- Visuelle Kontrolle der über das Bedienpult des Rechners ausgewählten Meßstellen
- Durchführung eines Bilanztests mit unverarbeiteten Meßwerten
- Kontrolle der technologischen Sinnfälligkeit von Meßwerten abgeschlossener Teilkomplexe nach Durchrechnung entsprechender Modelle.

2. Handeingabe konventionell erfaßter Daten

Auch während der Phase der on-line-Bilanzierung werden eine Reihe von Meßwerten weiterhin konventionell erfaßt und aufbereitet. Sie müssen über Eingabeeinheiten dem ihnen zugeordneten Meßwertvektor zugeführt werden.

Solche Handeingaben werden täglich oder bei Bedarf (nach Änderung von Stoffwerten der eingesetzten Produkte bzw. der Auslegungswerte von Meßgeräten) durchgeführt.

Tägliche Handeingaben betreffen

- Werte, die aus abrechnungstechnischen Gründen nicht on-line erfaßt werden
- aus ökonomischen Gründen nicht on-line erfaßte Mengenmessungen
- Stände nicht on-line-abzufragender Tanks und Behälter
- aktuelle Dichten zur Belegung des Maßstabsvektors nach Untersuchungen durch die technische Kontrollorganisation.

Bei Bedarf werden geändert

- Standarddichten im Maßstabsvektor
- Angaben im Toleranzvektor bei Veränderung von Meßstellen.

3. Modelländerungen

Erweiterungen des Bilanzmodells sind in drei Richtungen möglich und erforderlich:

- Erweiterung durch Berücksichtigung von Stoffflüssen, die innerhalb bestehender Produktionskomplexe durch neue Fahrweisen auftreten.
- Erweiterung durch Einbeziehung von Neuanlagen in das Bilanzierungssystem.
- Erweiterung durch Einbeziehung neuer Aufgaben (Energien, betriebstypische Hilfsmaterialien) in das Bilanzierungssystem.

Diese Erweiterungen erfordern eine Änderung der gesamten im Pkt. 3. beschriebenen Stammdaten mit den Vektoren für

- Knoten
- Stofffluß-Nummern
- Meßwerte und
- Toleranzen.

Während die unter den Punkten 2. und 3. erforderlichen Erweiterungen über einen längeren Zeitraum zu planen sind, kann die Erweiterung entsprechend Pkt. 1. operativ erforderlich sein und muß aus diesem Grunde programmtechnisch so abgesichert werden, daß eine schnelle Änderung möglich ist.

4. Änderungen der Modellbelegung

Die Notwendigkeit, Veränderungen der Zuordnung von Massen, die innerhalb eines bestimmten Bilanzzeitraumes einer Fahrweise zuzuordnen sind, zu bestimmten Bilanzlinien vorzunehmen, ergibt sich operativ. Sie ist aus den Darlegungen zum Bilanzmodell (Pkt. 1.) abzulesen. Das Bilanzmodell beinhaltet neben der Darstellung einer Normalfahrweise (die sich aus der projektierten Verflechtung der Einzelanlagen zum Gesamtkomplex der Produktion ergibt) auch Linien, die von dieser Normalfahrweise abweichende Varianten der Produktionsdurchführung enthalten.

Die Zuordnung der Meßwerte und Toleranzen zu den Bilanzlinien erfolgt innerhalb des Bilanzzeitraumes durch Veränderungen des den Vektoren für

- Knoten
- Stoffflußnummern
- Meßwerte
- Toleranzen

zugeordneten

- Indexvektors der Normalfahrweise.

6. Weiterverarbeitung der Bilanz

Die Weiterverarbeitung der Bilanz kann in drei Richtungen erfolgen:

- Die Abrechnung des Produktionsergebnisses, die im Normalfall monatlich erfolgt, soll an erster Stelle genannt werden. Die Möglichkeiten hierzu wurden in Pkt. 1 angedeutet. Durch Bewertung mit Betriebs- und Industrieabgabepreisen ist sowohl eine produkt- als auch anlagenorientierte Abrechnung des betrachteten Produktionskomplexes möglich. Die Verbindung zum Komplex der Abrechnung sollte durch zweckentsprechende Datenbereitstellung auf eine rationelle Art gelöst werden. Bei Durchführung dieser Folgerechnung mit Hilfe einer EDVA erfolgt die Bereitstellung der Ergebnisse zweckmäßigerweise intern auf dem Speicher oder wird in datenverarbeitungsgerechter Form (Lochstreifen, Lochkarte) ausgegeben.
- Die Durchführung weiterer Folgerechnungen charakterisiert die zweite Weiterverarbeitungsrichtung. Ist die Datenerfassung und -aufbereitung automatisiert, wird eine tägliche und operative Bilanzierung möglich, deren Ergebnisse als Basis für
- Optimierungsrechnungen
- Plan-Ist-Vergleiche
- Planrechnungen
- Gewinnberechnung sowie dem
- kurzfristigen Ausweis von Fertig- und Warenproduktion dienen und zu einer wesentlichen Erhöhung der Effektivität der operativen Lenkung im Bereich der betrachteten Wirtschaftseinheit führen können.
- Die dritte Weiterverarbeitungsrichtung bezieht sich im wesentlichen auf die durchzuführende Informationstätigkeit, die sowohl alleinnerbetrieblichen Belange zu erfüllen hat, als auch allen Forderungen übergeordneter Wirtschaftseinheiten genügen muß.

In jedem dieser Fälle ist die Ausgabe der Ergebnisse in Form von Protokollen zu empfehlen.

7. Literatur

[1] Biedka, K., „*Auswahl von Meßstellen und Ausgleich der Meßfehler für Bilanzmodelle*", unveröffentlichtes Manuskript

[2] Kauschus, W., in „*Analyse und Steuerungvon Prozessen der Stoffwirtschaft*", Akademie-Verlag, Berlin 1971, VEB Deutscher Verlag für Grundstoffindustrie, Leipzig 1971, S. 717–726

[3] Goldberg, D., Lapidus, L., *I&CE fundamentals*, Vol. 7, Nr. 1, S. 142–151, Ausgabe 1968

Mathematische Modellierung und digitale Simulation des statischen und dynamischen Verhaltens eines Ammoniaksynthesekreislaufes

(H. Hönnicke)

Summary

Basing on the analysis of the ammonia synthesis loop mathematical models of its partial systems (apparat uses) are achieved. The dynamic and steady state models of the synthesis loop are built up by connecting the partial system models. Several algorithms for the digital simulation of the synthesis loop are given. Some computation results are discussed to find out conclusions for the control policy of the synthesis loop.

1. Einführung

Die sich in den letzten Jahren abzeichnende starke Zunahme der Weltproduktion an Ammoniak wird vor allem durch einen Trend zu Anlagen größerer Kapazität begleitet. Ebenso wurden die Anlagenteile stärker energetisch gekoppelt, da durch den Übergang zu Großanlagen Energieeinsparungen einen hohen Gesamtnutzen erbringen. Solche Maßnahmen verschlechtern jedoch oft die Beobachtbarkeit und Steuerbarkeit des Prozesses, der ohnehin aus zahlreichen Teilprozessen besteht. Besondere Schwierigkeiten ergeben sich beim An- und Abfahren.

Der Ammoniakprozeß stellt deswegen und auch weil noch erhebliche andere Systemreserven existieren ein interessantes Untersuchungsobjekt für die Systemtechnik dar.

Zur Überwachung und Steuerung (Optimierung) von Ammoniakanlagen wurden bereits Prozeßrechner eingesetzt, bzw. es wird deren Einsatz vorbereitet [1, 2, 3, 4]. Dieser läßt sich wie folgt begründen:

1. Durch geeignete Prozeßführung (Optimierung) sind die Kennzahlen des Prozesses wesentlich zu verbessern, wodurch erheblicher ökonomischer Nutzen zu erzielen ist.
2. Eine derartige Prozeßführung ist effektiv nur mit einem Prozeßrechner möglich.
3. Über wichtige Teilprozesse liegen bereits Kenntnisse vor, auf denen eine mathematische Modellierung aufbauen kann.
4. Die Kosten einer Prozeßrechnerinstallation betragen je nach Anlagengröße und Rechnersystem nur 2—4% der Kosten für die Gesamtanlage.
5. Die Rückflußdauer der Prozeßrechnersysteme für Ammoniakanlagen beträgt etwa 4 Jahre.

Mangels zuverlässiger ökonomischer Kriterien oder auf Grund von Besonderheiten der jeweils betrachteten Anlage wurde bisher meist maximale

Ammoniakerzeugung als Zielfunktion für den Synthesekreislauf verwendet. Dies führt dazu, daß einige Steuergrößen an technologischen Begrenzungen gefahren werden können, da die mit ihrer Verstellung einhergehenden Kostenänderungen in der Zielfunktion nicht erfaßt sind.

In [4] wird die ökonomische Zielfunktion

$$Z = \frac{\sum_{i=1}^{6} N_i}{\dot{m}_{AM}} \tag{1}$$

vorgeschlagen.

$\dot{m}_{AM}$	Ammoniakerzeugung	in kg/h
N_1	Kosten für Synthesegas bei einem Bezugsdruck	in M/h
N_2	Kompressionskosten vom Bezugsdruck auf den Druck im Kreislauf	in M/h
N_3	Kosten für Kreislaufkompression	in M/h
N_4	Kosten für Kühlung	in M/h
N_5	spezifische Amortisation	in M/h
N_6	Wert des Purgegases ($N_6 < 0$)	in M/h.

In der Literatur [1, 6] wird abgeschätzt, daß sich die Ammoniakproduktion üblicher Anlagen durch eine optimale Steuerung der Gesamtanlage um 3—5% erhöhen läßt. 30—35% dieser Produktionssteigerung sollen dabei durch eine optimale Steuerung des Wasserstoff—Stickstoff-Verhältnisses (im folgenden Reaktandenverhältnis genannt) und der Inertenkonzentration im Synthesekreislauf erzielt werden.

Die Leistung des Synthesekreislaufes wird hauptsächlich durch folgende Größen bestimmt:

1. Reaktandenverhältnis
2. Inertenkonzentration
3. Frischgasmenge
4. Fördermenge des Kreislaufkompressors
5. Druck
6. Reaktorzustand (Temperaturprofil)
7. Temperaturen in den Abscheidern.

Während die unter Punkt 3. bis 7. genannten Größen relativ schnell zu verändern sind, weisen das Reaktandenverhältnis und die Inertenkonzentration eine ausgesprochene „Langzeitdynamik" auf. (Die Inerten und die vom Verhältnis 3:1 abweichenden Mengen der Reaktanden des Frischgases unterliegen im Synthesekreislauf einem Anreicherungsprozeß mit großem Verstärkungskoeffizienten und großen Zeitkonstanten. Weiterhin sind die Analysentechnik und die Prozesse zur Frischgaserzeugung mit großen Totzeiten behaftet.) Hieraus ergeben sich besondere Schwierigkeiten für eine optimale Führung dieser Größen. In der Literatur werden keine Angaben über ihr Zeitverhalten gemacht, obwohl verschiedentlich [6, 12] darauf hingewiesen wurde, daß zur Erzielung weiterer Fortschritte auf dem Gebiet der optimalen Steuerung und Auslegung von Ammoniakanlagen die Prozeßdynamik zu berücksichtigen ist.

Im folgenden wird über Arbeiten berichtet, deren Ziel darin bestand, statische und dynamische mathematische Modelle der einzelnen Apparate und des gesamten Ammoniaksynthesekreislaufes aufzustellen, Lösungsalgorithmen für diese zu erarbeiten und das statische und dynamische Verhalten digital zu simulieren. Dabei wurden zunächst nur die erforderlichen Modellstrukturen und die Methodik zur Simulation erarbeitet und angewendet.

Die an Hand der Simulationsergebnisse getroffenen qualitativen Aussagen zum Prozeßverhalten bildeten eine der Grundlagen für die Auswahl der Steuerungsalgorithmen (insbesondere des Algorithmus zur Steuerung des Reaktandenverhältnisses im Synthesekreislauf) zur Rechnersteuerung einer Ammoniakanlage des PCK Schwedt. Die Simulationsprogramme wurden in FORTRAN geschrieben und auf dem Rechner ARCH 4130 des Petrolchemischen Kombinates Schwedt abgearbeitet.

2. Das Modellierungsobjekt

2.1. Technologische Beschreibung

Das Arbeitsprinzip des Ammoniaksynthesekreislaufes ist in Abb. 1 dargestellt. Im Reaktor findet die exotherme Reaktion

$$3H_2 + N_2 \rightleftharpoons 2NH_3 \qquad (2)$$

statt. Das aus dem Reaktor austretende Gasgemisch besteht aus dem Reaktionsprodukt Ammoniak, den nicht umgesetzten Reaktanden Wasserstoff und Stickstoff und den an der Reaktion nicht beteiligten Gasen. Letztere werden im folgenden als Inerte bezeichnet. Sie entstehen als unerwünschte Nebenprodukte der Prozesse zur Erzeugung des Frischgases und gelangen mit diesem in den Synthesekreislauf. Das Inertgas besteht im wesentlichen aus Methan und Argon.

An den Reaktor schließen sich ein Luftkühler und zwei parallel geschaltete Wärmeübertrager, die mit Wasser als Kühlmittel arbeiten (Wasserkühler), an. In diesen wird das gasförmige Gemisch gekühlt und partiell kondensiert. Danach wird die flüssige Phase im Primärabscheider abgeschieden und von dem verbleibenden Gasstrom ein Teil als Purgegas abgeführt. Der Rest wird durch den Kreislaufkompressor verdichtet und dem Kreislaufwärmeübertrager zugeführt. Nach Wärmeaustausch mit dem Gemisch, das zum Reaktor strömt, gelangt das Kreislaufgemisch in den Ammoniakkühler, in dem eine weitere Partialkondensation unter Verwendung von verdampfenden Ammoniak als Kühlmittel stattfindet. Nach Zumischung von Frischgas

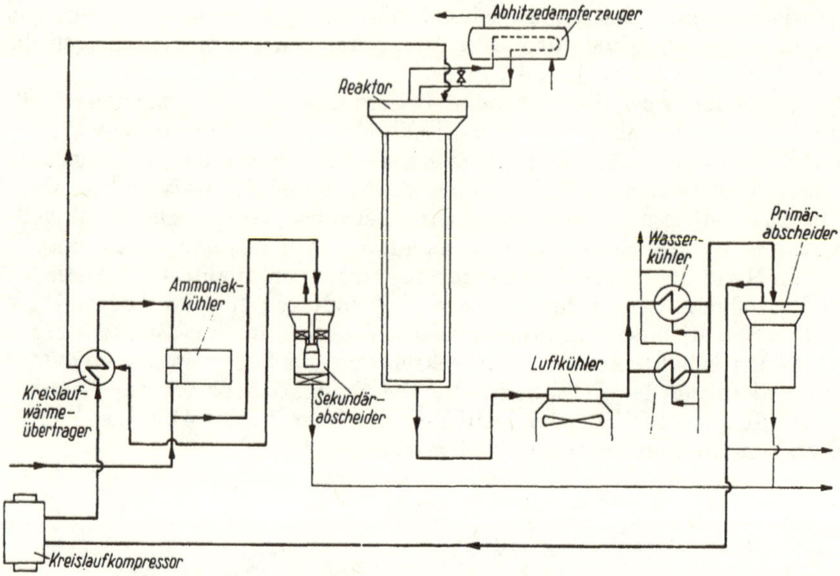

Abb. 1. Schema des Ammoniaksynthesekreislaufes

wird die flüssige Phase im Sekundärabscheider abgeschieden. Der gasförmige Anteil wird im Kreislaufwärmeübertrager etwas erwärmt und gelangt anschließend zum Reaktor.

Durch konventionelle Regelkreise werden geregelt:

- der Kreislaufdruck über die Purgegasmenge
- die Temperatur im Sekundärabscheider durch Veränderung der Standhöhe des verdampfenden Ammoniaks im Mantelraum des Ammoniakkühlers
- die Fördermenge des Kreislaufkompressors über einen Bypass.

Ebenso besteht die Möglichkeit, das Temperaturfeld des Reaktors über seine Bypässe zu regeln.

2.2. *Unterteilung, Abgrenzung und Systemvariable*

Der Synthesekreislauf wird auf Apparatebasis in einzelne Abschnitte (Teilsysteme) aufgeteilt, wobei den Einzelapparaten jeweils ein Teil der angrenzenden Rohrstrecken zugeordnet ist. Die Aufteilung ist Tab. 1 zu entnehmen, in der auch eine Numerierung der Teilsysteme erfolgt und deren Ein- und Ausgangsvariablen angegeben sind.

Tabelle 1: Teilsysteme des Synthesekreislaufes

Teilsystem	Nr.	Eingangs-variable	Ausgangs-variable
Reaktor	1	$\boldsymbol{K}_{7'}, U_1, U_2, U_3, p_D, T_s$	$\boldsymbol{K}_1, \tau$
Luftkühler	2	$\boldsymbol{K}_1, \alpha_L, T_L$	$\boldsymbol{K}_2$
Wasserkühler	3	$\boldsymbol{K}_2, \dot{m}_w, T_w$	$\boldsymbol{K}_3$
Primärabscheider	4	$\boldsymbol{K}_3$	$\boldsymbol{K}_4, \boldsymbol{K}_{4,F}$
Purgegasabführung	5	$\boldsymbol{K}_4, \xi_p$	$\boldsymbol{K}_5, \boldsymbol{K}_p$
Kreislaufkompressor	6	$\boldsymbol{K}_5, p_6, U_4$	$\boldsymbol{K}_6$
Kreislaufwärmeübertrager	7	$\boldsymbol{K}_6, \boldsymbol{K}_{10}$	$\boldsymbol{K}_7, \boldsymbol{K}_{7'}$
Ammoniakkühler	8	$\boldsymbol{K}_7, h$	$\boldsymbol{K}_8$
Frischgaszumischung	9	$\boldsymbol{K}_8, \boldsymbol{K}_{Fr}$	$\boldsymbol{K}_9$
Sekundärabscheider	10	$\boldsymbol{K}_9$	$\boldsymbol{K}_{10}, \boldsymbol{K}_{10,F}$
Reaktorregler	*R* 1	τ_{Ist}, τ_{Soll}	U_1, U_2
Temperaturregler	*R* 10	$T_{10,Ist}, T_{10,Soll}$	h
Druckregler	*R* 5	$p_{5,Ist}, p_{5,Soll}$	ξ_p
Mengenregler	*R* 6	$\dot{n}_{6,Ist}, \dot{n}_{6,Soll}$	U_4

Der Kreislaufgasvektor $\boldsymbol{K}$ in Tab. 1 ist definiert durch

$$\boldsymbol{K}^T = (T, p, y_{AM}, y_I, V_R, V_I, \dot{n}) \tag{3}$$

T	– Temperatur	in °C
p	– Druck	in at
y_{AM}	– Molanteil Ammoniak	in kmol/kmol
y_I	– Molanteil Inerten	in kmol/kmol
V_R	– Reaktandenverhältnis ($V_R = y_{H_2}/y_{N_2}$)	–
V_I	– Inertenverhältnis ($V_I = y_{CH_4}/y_{Ar}$)	–
$\dot{n}$	– Molstrom	in kmol/h.

Weiterhin bedeuten

U_1, U_2, U_3	– Reaktorbypässe
p_D	– Druck des erzeugten Abhitzedampfes (Reaktor)
T_s	– Temperatur des Abhitzedampferzeugerspeisewassers (Reaktor)
$\dot{m}_w$	– Kühlwassermenge
T_w	– Temperatur des Kühlwassers
p_6	– Druck am Austritt des Kreislaufkompressors
U_4	– Bypass des Kreislaufkompressors
α_L	– äußere Wärmeübergangszahl des Luftkühlers
T_L	– Lufttemperatur
h	– Standhöhe des Ammoniaks im Mantelraum des Ammoniakkühlers
τ	– Vektor, dessen Komponenten das Temperaturfeld des Reaktors beschreiben
ξ_p	– Druckverlustbeiwert der Purgegasleitung.

Indizes:

Der Vektor $\boldsymbol{K}_i$ bezieht sich auf den Ausgang des i-ten Teilsystems. Weiter gilt

Fr — auf Frischgas bezogen
p — auf Purgegas bezogen
F — auf Flüssigkeit bezogen.

Der Kreislaufwärmeübertrager (Teilsystem 7) hat zwei Eingangsvektoren $\boldsymbol{K}_1$ und $\boldsymbol{K}_6$ und zwei Ausgangsvektoren $\boldsymbol{K}_7$ und $\boldsymbol{K}_{7'}$. Die Teilsysteme R1, R5, R6 und R10 haben Regelfunktionen.

Aus der Art der Ein- und Ausgangsvariablen ist zu ersehen, daß es sich jedoch nicht um reine Regler handelt, sondern daß in diesen Teilsystemen auch Regelstrecken eingeschlossen sind. So wird in R10 an Hand der Ist- und Sollwerte von T_{10} zunächst ein Sollwert h_{Soll} bestimmt und durch Vergleich mit dem Istwert h_{Ist} die zufließende Menge an Kühlmittel (flüssiges Ammoniak) so dosiert, daß Ist- und Sollwert übereinstimmen (Kaskadenregelung).

Die Verknüpfung der Teilsysteme des Synthesekreislaufes ist in einem Signalflußplan (Abb. 2) dargestellt.

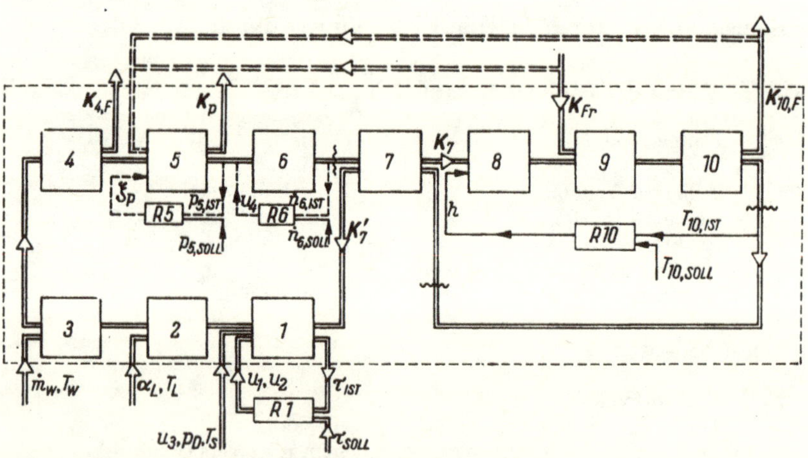

Abb. 2. Signalflußplan zum Ammoniaksynthesekreislauf

Die folgenden Untersuchungen beziehen sich auf den ungeregelten Reaktor, so daß nicht die Sollwerte des Temperaturfeldes τ_{Soll}, sondern die Bypässe U_1 und U_2 des Reaktors als Systemeingangsvariable auftreten. Die gestrichelte Linie in Abb. 2 grenzt das betrachtete System ab.

Systemeingangsvariable: $U_1, U_2, U_3, p_D, T_s, \alpha_L, T_L, \dot m_w, T_w, p_{5,Soll}, \boldsymbol{K}_{Fr}, \dot n_{6,Soll}, T_{10\,Soll}$
Systemausgangsvariable: $\tau_{Ist}, \boldsymbol{K}_{4,F}, \boldsymbol{K}_p, \boldsymbol{K}_{10,F}$
Innere Systemvariable: $\boldsymbol{K}_1, \ldots, \boldsymbol{K}_{10}, \boldsymbol{K}_{7'}, \xi_p, U_4, h.$

3. Ein statisches Modell des Ammoniaksynthesekreislaufes

Ein mathematisches Modell des Ammoniaksynthesekreislaufes erhält man durch Verknüpfung der Modelle der Teilsysteme nach dem Signalflußplan (Abb. 2). Für ein statisches Modell sind jedoch noch einige Vereinfachungen möglich. Berücksichtigt man, daß im stationären Zustand die Soll- und Istwerte der Regelkreise in guter Näherung übereinstimmen, können die Regelkreise $R5$, $R6$ und $R10$ unberücksichtigt bleiben. (In Kap. 2.2. wurde bereits $R1$ ausgeschlossen.) Mit dieser Vereinfachung können die inneren Systemvariablen p_5, $\dot{n}_6$ und T_{10} als Modellparameter betrachtet werden.

Im folgenden wird vorausgesetzt, daß sich die Ausgangsvariablen der Teilsysteme bei gegebenen Werten der Eingangsvariablen mit Hilfe zugehöriger Modelle berechnen lassen. Verwendet wird die Notierung

$$\boldsymbol{Y}_i = \boldsymbol{f}_i(\boldsymbol{X}_i), \tag{4}$$

$\boldsymbol{Y}_i$ – Ausgangsvektor des i-ten Teilsystems
$\boldsymbol{X}_i$ – Eingangsvektor des i-ten Teilsystems.

Zu bemerken ist, daß Gl. (4) nur eine Zuordnung der Ein- und Ausgangsvariablen symbolisiert, jedoch keine explizite Funktion darstellt. Die Modellgleichungen der Teilsysteme sind im allgemeinen implizite Gleichungssysteme, die iterativ zu lösen sind.

Der Signalflußplan (Abb. 2) wird zwischen dem Block 6 und 7 sowie zwischen Block 10 und 7 aufgeschnitten. Durch entsprechende Verknüpfung der Teilsysteme (Gl. (4)) erhält man ein nichtlineares Gleichungssystem für die 12 Variablen der Schnittstellen. ($\dot{n}_6$ und T_{10} sind nach Voraussetzung als konstant zu betrachten.)

$$\begin{aligned}
T_6 &= F_1(\boldsymbol{K}_6, \boldsymbol{K}_{10})\\
p_6 &= F_2(\boldsymbol{K}_6, \boldsymbol{K}_{10})\\
y_{AM,6} &= F_3(\boldsymbol{K}_6, \boldsymbol{K}_{10})\\
y_{I,6} &= F_4(\boldsymbol{K}_6, \boldsymbol{K}_{10})\\
V_{R,6} &= F_5(\boldsymbol{K}_6, \boldsymbol{K}_{10})\\
V_{I,6} &= F_6(\boldsymbol{K}_6, \boldsymbol{K}_{10})\\
p_{10} &= F_7(\boldsymbol{K}_6, \boldsymbol{K}_{10})\\
y_{AM,10} &= F_8(\boldsymbol{K}_6, \boldsymbol{K}_{10})\\
y_{I,10} &= F_9(\boldsymbol{K}_6, \boldsymbol{K}_{10})\\
V_{R,10} &= F_{10}(\boldsymbol{K}_6, \boldsymbol{K}_{10})\\
V_{I,10} &= F_{11}(\boldsymbol{K}_6, \boldsymbol{K}_{10})\\
\dot{n}_{10} &= F_{12}(\boldsymbol{K}_6, \boldsymbol{K}_{10})
\end{aligned} \tag{5}$$

Die Bedeutung der Funktionssymbole in (5) soll zunächst etwas näher erläutert werden. Nach Vorgabe der Variablen an den Schnittstellen $\boldsymbol{K}_6$ und

K_{10} läßt sich z. B. T_6 mit den Modellen der Teilsysteme berechnen, wenn man diese in der Reihenfolge 7, 1, 2, 3, 4, 5, 6 abarbeitet. Folglich bedeutet z. B.

$$T_6 = F_1(K_6, K_{10}) = f_{6,T}(f_5(f_4(f_3(f_2(f_1(f_7(K_6, K_{10}))))))), \tag{6}$$

wobei wieder die Symbolik nach Gl. (4) verwendet wird.

4. Statische und dynamische Modelle der Teilsysteme des Synthesekreislaufes

Für die Teilsysteme des Ammoniaksynthesekreislaufes wurden, im wesentlichen unter Verwendung analytischer Methoden, statische und dynamische Modelle aufgestellt.

Grundlage einer analytischen Modellierung sind die Erhaltungssätze für Masse, Energie und Impuls bzw. die allgemeinen Bilanzgleichungen [13]. Zur Modellierung ist das Modellierungsobjekt in geeignete Teile aufzugliedern, auf die jeweils die Bilanzgleichungen anzuwenden sind. Zusätzlich sind noch die Verknüpfungsbeziehungen zwischen diesen Teilen (Randbedingungen der Bilanzgleichngen) aufzustellen.

Die mathematische Struktur der Modelle wird außer vom Verwendungszweck (Genauigkeitsanforderungen u. a.) durch den Charakter des Prozesses bestimmt. Die Teilsysteme mit näherungsweise konzentrierten Parametern sind durch nichtlineare Gleichungssysteme statisch und durch Systeme gewöhnlicher Differentialgleichungen dynamisch zu beschreiben. Für die Teilsysteme mit verteilten Parametern erhält man bis auf die statische Beschreibung bei eindimensionaler Parameterverteilung immer partielle Differentialgleichungen.

Die wichtigsten Nachteile analytischer Modelle

- meist höherer Arbeitsaufwand
- größere Rechenzeiten
- höherer Speicherplatzbedarf
- u. U. zusätzlich erforderliche Modellapproximationen

wurden hier einkalkuliert, um eine Extrapolations- und Ausbaufähigkeit der Modelle zu erzielen, um diese auf andere Anlagen übertragen zu können und um keine wichtigen Einflüsse zu vernachlässigen.

Auf eine ausführliche Beschreibung der Modellgleichungen für die Teilsysteme des Ammoniaksynthesekreislaufes wird verzichtet. Das Modellierungsprinzip soll am Beispiel der Wärmeübertragermodellierung demonstriert werden.

Betrachtet wird ein Rohrbündelwärmeübertrager mit folgenden Annahmen:

1. Die Temperatur, die Strömungsgeschwindigkeit und die Strömungsform sind in allen Rohren und im Mantelraum für jeden Längenabschnitt jeweils gleich.
2. Die Wärmeübertragung an den Mantel ist vernachlässigbar.
3. Im Mantelraum liegt ideale Pfropfenströmung vor.

Mit diesen Annahmen läßt sich ein Rohrbündelwärmeübertrager mit N Rohren durch N parallelgeschaltete Doppelrohrwärmeübertrager ohne Wärmeübergang zum Außenrohr ersetzen. Abb. 3 zeigt ein differentielles Element eines solchen bei Gegenstrom.

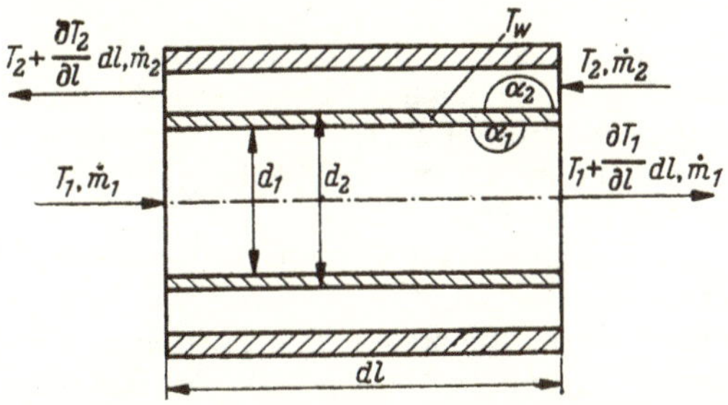

Abb. 3. Differentielles Element eines Doppelrohrwärmeübertragers

Setzt man weiterhin voraus, daß

1. auch innerhalb der Rohre Pfropfenströmung vorliegt,
2. die Wärmeleitfähigkeit der strömenden Medien und die der Rohrwand in Längsrichtung zu vernachlässigen ist,
3. in der Rohrwand kein radialer Temperaturgradient auftritt,
4. der Wärmeleitwiderstand des Rohres vernachlässigt oder den Wärmeübergangswiderständen zugeschlagen werden kann,

erhält man über differentielle Wärmebilanzen für den Doppelrohrwärmeübertrager die folgenden Modellgleichungen

$$\dot{m}_1 c_1 \frac{\partial T_1}{\partial l} + \varrho_1 c_1 A_1 \frac{\partial T_1}{\partial t} + \alpha_1 F_1 (T_1 - T_w) = 0 \tag{7a}$$

$$\varrho_w c_w A_w \frac{\partial T_w}{\partial t} - \alpha_1 F_1 (T_1 - T_w) - \alpha_2 F_2 (T_2 - T_w) = 0 \tag{7b}$$

$$-\dot{m}_2 c_2 \frac{\partial T_2}{\partial l} + \varrho_2 c_2 A_2 \frac{\partial T_2}{\partial t} + \alpha_2 F_2 (T_2 - T_w) = 0 \tag{7c}$$

A — Querschnittsfläche, in m^2
F — Wärmeübertragungsfläche je Längeneinheit in m^2/m

Indizes: 1 — innen
2 — außen
w — auf die Rohrwand bezogen.

Gleichung (7) stellt ein quasilineares partielles Differentialgleichungssystem von hyperbolischem Typ dar. In vielen praktischen Fällen können die Koeffizienten in guter Näherung konstant gesetzt werden, so daß sich ein lineares System ergibt. Eine analytische Lösung ist jedoch auch für diesen Fall nicht bekannt. Relativ exakte numerische Lösungen von (7) erhält man nach der Charakteristikenmethode [14]. Unter Umständen können jedoch auch Lösungen, die mit Differenzenverfahren gewonnen wurden, als Näherungen verwendet werden.

Aus (7) erhält man durch Nullsetzen der Zeitableitungen das statische Modell des betrachteten Wärmeübertragers. Die angegebenen Modellgleichungen gelten für Einphasenströmung. In den Wärmeübertragern des Synthesekreislaufes findet z. T. auch partielle Kondensation statt. Auf die Angabe zugehöriger Modelle wird verzichtet.

Für eine Abschätzung des dynamischen Verhaltens der Wärmeübertrager des Synthesekreislaufes wurde Gleichung (7) bzw. die entsprechenden Modellgleichungen für die Wärmeübertrager mit partieller Kondensation nach der Charakteristikenmethode numerisch gelöst. Es zeigte sich, daß bei allen Wärmeübertragern für die 95%-Zeit [15] gilt $t_{95} < 120$ sek, d. h., daß die Ausgangstemperaturen bei sprungförmigen Eingangsänderungen spätestens nach 120 Sekunden 95% ihrer zugehörigen Gesamtänderung erreichen.

Zur Abscheidermodellierung kann auf Grund der turbulenten Strömung im Synthesekreislauf vorausgesetzt werden, daß sich Flüssigkeit und Dampf im thermodynamischen Gleichgewicht befinden. Die Menge und Zusammensetzung der Phasen läßt sich damit unter Berücksichtigung der gelösten Gasanteile nach der Flash-Beziehung [16] berechnen. Die von der Gasströmung in Tropfenform mitgerissenen Flüssigkeitsanteile sind wegen des hohen mechanischen Abscheidegrades der Tropfenfänger (97—99,9%) zu vernachlässigen.

Die Verweilzeitverteilung in den Einzelapparaten des Synthesekreislaufes und der verbindenden Rohrstrecken wurde mit Hilfe der in [17] angegebenen Beziehungen abgeschätzt. Dabei zeigte sich, daß in allen Teilen des Synthesekreislaufes die Rückvermischung in guter Näherung vernachlässigt werden kann (Strömungsgeschwindigkeit: 2—5 m/s, Reynolds-Zahl: 10^5 bis 10^6).

Berechnungen zum Wärmeübergang bei partieller Kondensation [18] zeigten, daß die Wärmeübergangszahl hier um 10—40% höher liegt als die mit den Beziehungen für reine Gasströmung berechnete. Die Beeinflussung der Wärmedurchgangszahl ist jedoch gering, da der äußere Wärmeübergangswiderstand und der Wärmeleitwiderstand im allgemeinen erheblich größer als der innere Wärmeübergangswiderstand sind. Nicht zu vernachlässigen ist dagegen die Kondensationswärme bei der Modellierung der Wärmeübertrager mit partieller Kondensation.

Der Druckverlust erhöht sich in den Gebieten mit Zweiphasenströmung durchschnittlich auf den 3fachen Wert gegenüber reiner Gasströmung.

Der Reaktor des betrachteten Ammoniaksynthesekreislaufes wird im Beitrag [21] behandelt.

5. Statisches Verhalten des Ammoniaksynthesekreislaufes

5.1. Lösung der Modellgleichungen

Die Modellgleichungen einiger Teilsysteme des Synthesekreislaufes sind implizite nichtlineare Gleichungen (Abschn. 4.).

Zunächst soll die Erläuterung der verwendeten Lösungsalgorithmen nachgeholt werden [19].

Läßt sich

$$F(x) = 0 \tag{8}$$

umformen zu

$$f(x) - x = 0, \tag{9}$$

so ist nach der Vorschrift

$$x_{r+1} = f(x_r) \tag{10}$$

eine iterative Lösung möglich, falls die Konvergenzbedingung

$$\left|\frac{df(x)}{dx}\right| < 1 \tag{11}$$

erfüllt ist.

Dieses Verfahren ist linear konvergent und nur für

$$\left|\frac{df(x)}{dx}\right| \ll 1 \tag{12}$$

effektiv.

In der Mehrzahl der Fälle wurde das NEWTONsche Näherungsverfahren angewendet, das quadratische Konvergenz aufweist, d. h., die Anzahl richtiger Stellen verdoppelt sich nahezu mit jedem Iterationsschritt. Hier lautet die Iterationsvorschrift

$$x_{r+1} = x_r - \frac{F(x_r)}{dF(x_r)/dx_r}. \tag{13}$$

Bedingung für die Konvergenz ist

$$\left| \frac{F(x)\, F''(x)}{\big(F'(x)\big)^2} \right| < 1. \tag{14}$$

Die Ungleichungen (11), (12) und (14) sind für die Umgebung der Lösung $\bar{x}$ zu erfüllen, die durch die Schätzwerte für x bestimmt wird.

Bei mehreren Variablen gilt die Vektorgleichung

$$\boldsymbol{F}(\boldsymbol{X}) = \boldsymbol{0}. \tag{15}$$

Entsprechend lautet die Iterationsvorschrift

$$\boldsymbol{X}^{r+1} = \boldsymbol{f}(\boldsymbol{X}^r) \tag{16}$$

und für das Newton-Verfahren gilt

$$\boldsymbol{X}^{r+1} = \boldsymbol{X}^r - \boldsymbol{J}^{-1}(\boldsymbol{X}^r)\, \boldsymbol{F}(\boldsymbol{X}^r). \tag{17}$$

Die Jacobi-Matrix $\boldsymbol{J}$ ist definiert durch

$$\boldsymbol{J} = \begin{pmatrix} \frac{\partial F_1}{\partial X_1} & \cdots & \frac{\partial F_1}{\partial X_N} \\ \vdots & & \vdots \\ \frac{\partial F_N}{\partial X_1} & \cdots & \frac{\partial F_N}{\partial X_N} \end{pmatrix} \tag{18}$$

Ersetzt man in (17) die inverse Jacobi-Matrix $\boldsymbol{J}^{-1}$ durch die Einheitsmatrix E, so erhält man wegen

$$\boldsymbol{F}(\boldsymbol{X}) = \boldsymbol{f}(\boldsymbol{X}) - \boldsymbol{X}$$

die Iterationsvorschrift nach (16).

Zur Lösung des nichtlinearen Gleichungssystems (5) (Modell des Synthesekreislaufes) wurde ein Bibliotheksunterprogramm NAGL verwendet, das nach dem von Broyden [20] angegebenen Algorithmus arbeitet. Dieser basiert auf Gleichung (17), jedoch wird die inverse Jacobi-Matrix nicht in jedem Iterationsschritt neu berechnet, sondern jeweils nur in einfacher Weise korrigiert. Eine Neuberechnung erfolgt, falls die Iteration keine Verbesserung mehr ergibt und der Abbruchtest

$$F^2(X) \leqq \varepsilon \tag{19}$$

noch nicht erfüllt ist. (ε ist eine vorzugebende Fehlerschranke.) Die Variablen in (5) wurden mit Hilfe von Prozeßmittelwerten, die auch als Schätzwerte Verwendung fanden, normiert. Damit wird eine gleichmäßige Bewichtung der einzelnen Fehler in (19) und der Variablenänderungen zur numerischen Differentiation (Aufbau der JACOBI-Matrix) erreicht.

Die Berechnung stationärer Lösungen erfolgt im Programm STATIK. Abb. 4 zeigt die Verknüpfungen der wichtigsten Unterprogramme von STATIK. COLAHO dient zur Eingabe und Zusammenfassung eines Teiles der Daten. NAGL ruft FUNC und AFGAUS (Matrizeninversion) auf. Mit

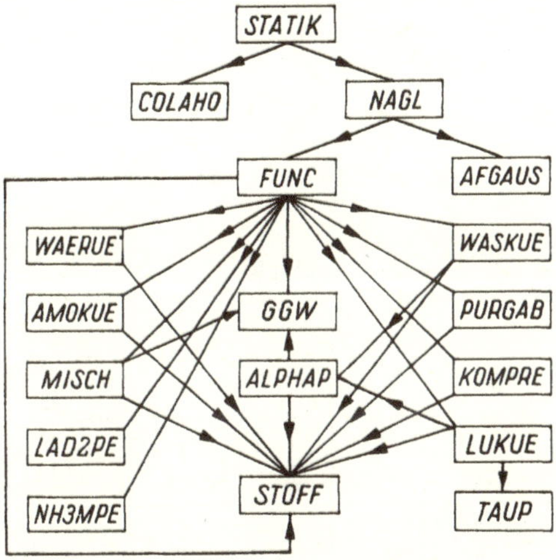

Abb. 4. Aufbau des Programms STATIK

Hilfe von FUNC werden die Funktionswerte nach (5) über Aufruf der Unterprogramme für die Teilsysteme berechnet.

Zwischen den Teilsystemen des Synthesekreislaufes nach Tab. 1 und den Unterprogrammen nach Abb. 4 besteht folgende Zuordnung:

Reaktor	— NH3MPE,LAD2PE
Luftkühler	— LUKUE
Wasserkühler	— WASKUE
Primärabscheider	— GGW
Purgegasabführung	— PURGAB
Kreislaufkompressor	— KOMPRE

Kreislaufwärmeübertrager – WAERUE
Ammoniakkühler – AMOKUE
Frischgaszumischung – MISCH
Sekundärabscheider – GGW.

Das Unterprogramm TAUP dient zur Berechnung der Taupunkttemperatur und das Unterprogramm STOFF zur Berechnung der Stoffwerte des Kreislaufgemisches.

Zur Berechnung einer stationären Lösung für den Synthesekreislauf waren je nach Güte der Schätzwerte 5–14 Iterationsschritte erforderlich. Die Rechenzeit betrug 6–12 Minuten.

Als Fehlerschranke wurde verwendet

$$\varepsilon = 10^{-14}.$$

Mit dem Iterationsalgorithmus nach (16) konnte keine Konvergenz erzielt werden.

5.2. *Simulationsergebnisse*

Den Eingangsvariablen des Synthesekreislaufes wurden die in Tab. 2 angegebenen Werte zugewiesen.

Tabelle 2: Eingangsvariable des Synthesekreislaufes

U_1	U_2	U_3	p_D/at	T_s/°C	$\alpha_L/\frac{\text{kcal}}{\text{m}^2\,\text{hgrd}}$
0,05	0,20	0,0915	15,0	108,0	750,0

T_L/°C	$\dot{m}_w/\frac{\text{kg}}{\text{h}}$	T_w/°C	p_5/at	$\dot{n}_6/\frac{\text{kmol}}{\text{h}}$	T_{10}/°C
30,0	$1{,}29 \cdot 10^5$	25,0	305	7642	10,0

$\dot{n}_{Fr}/\frac{\text{kmol}}{\text{h}}$	$y_{I,Fr}$	$V_{R,Fr}$	$V_{I,Fr}$	
2600	0,01	2,985	2,46	

Dieser Wertesatz entspricht einer normalen Betriebsweise. Von ihm ausgehend wurden verschiedene Eingangsvariable geändert und die zugehörigen stationären Werte der inneren Variablen und der Ausgangsvariablen des

Synthesekreislaufes berechnet. In den Abb. 5 bis 9 sind einige Ergebnisse graphisch dargestellt.

Abb. 5 zeigt, daß Änderungen des Reaktandenverhältnisses im Frischgas $V_{R,Fr}$ vom Kreislauf sehr verstärkt werden. Wird z. B. $V_{R,Fr}$ von 3,0 auf

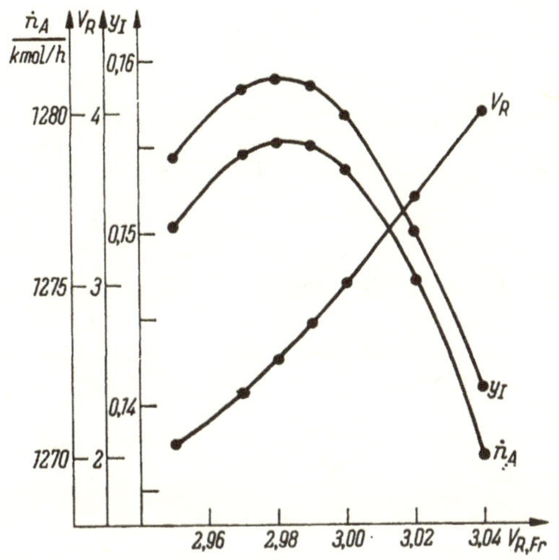

Abb. 5.

3,02 gesteigert, so erhöht sich das Reaktandenverhältnis des Kreislaufgases am Reaktoreingang V_R von 3,0 auf 3,5. (Sensibilitätskoeffizient $\partial V_R / \partial V_{R,Fr} = 25$.)

Verdeutlicht wird auch die bekannte Tatsache, daß ein (im Bezug auf die Ammoniakproduktion) optimales Reaktandenverhältnis V_R existiert, dessen Wert ungleich 3 ist. Eine Steigerung der Ammoniakerzeugung $\dot{n}_A$ hat eine Verringerung der Purgegasmenge und damit ein Ansteigen der Inertenkonzentration y_I zur Folge. So entspricht dem Maximum von $\dot{n}_A$ ein Maximum von y_I. Ebenso hängt der Sensibilitätskoeffizient $\partial V_R / \partial V_{R,Fr}$ von der Ammoniakproduktion n_A und damit vom Kreislaufzustand insgesamt ab. Dieser wird außer von den Frischgasparametern stark von der Stellung der Reaktorbypässe, den Temperaturen in den Abscheidern, dem Kreislaufdruck p_5 und von der Fördermenge des Kreislaufkompressors $\dot{n}_6$ bestimmt.

Abb. 6 verdeutlicht die Anreicherung der Inerten im Kreislauf und die Wechselwirkung zur Ammoniakproduktion und dem Reaktandenverhältnis. Der Sensibilitätskoeffizient $\partial y_I / \partial y_{I,Fr}$ beträgt etwa 3,3. Er fällt ebenso wie $\partial V_R / \partial V_{R,Fr}$ mit steigenden Werten von $y_{I,Fr}$. Der Anstieg von V_R hängt hier auch vom Reaktandenverhältnis im Frischgas ab. Für $V_{R,Fr} = 3$ verschwindet $\partial V_R / \partial y_{I,Fr}$ und wird für $V_{R,Fr} > 3$ negativ.

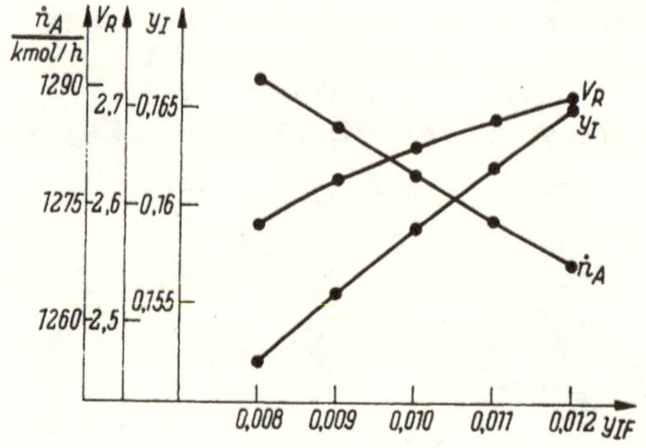

Abb. 6.

Die Wirkung von Änderungen der Frischgasmenge $\dot{n}_{Fr}$ ist aus Abb. 7 zu ersehen. Eine Erhöhung von $\dot{n}_{FR}$ hat zur Folge, daß y_I stark vermindet wird, wodurch auch der Reaktorumsatz und damit die Ammoniakmenge $\dot{n}_A$ ansteigen. Den Anstieg von V_R betreffend, gelten sinngemäß die Ausführungen zu Abb. 6.

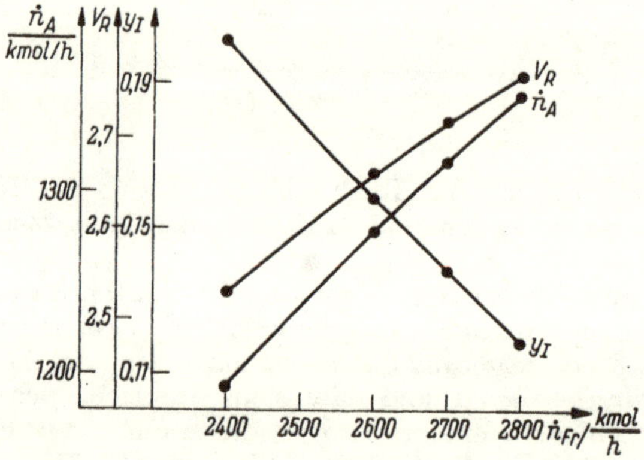

Abb. 7.

Änderungen des Kreislaufdruckes p_5 und der Fördermenge des Kreislaufkompressors $\dot{n}_6$ (Abb. 8 und 9) haben ähnliche Auswirkungen. Eine Erhöhung dieser Größen hat jeweils eine Steigerung der Ammoniakproduktion zur Folge. Bei p_5 durch eine Umsatzerhöhung bewirkt und bei n_6 durch eine Vergrößerung des Reaktordurchsatzes. Durch die Steigerung der Ammoniakproduktion ergibt sich das Anwachsen der Intertenkonzentration.

Der Anstieg von V_R ist negativ für $V_{R,Fr} < 3$, wird zu Null für $V_{R,Fr} = 3$ und positiv für $V_{R,Fr} > 3$.

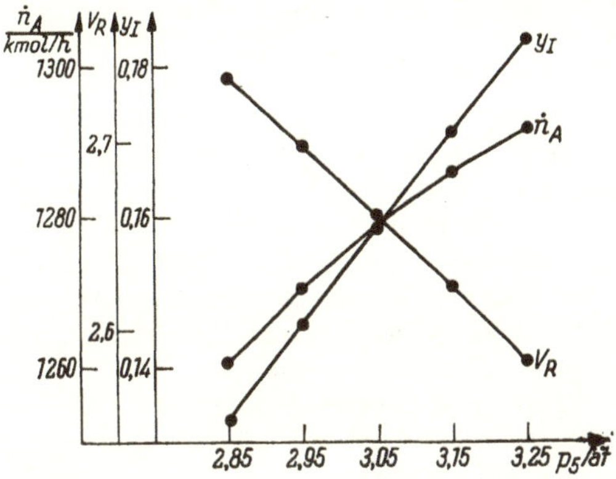

Abb. 8.

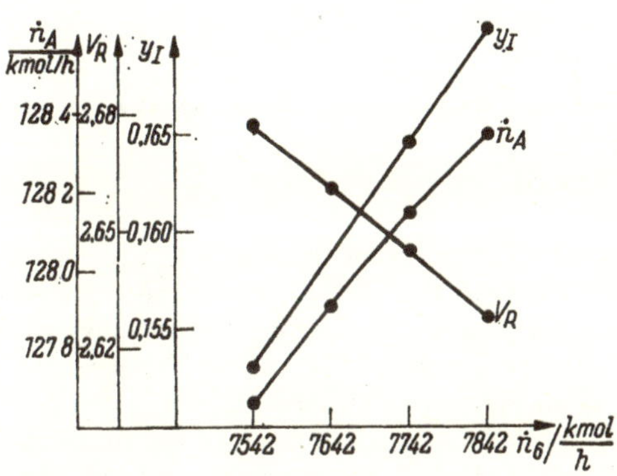

Abb. 9.

5.3. *Modellvereinfachungen*

Für einige Anwendungsfälle sind Modellvereinfachungen möglich. So sind Luft- und Wasserkühler an existierenden Anlagen oft überdimensioniert, wodurch sich ein weitgehender Temperaturangleich am kalten Ende des Wasserkühlers ergibt. In diesem Fall sind nur die Druckverluste dieser Teilsysteme zu berechnen. Hat die Primärabscheidertemperatur (entspricht Wasserkühleraustrittstemperatur) eine geringe Sensibilität gegenüber Änderungen des Kreislaufgasvektors am Reaktoraustritt, so kann man für eine Rechnersteuerung ebenfalls auf die Modelle des Luft- und Wasserkühlers verzichten, falls die Kühlkosten bei der Optimierung nicht berücksichtigt werden. Die optimalen Steuergrößen werden dann unter der Annahme berechnet, daß die Primärabscheidertemperatur für die Tastzeit konstant bleibt. Bei der folgenden Optimierung wird sie wieder durch den aktuellen Meßwert ersetzt.

Werden die Kosten für Kühlung nicht berücksichtigt und wird die Sekundärabscheidertemperatur geregelt, sind weitere Vereinfachungen möglich. Hierzu setzt man die Austrittstemperatur des Ammoniakkühlers näherungsweise gleich der geregelten Sekundärabscheidertemperatur. (Vernachlässigt wird dann die fühlbare Wärme des Frischgases und die Temperaturänderung, die sich als Folge der Verschiebung des Phasengleichgewichts durch die Frischgaszumischung ergibt.) Damit ist nur noch eine Schnittstelle im Signalflußplan (Abb. 2) zwischen Block 6 und 7 erforderlich und die Zahl der Iterationsvariablen ist auf 7 bzw. 6 bei geregelter Fördermenge des Kreislaufkompressors reduziert.

Für eine Steuerung im Echtzeitbetrieb wird man im allgemeinen die analytischen Modelle der Teilsysteme durch Näherungsgleichungen approximieren.

6. Dynamisches Verhalten des Ammoniaksynthesekreislaufes

6.1. Mathematisches Modell

Ein dynamisches Modell des Ammoniaksynthesekreislaufes erhält man durch Verknüpfung dynamischer Modelle der Teilsysteme nach dem Signalflußplan (Abb. 2). Eine Simulation des dynamischen Verhaltens des Synthesekreislaufes auf der Basis der dynamischen Modelle der Teilsysteme ist jedoch mit vertretbarem Aufwand an Rechenzeit nicht möglich.

Um zu einer Modellvereinfachung zu gelangen, wird die folgende Modellierung auf eine Beschreibung des dynamischen Verhaltens der Inertenkonzentration y_I und des Reaktandenverhältnisses V_R im Synthesekreislauf beschränkt. In Abschn. 1. wurde erläutert, daß deren Zeitverhalten für die Prozeßführung von besonderem Interesse ist. An Hand der Prozeßkenntnisse kann abgeschätzt werden, daß die Zeitableitungen von V_R und y_I relativ klein sind. Bei einer groben Beschreibung durch Zeitverzögerungsglieder 1. Ordnung liegen die Zeitkonstanten zwischen 0,5 und 3 h.

Von den Teilsystemen des Synthesekreislaufes, die von vornherein nicht nur durch Totzeitglieder dynamisch zu beschreiben sind, erreicht lediglich der Reaktor diese Größenordnung (0,3 h). Die Dynamik der Wärmeübertrager kann in guter Näherung vernachlässigt werden. Zur Begrenzung der Rechenzeit mußte auch die Reaktordynamik unberücksichtigt bleiben.

Das verwendete dynamische Modell des Synthesekreislaufes zur Beschreibung des dynamischen Verhaltens der Inertenkonzentration und des Reaktandenverhältnisses wird aus den statischen Modellen der Teilsysteme und

Totzeitglieder gebildet. Mit Letzteren werden die Transportzeiten durch Strömung berücksichtigt.

Für die statischen Modelle der Teilsysteme wird wieder die Notierung nach (4)

$$\boldsymbol{Y}_i = \boldsymbol{f}_i(\boldsymbol{X}_i) \tag{20}$$

verwendet. Bei Berücksichtigung der Totzeiten durch Strömung gilt für die stoffgebundenen Komponenten des Kreislaufvektors $\boldsymbol{K}$

$$\boldsymbol{X}_{i+1}^{+}(t) = \boldsymbol{Y}_i^{+}(t - t_{tot,i}), \tag{21}$$

während für die restlichen Komponenten zu setzen ist

$$\boldsymbol{X}_{i+1}^{++}(t) = \boldsymbol{Y}_i^{++}(t). \tag{22}$$

$\boldsymbol{X}_i^{+}, \boldsymbol{Y}_i^{+}$ — stoffgebundene Komponenten (Konzentrationen, Temperatur) von $\boldsymbol{K}$ am Eintritt bzw. Austritt des i-ten Teilsystems,

$\boldsymbol{X}_i^{++}, \boldsymbol{Y}_i^{++}$ — nicht stoffgebundene Komponenten (Druck, Mengenstrom) von $\boldsymbol{K}$ am Eintritt bzw. Austritt des i-ten Teilsystems.

Die Totzeit $t_{tot,i}$ ergibt sich nach

$$t_{tot} = \frac{V\varrho}{\dot{m}}$$

für jedes Teilsystem aus dessen Ein- und (oder) Ausgangsvektor.

$$t_{tot,i} = t_i(\boldsymbol{X}_i, \boldsymbol{Y}_i). \tag{23}$$

Zur Interpretation des dynamischen Modells wird die Wirkung einer sprungförmigen Änderung des Reaktandenverhältnisses im Frischgas $V_{R,Fr}$ betrachtet. Diese hat eine sprungförmige Änderung von V_R nach der Mischstelle mit dem Kreislaufgas zur Folge. Beim Durchströmen der Teilsysteme bleibt der Konzentrationssprung der Form nach erhalten, da rückvermischungsfreie Pfropfenströmung vorauszusetzen ist. Er gelangt, dem Betrag nach geändert, zurück zur Frischgaszuführung, um anschließend erneut den Kreislauf zu durchlaufen. Wie stark sich der Konzentrationssprung in den einzelnen Teilsystemen betragsmäßig ändert, hängt vom augenblicklichen Zustand dieser Systeme ab, wird also auch von deren dynamischen Verhalten beeinflußt. Das heißt, daß die Dynamik der Teilsysteme eine dynamische Änderung der Sprunghöhen bewirkt.

Dieser Einfluß wird bei dem verwendeten Modell vernachlässigt. Die Übergangsfunktionen für V_R und y_I werden sich also als reine Stufenfunktionen, beispielsweise nach Abb. 10, ergeben.

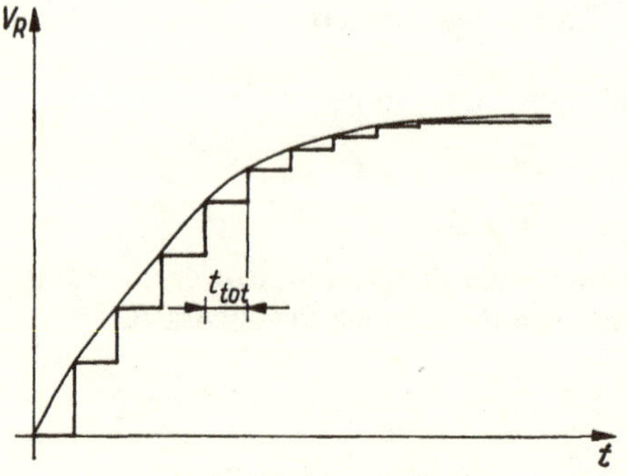

Abb. 10. Typisches Zeitverhalten für einen Prozeß mit Rückführung

6.2. *Lösungsalgorithmus*

Zur Berechnung dynamischer Charakteristiken des Synthesekreislaufes wird eine Differenzenmethode angewendet. Der Algorithmus ist in Abb. 11 grob dargestellt.

Nach Vorgabe von Anfangswerten E für alle Eingangsgrößen des Synthesekreislaufes wird zunächst die zugehörige stationäre Lösung D für den Syn-

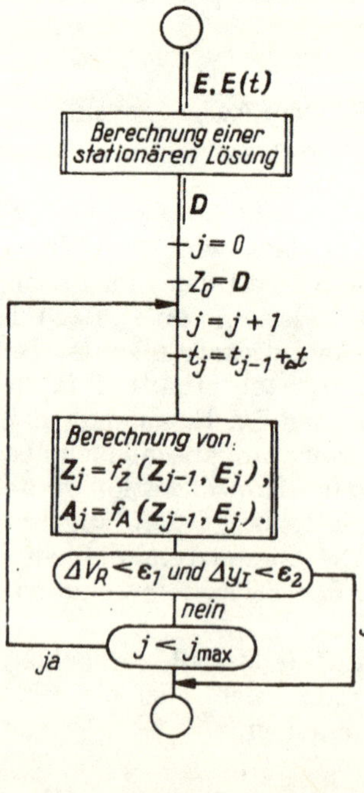

Abb. 11. Lösungsalgorithmus zum dynamischen Modell

thesekreislauf mit Hilfe des statischen Modells berechnet. Die Zustandsvariablen $\boldsymbol{Z}_j$ und die Ausgangsvariablen $\boldsymbol{A}_j$ des Synthesekreislaufes im zeitlichen Diskretisationspunktes t_j werden mit Hilfe der statischen Modelle der Teilsysteme und der Totzeitglieder ((20)—(24)) bestimmt. Hierbei gehen die Werte der Eingangsgrößen des Systems zur Zeit t_j und die von den einzelnen Teilsystemen benötigten Zustandswerte des Systems (Kreislaufgasvektoren am Eingang der Teilsysteme) zur Zeit t_{j-1} ein.

Für ausgewählte Eingangsgrößen ist ein zeitlicher Verlauf (Testfunktion) $\boldsymbol{E}(t)$ vorzugeben. Falls die Stützpunkte t_k dieses einzulesenden Verlaufes nicht mit den Diskretisationspunkten t_j übereinstimmen, wird interpoliert. Insbesondere braucht nur eine Eingangsgröße, z. B. nach einer Sprungfunktion, geändert zu werden.

Die Berechnung diskreter Punkte $\boldsymbol{A}_j$ und $\boldsymbol{Z}_j$ des Zeitverlaufes der Ausgangs- bzw. Zustandsgrößen wird rekursiv fortgesetzt bis eine der in Abb. 11 angegebenen Abbruchsbedingungen erfüllt ist.
Bei diesem Algorithmus wird den Rückführungen des Systems praktisch eine Totzeit von der Größe der Tastzeit Δt zugeordnet. Da y_I und V_R sich nur sehr langsam ändern, kann die Tastzeit Δt relativ groß sein.

Eine starke Vereinfachung der Berechnung ergibt sich, wenn man setzt

$$\Delta t = \sum_i t_{tot,i}, \tag{24}$$

d. h. wenn das Zeitinkrement Δt gleich der Zeit gesetzt wird, die ein Volumenelement für einen vollständigen Umlauf im Synthesekreislauf benötigt. Damit hängen allerdings die Zeitinkremente vom Kreislaufzustand ab und allen Zustandswerten wird näherungsweise die gleiche Tastzeit zugeordnet.

6.3. *Simulationsergebnisse*

Zur Simulation nach den angegebenen Modellgleichungen dient ein FORTRAN-Programm DYNAMIK. Mit diesem wurden Übergangsfunktionen für sprungförmige Änderungen der Inertenkonzentration $y_{I,Fr}$ und des Reaktandenverhältnisses $V_{R,Fr}$ im Frischgas sowie der Frischgasmenge $\dot{n}_{Fr}$ und der Fördermenge des Kreislaufkompressors $\dot{n}_6$ berechnet. Die Berechnung des stationären Anfangszustandes erfolgte mit dem Wertesatz nach Tab. 2.

Einige der Übergangsfunktionen sind in den Abb. 12 bis 16 dargestellt, wobei der zeitliche Verlauf des Reaktandenverhältnisses V_R, der Inertenkonzentration y_I und der erzeugten Ammoniakmenge $\dot{n}_A$ angegeben ist. In Tab. 3 sind die sprungförmigen Eingangsänderungen aufgeführt, die den abgebildeten Übergangsfunktionen zugrunde liegen.

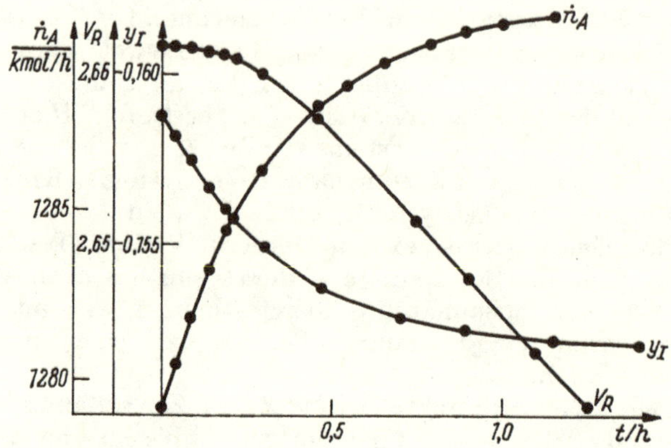

Abb. 12.

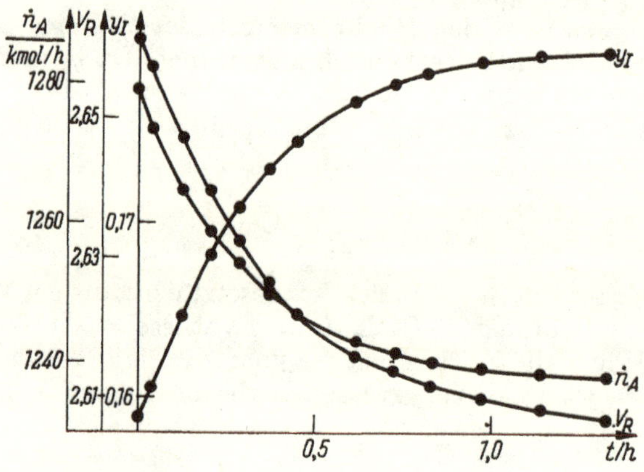

Abb. 13.

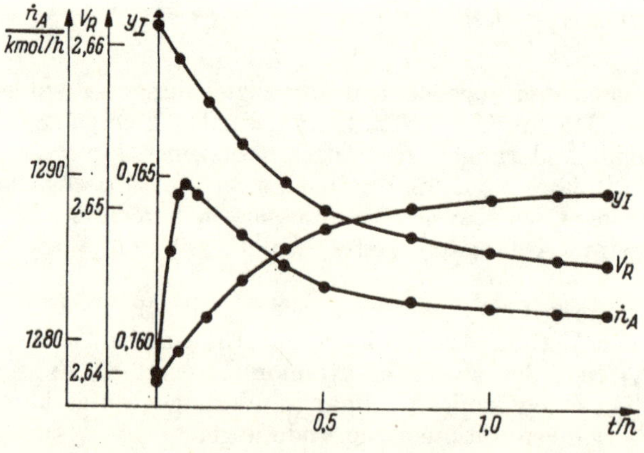

Abb. 14.

Eine kurze Beschreibung der Abb. 12 bis 16 erfolgt parallel zur Auswertung der Simulationsergebnisse im folgenden Kapitel.

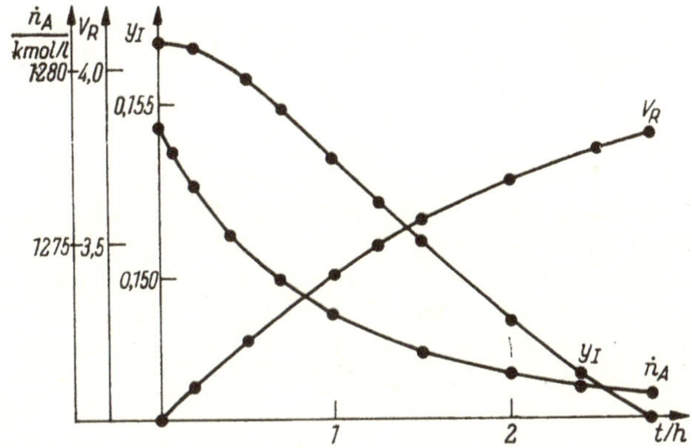

Abb. 15.

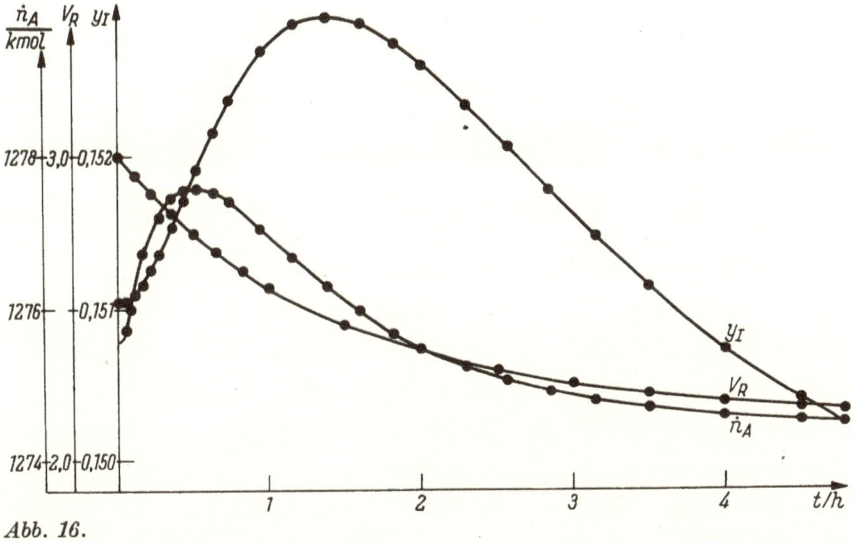

Abb. 16.

Tabelle 3

Abb.-Nr.	Eingangssprung Variable		Betrag	Zeitkonstante 1. Ordnung		Verstärkungs-koeffizient	
12	$y_{I,Fr}$	$x_{\epsilon 1}$	−0,002	δ_{11}	0,35	K_{11}	+3,4
13	$\dot{n}_{Fr}$	x_{e2}	−100	δ_{21}/δ_{22}	0,34/0,45	K_{21}	$-2{,}1 \cdot 10^{-4}$
14	$\dot{n}_6$	x_{e3}	−100	δ_{31}/δ_{32}	0,34/0,44	K_{31}	$+5{,}8 \cdot 10^{-5}$
15	$V_{R,Fr}$	x_{e4}	−0,05	δ_{42}	1,6	K_{42}	+25,8
16	$V_{R,Fr}$	x_{e4}	+0,004	δ_{42}	1,9	K_{42}	—

6.4. Auswertung und Beurteilung

Zur Auswertung der Simulationsergebnisse wird der Synthesekreislauf als ein dynamisches System nach Abb. 17 betrachtet. Es wird die Symbolik

$$\delta f(t) = f(t) - f(o) \tag{25}$$

und ein Eingangs- und Ausgangsvektor $\boldsymbol{x}_e$ bzw. $\boldsymbol{x}_a$ eingeführt. Die Bedeutung der Komponenten dieser Vektoren ist aus Abb. 17 zu ersehen. Im Vektor $\boldsymbol{x}_e$ sind die Abweichungen der sprungförmig geänderten Eingangsvariablen und im Vektor $\boldsymbol{x}_a$ die der betrachteten Zustandsgrößen von ihren stationären Werten, d. h. von den Werten zur Zeit $t = -0$, zusammengefaßt. Der Vektor $\boldsymbol{E}$ wird durch die Werte aller Eingangsvariablen des Systems zur Zeit $t = -0$ gebildet (Tab. 2). Er kann hier als Parametervektor betrachtet werden.

Unter Verwendung der erläuterten Symbole lassen sich 12 Übertragungsfunktionen wie folgt definieren

$$W_{ij}(s) = \frac{L\{x_{aj}\}}{L\{x_{ei}\}} \qquad (i = 1, 2, 3, 4), \quad (j = 1, 2, 3). \tag{26}$$

Zunächst werden die Übergangsfunktionen für eine sprungförmige Änderung der Inertenkonzentration betrachtet (Abb. 12).

Der Zeitverlauf für die Inertenkonzentration y_I und die Ammoniakmenge $\dot{n}_A$ läßt sich durch ein Zeitverzögerungsglied 1. Ordnung und der des Reaktandenverhältnisses V_R durch ein solches 2. Ordnung beschreiben, d. h.

$$W_{11} = \frac{K_{11}}{1 + \vartheta_{11}s}, \tag{27}$$

$$W_{12} = \frac{K_{12}}{1 + \vartheta_{12}s + \Theta_{12}s^2}, \tag{28}$$

$$W_{13} = \frac{K_{13}}{1 + \vartheta_{13}}. \tag{29}$$

Die Verstärkungskoeffizienten sind durch die stationären Änderungen bestimmt zu

$$K_{ij} = \frac{x_{aj}(t = \infty)}{x_{ei}(t = +0)}. \tag{30}$$

Die Zeitkonstanten ϑ_{ij} der Übertragungsfunktionen können aus den Übergangsfunktionen nach verschiedenen Methoden bestimmt werden [15]. In Tab. 3 sind die Verstärkungskoeffizienten und Zeitkonstanten einiger Übergangsfunktionen aufgeführt, die sich näherungsweise durch Zeitverzögerungsglieder 1. Ordnung beschreiben lassen.

Ebenfalls durch Zeitverzögerungsglieder 1. Ordnung ist der Zeitverlauf der Inertenkonzentration und des Reaktandenverhältnisses bei sprungförmiger Änderung der Frischgasmenge $\dot{n}_{Fr}$ oder der Fördermenge des Kreislaufkompressors $\dot{n}_6$ zu beschreiben. Die Übergangsfunktion für die Ammoniakmenge ist jedoch nur bei Änderung von $\dot{n}_{Fr}$ von 1. Ordnung, während sich bei Änderung von $\dot{n}_6$ eine fast sprungförmige Änderung von $\dot{n}_A$ mit anschließendem Übergangsprozeß 1. Ordnung ergibt (Abb. 13 und 14).

Somit sind für W_{21}, W_{22}, W_{23}, W_{31} und W_{32} Ansätze möglich, wie sie in den Gleichungen (27) und (29) verwendet wurden.

Dagegen ist zu setzen

$$W_{33} = \frac{K_{33}}{1 + \vartheta_{33} s} + K_{33}^{+}. \tag{31}$$

Aus Tab. 3 ist zu ersehen, daß die Zeitkonstanten ϑ_{21} und ϑ_{31} etwa den gleichen Wert wie die Zeitkonstanten ϑ_{11} besitzen, während ϑ_{22} und ϑ_{32} bedeutend kleiner sind als eine vergleichbare Zeitkonstante ϑ_{12}, deren Wert nach Abb. 16 auf etwa 3 h abgeschätzt werden kann. Dies kann mit den im folgenden erläuterten Wirkungsabläufen erklärt werden.

Eine Änderung der Inertenkonzentration im Frischgas hat zunächst eine Änderung der Inertenkonzentration im Kreislauf zur Folge, die eine Änderung der erzeugten Ammoniakmenge und damit auch der Purgegasmenge $\dot{n}_P$ nach sich zieht. Erst als Folge davon ergibt sich eine wesentliche Änderung des Reaktandenverhältnisses. Es bestehen Rückkopplungen zwischen V_R und $\dot{n}_A$ sowie zwischen $\dot{n}_A$, $\dot{n}_P$ und y_I. Zur Verdeutlichung dient der Signalflußplan nach Abb. 18a. Die Wirkungsabläufe bei Änderungen von $\dot{n}_{Fr}$, $\dot{n}_6$ und $V_{R,Fr}$ sind in den Abb. 18b—d dargestellt.

Aus der unterschiedlichen Stellung von δy_I und δV_R innerhalb der Signalflußpläne nach Abb. 18 resultieren die verschiedenen Formen der Über-

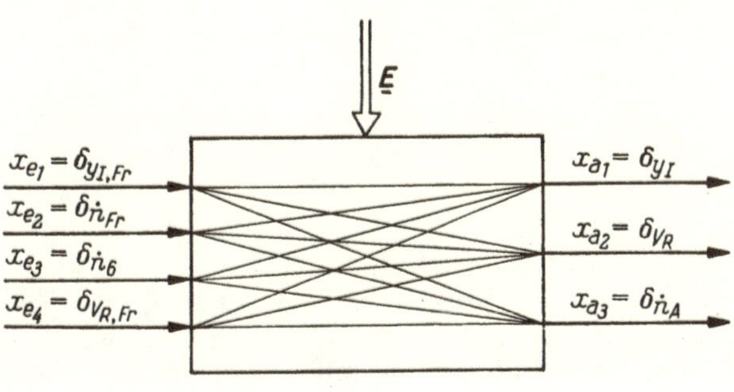

Abb. 17. Übergangskanäle

gangskurven (näherungsweise 1. oder 2. Ordnung) sowie die Unterschiede in den Zeitkonstanten. Bei Änderungen von $\dot{n}_{Fr}$ oder $\dot{n}_6$ sind δy_I und δV_R nach dem Signalflußbild gleichberechtigt. Dies wird durch die angegebenen Simulationsergebnisse bestätigt (Abb. 13 und 14). In Abb. 18d sind δy_I und δV_R gegenüber Abb. 18a vertauscht. Die entsprechenden Übergangskurven zeigen, daß dann auch die Ansätze für die Übergangsfunktionen zu vertauschen sind.

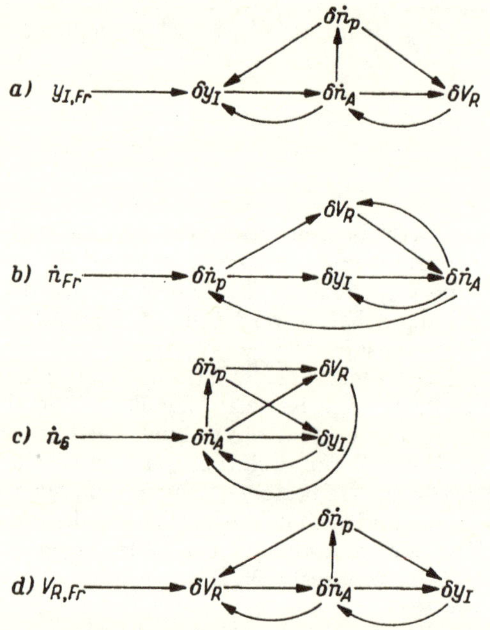

Abb. 18. Signalflußpläne für die verschiedenen Eingangsänderungen

$$W_{41} = \frac{K_{41}}{1 + \vartheta_{41}s + \Theta_{41}s^2}, \tag{32}$$

$$W_{42} = \frac{K_{42}}{1 + \delta_{42}s}. \tag{33}$$

Kompliziertere Übertragungsfunktionen ergeben sich, falls das optimale Reaktandenverhältnis $V_{R,OPT}$ (vgl. Abb. 5) durchfahren wird. In diesem Fall haben $\dot{n}_A$ und y_I Maxima (Abb. 16) mit einer zeitlichen Verschiebung, die sich mit dem Wirkungsablauf nach Abb. 18d erklären läßt. Gleichung

(33) ist auch in diesem Fall als Näherungsbeschreibung zu verwenden. Dagegen gilt Gleichung (32) nicht. An deren Stelle könnte man verwenden

$$W_{41} = \frac{K_{41}}{1 + \vartheta_{41}s + \Theta_{41}s^2} + \frac{K_{41}^+}{1 + \vartheta_{41}^+s + \Theta_{41}^+s^2}. \tag{34}$$

Die Werte der Zeitkonstanten ϑ_{42} sind Tab. 3 zu entnehmen.

Die einzelnen Signalflußpläne nach Abb. 18 wurden zu dem in Abb. 19 angegebenen resultierenden Signalflußplan zusammengefaßt. Dieser enthält in bezug auf das dynamische Verhalten von y_I und V_R die wesentlichen Wirkungsabläufe für die betrachteten Eingangsänderungen. Für Änderungen

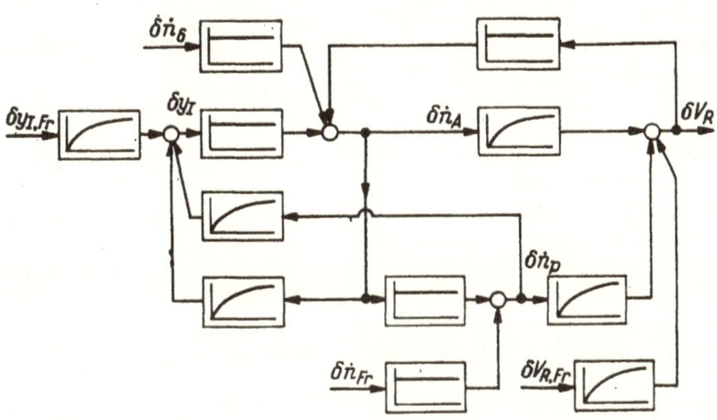

Abb. 19. Resultierender Signalflußplan für die betrachteten Eingangsänderungen

der hier nicht betrachteten Eingangsgrößen des Synthesekreislaufes ist ein Wirkungsablauf wie bei $\dot{n}_6$ zu erwarten.

Auf der Basis des resultierenden Signalflußplanes, der noch genau zu überprüfen und weiter auszubauen ist, kann in effektiver Weise ein dynamisches Näherungsmodell für den Synthesekreislauf aufgestellt werden.

Eine exakte Überprüfung oder Anpassung des dynamischen Modells auf der Basis von Betriebsmessungen erfolgte nicht. Wegen des großen Aufwandes, der zur experimentellen Ermittlung dynamischer Charakteristiken an industriellen Großanlagen erforderlich ist, war zunächst nur vorgesehen, ein Verfahren zur Modellierung und Simulation zu erarbeiten, allgemein zu überprüfen und qualitative Aussagen über das Verhalten des Ammoniaksynthesekreislaufes zu gewinnen.

Die in das dynamische Modell eingehenden stationären Modelle der Teilsysteme sind als abgesichert zu betrachten. Aus der Vernachlässigung der

Dynamik des Reaktors ergibt sich die wesentlichste Fehlerquelle. Dieser Fehler wird jedoch beschränkt sein, da die eigentliche dynamische Änderung der Reaktorumsätze nur den kleineren Teil der gesamten Umsatzänderung ausmacht.

(Vergleiche hierzu den Beitrag [21] in vorliegendem Sammelband.)

7. Literatur

[1] GUTZON, J., KILLICH, R. D., Chemical & Process Engineering, Juli 1962, 324–329
[2] CERNAK, J., Brit. Chem. Eng., **14** (1969) 813–819
[3] SHAH, M. J., WEISENFELDER, A. J., Automatika **5** (1969) 319–333
[4] BALZER, D., HARTMANN, K., KUSIN, R. E., LEZKI, E. K., REINIG, G., „*Praktische Erfahrungen und Ergebnisse des Einsatzes von Digitalrechnern zur Analyse, Modellierung und Steuerung verfahrenstechnischer Prozesse*", Messen–Steuern–Regeln, **15** (1972), Nr. 9
[5] ALMASY, G. A, u. a., Brit. Chem. Eng. **11** (1966) 188–192
[6] TRZYBALSKI, Z., III. Kongress CHISA, 1969
[7] BALZER, D., „*Steuerung eines Rohrreaktors nach dem Temperaturfeld*", Dissertation am LTI Leningrad, 1969 (russ.)
[8] KJAER, J., „*Calculation of ammonia converters on an electronic digital computer*", Akademinsk Forlag, Copenhagen, 1963
[9] SHAH, H. J., „*Control simulation in ammonia production*", I & EC 59 (1967) 72–83
[10] PORUBSKY, I. u. a., Brit. Chem. Eng. **14** (1969) 495–496
[11] SINCLAIR, P. M., Chem. Eng., Januar 1969, 26–27
[12] BALZER, D., RAASCH, E., Vortrag zur Jahrestagung des Fachausschusses BMSR-Technik der KdT, Halle 1970
[13] GILLES, E. D., Regelungstechnik **13** (1965) 361–368
[14] BEREZIN, I. S., ZIDKOV, N. P., „*Metody vyčislenij*", Gosudarstvennoe izdatel'stvo fiziko-matematičeskoj literatury, Moskva, 1962
[15] STROBEL, H., „*Systemanalyse mit determinierten Testsignalen*", VEB Verlag Technik, Berlin 1968
[16] PERRY, J. M., „*Chemical Engineers* Handbook", McGraw-Hill, New York, 1963
[17] TURNER, J. C., Brit. Chem. Eng. Vol. 9 (1964) 376–383
[18] COLBURN, A. P., HOUGEN, O. A., I & EC, 26 (1934) 1178–1182
[19] ZURMÜHL, R., „*Praktische Mathematik für Ingenieure und Physiker*", Springer-Verlag, Berlin–Heidelberg–New York, 1965
[20] BROYDEN, C. G., Computer Journal **12** (1969) 94–99
[21] BALZER, D., ILJIN, B. W., REINIG, G., „*Optimale Steuerung eines Rohrreaktors*", im vorliegenden Sammelband

Математическое моделирование реактора синтеза аммиака с целью его анализа и управления им

(Д. Бальцер, Б. В. Ильин, Г. Райниг)

Summary

The paper deals with mathematical models of a large ammonia synthesis converter. The models are to be used in the synthesis of a computer control system. To solve the antagonism between the desired high accuracy of the model and the limited computer time for solving the model equations it was necessary to develope specialized models for several tasks. The full mathematical TVA-type reactor model, which is used as an etalon for the specialized models, is achieved in form of a set of partial hyperbolic differential equation with a two-point boundary problem. For the solution of these equations an algorithm was developed, which combines the method of characteristics and the quasilinearization method. Specialized and more simple models elaborated are the steady state model (differential equation type) model of the converter, the steady state model (differential equation type) model of the converter with its temperature control system and a polynominal approximation of the last. Using the Generalized Least Squares-method (Marquardts modification) some of the model parameters are estimated on the basis of experimental data. A statistical analysis of the estimation results, which is carried out by means of Wolbergs algorithm, shows the good accuracy of the model,

Основная задача, решаемая здесь, построение математической модели реактора синтеза аммиака, представленного на рис. 1 и 2, и разработка методов и алгоритмов решения уравнении модели, которые можно было бы успешно применить при синтезе САУ.

При этом необходимо найти компромисс между точностью и простотой разрабатываемой математической модели. Это значит, что надо иметь такую модель, которая бы, с одной стороны, достаточно точно описывала свойства управляемого процесса в требуемом диапазоне возможных рабочих режимов и, с другой стороны, позволяля реализовать эффективные вычислительные процедуры для решения уравнений модели. Эффективность вычислительных процедур в данном случае характеризуется, главным образом, требуемым количеством машинного времени и необходимым объемом памяти ЦВМ.

Противоречие между желаемой точностью модели и практической реализуемостью алгоритмов решения ее уравнений преодолевается применением специализированных моделей, для которых необходимая полнота отображения свойств объекта определяется конкретными задачами управления. Специализированные модели выводятся из полной математической модели процесса (ПММ).

Здесь следует подчеркнуть, что ПММ разрабатывается для того, что-

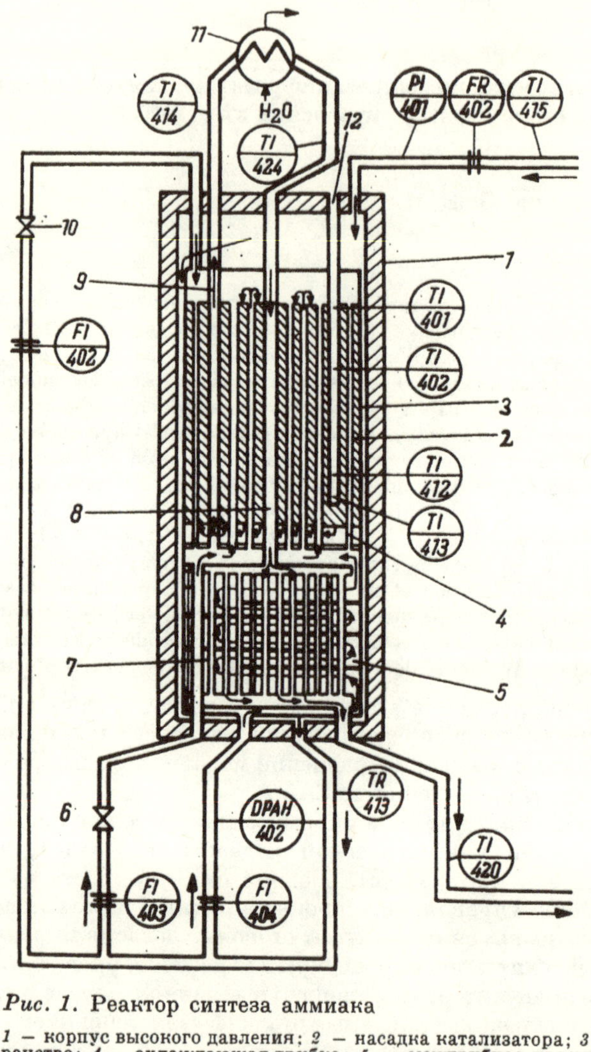

Рис. 1. Реактор синтеза аммиака

1 — корпус высокого давления; *2* — насадка катализатора; *3* — щелевое пространство; *4* — охлаждающая трубка; *5* — межтрубное пространство, НТ; *6* — вентиль нижнего байпаса; *7* — трубка НТ; *8* — центральная труба; *9* — выход газа в КУ; *10* — вентиль верхнего байпаса; *11* — КУ; *12* — измерительная трубка

бы ее можно было использовать при синтезе системы управленния уже сушествующего химического реактора. Это значительно упрощает задачу математического моделирования потому, что в этом случае модель должна описывать только реакцию выходных величин реактора на из-

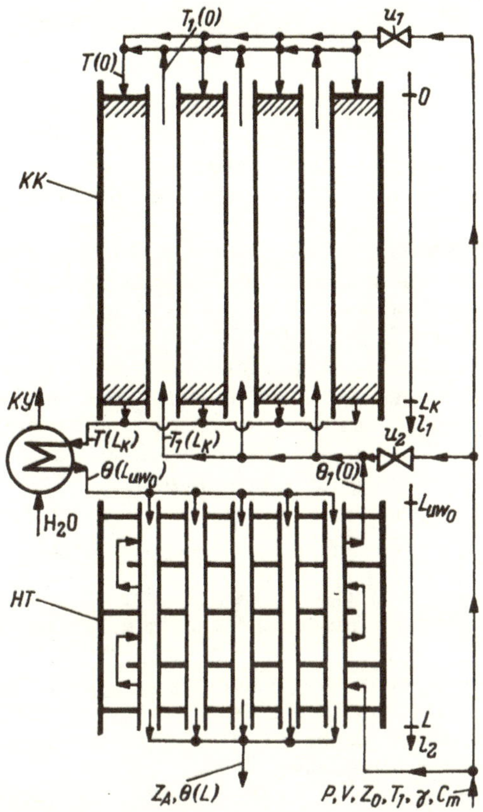

Рис. 2. Упрощенная схема реактора синтеза аммиака

КК – катализаторная коробка; КУ – котел-утилизатор; НТ – нижний теплообменник

менение входных, т.е. на изменение управляющих и возмущающих величин. Такие важные показатели аппарата, как тип и размеры катализатора и конструкция реактора, которые выбираются при проектировании реактора, уже заданы. Кроме того, в случае управления область возможных режимов более ограничена. Поэтому математическая модель должна адекватно описывать реактор только в области указанных режимов. Несмотря на эти упрощения, ПММ должна отображать такие важные особенности РСА, как распределенность параметров, накопление тепла в реакторе, нелинейность кинетических уравнений и внутреннюю обратную связь вследствие теплообмена между газовыми потоками [94]. Основная проблема при анализе ПММ — это большие затраты машинного времени на ЦВМ, необходимые для решения дифференциальных уравнений в частных производных.

В настоящей главе большое внимание уделяется также исследованию модели статики (МС) реактора, которая является частным случаем ПММ, когда частные производные по времени равны нулю. МС используется в дальнейшем для расчета оптимальных заданий регуляторам при оптимизации температурного режима РСА. С помощью МС будут исследованы свойства объекта вблизи оптимальных режимов.

Рассматривается моделирование САР температурного режима реактора (МС САР), т.е. совместное моделирование реактора и САР его температурного режима, которое позволяет сравнивать друг с другом различные варианты реализации САР.

Модель статики реакторного блока применяется для оптимизации реального аппарата. Поэтому в данной главе предлагается алгоритм уточнения математической модели и разрабатываются по нему вычислительные процедуры, которые обеспечивают актуальность модели, учитывая изменения активности катализатора и других параметров.

1. Построение математической модели процесса синтеза аммиака

При построении математической модели, учитывающей основные физические и химические процессы в аппарате, исходят из уравнений материального, энергетического и импульсного балансов [2, 36, 69].

Е. Гиллес [103] сформулировал общие балансовые уравнения, которые могут служить основой для разработки математической модели динамики любого химического реактора. Приводим здесь уравнения материального и энергетического балансов:

общий прирост количества вещества i в объеме ΔV за единицу времени $=$ приросту количества вещества i за счет движения реакционной смеси $+$ приросту вещества i за счет диффузии $+$ приросту вещества i в объеме ΔV за счет химической реакчии;

общий прирост энтальпии в объеме ΔV за единицу времени $=$ приросту энтальпии за счет движения потока $+$ количеству энтальпии, добавленной теплопередачей $+$ приросту энтальпии за счет диффузии отдельных компонентов $+$ приросту энтальпии за счет механической работы $+$ приросту энтальпии за счет химической реакции.

Такие балансовые уравнения могут быть составлены для малого объема реакторного блока, например, в реакционной зоне, в стенках охлаждающих трубок, в самых охлаждающих трубках и т.д.

Результаты болшого числа исследований по вопросам математического моделирования процессов в неподвижном слое катализатора [2, 8, 30—32, 53, 59, 67—70, 80, 93, 94, 101, 118, 119, и др.] показывают, что в нашем конкретном случае можно пренебрегать многими слагеамыми балансовых уравнений, что приводит к значительным упрощениям математической модели реактора синтеза аммиака. Анализ этих результатов позволил принять следующие допущения:

1. Катализаторная насадка и газовая смесь в ней могут рассматриваться как квазигомогенная фаза. Слинько М. Г. [68, 69], Кеар Дж. [118] и Еймери Дж. [104] показали допустимость этого предположения для промышленных реакторов синтеза аммака. Они рассчитали, что разность температур между катализатором и газом составляет не больше 2,5°.
2. Перепадом давления по длине реактора можно пренебречь. Это допущение, возможность которого показана Бесковым В. С. [7], существенно упрощает уравнения энергетического баланса. Кроме того, данное допущение позволяет не учитывать в математической моуравнения импульсного баланса.
3. Перемешивание газа в продольном направлении практически отсутствует. Раскин А. Я. [62] и Бесков В. С. [7, 8] установили, что такое предположение вносит несущественную погрешность в определение температур (меньше 1° в стационарном режиме).
4. В поперечном направлении имеет место полное перемешивание. Допустимость этого допущения исследовали различные авторы. Засмолин А. В. и Бесков В. С. [30], рассчитали поля температур и концентраций в межтрубном пространстве реактора синтеза аммиака. Соколинский Ю. А. [70] и Заярный Н. С. [31, 32] а также Кеар Дж. [118] сопоставили экспериментальные и расчетные данные. Они пришли к выводу, что предположение о полном перемешивании в понеречном направлении обосновано.
5. В продольном направлении в стенках теплообменных трубок теплообмена нет. Такое допущение общепринято. Оно основывается на том, что толщина стенок, и тем самым, площадь через которую должен происходить продольный теплообмен, мала.
6. В стенках теплообменных труб в поперечном направлении происходит полное выравнивание температур. И это допущение оправдывается малой толщиной стенок. Перепадом температуры внутри стенки можно пренебречь по сравнению с перепадами температур на поверхностях труб.
7. Потерь тепла в окружающую среду нет.

   Допущения 5 — 7, по-видимому, впервые были сформулированы и собраны вместе Девятовым Б. Н. [23] при определении передаточных функций теплообменников. На их основе, с учетом конструкции конкретного аппарата Бальцер Д. [5, 148, 159] вывел уравнения математической модели динамики реакторного блока, которая в отличие от моделей других авторов [52, 94] учитывает динамику не только катализаторной коробки, но и котла-утилизатора и нижнего теплообменника.

Подробное исследование модели, составленной Бальцером Д. [2, 153] и сравнение решений ее системы уравнений с экспериментальными данными позволили провести некоторые дополнительные упрощения модели, которые упрощают алгоритм решения. Дополнительные допущения заключаются в следующем:

1. Переходным процессом при накоплении вещества в реакторе можно пренебречь. Допущение обосновано на том, что общее время пребывания газа в реакторе не превосходит 20 сек, что намного меньше времени переходных процессов, вызванных накоплением тепла. Это допущение принимает и Брайн П. [94]. Оно позволяет из уравнения материального баланса исключить член с производной по времени. На возможность (и необходимость) подобного упрощения описания динамики указывает и Слиьнко М. Г. [182].
2. Стенки охлаждающих трубок и насадка катализатора могут быть рассмотрены как одна теплоемкая среда. Допущение обосновывается двумя обстоятельствами: во-первых, общая теплоемкость катализаторной насадки в несколько раз больше ($\approx$ в 6 раз), чем у охлаждающих трубок, и, во-вторых, коэффицент теплоотдачи от охлаждающих трубок к насадке катализатора примерно в два раза больше, чем коэффициент теплоотдачи от стенок трубок к охлаждающему газу. Это допущение позволяет отдельно рассматривать тепловой баланс стенок охлаждающих трубок, что приводит лишь к некоторой погрешности при расчетах переходных продессов. На точности описания статических режимов это не отражается, так как в статике величина $\frac{\partial T_W}{\partial t}$ равна нулю.
3. Накоплением тепловой энергии в самом газе, заполняющем реактор, можно пренебречь. Допущение основано на том, что теплоемкость газа, находящегося в реакторе, мала по сравнению с теплоемлостью металлических частей (для катализаторной коробки отношение этих теплоемкостей равно ≈ 20).

2. Уравнения полной математической модели РСА

Уравнения материального и теплового балансов для отдельных частей реакторного блока составляются с учетом приведенных допущений. Балансовые уравнения записываются сначала для конечных объемов с длиной Δl и интервала времени Δt. Осуществляя предельные переходы $\Delta l \to 0$ и $\Delta t \to 0$, определяем дифференциальную форму балансовых уравнений.

2.1. *Уравнение материального баланса для газа в насадке катализатора*

Мольный расход газовой смеси V через поперечное сечение с координатой l_1, где концентрация аммиака равняется Z, можно выразить через расход на входе в реактор V_E и входную концентрацию Z_E:

$$V = V_E \frac{1 + Z_E}{1 + Z}, \qquad [\text{кмоль} \cdot \text{час}^{-1}] \tag{1}$$

или обозначая

$$V_0 = V_E(1 + Z_E); \tag{2}$$

$$V = \frac{V_0}{1 + Z}. \tag{3}$$

Обозначив через $W_r(T, Z)$ результирующую скорость образования аммиака [кмоль · час$^{-1}$ · м$^{-3}$], прирост концентрации аммиака ΔZ на интервале Δl_1 определим по формуле:

$$\Delta Z = \frac{W_r(T, Z) \cdot S_K}{V} \Delta l_1, \tag{4}$$

где

S_K — площадь поперечного сечения, занимаемого катализатором, [м^2];
T — температура смеси в сечении с координатой l_1, [°К].

При $\Delta l \to 0$ получим:

$$\frac{\partial Z}{\partial l_1} = \frac{S_K}{V} W_r(T, Z) = \frac{S_K}{V_0} (1 + Z) = f_1(T, Z). \tag{5}$$

Выводу уравнения скорости образования аммиака будет посвящен отдельный параграф (2.9).

2.2. *Уравнение теплового баланса в насадке катализатора*

Составим уравнение теплового баланса для участка насадки катализатора с длиной Δl_1 и интервала времени Δt. Рассматриваемый участок показан на рис. 3. Общий вид балансового уравнении (с учетом перечисленных выше допущений следующий:

$$Q_W + Q_K = Q_F + Q_T + Q_M + Q_R, \tag{6}$$

где

Q_W — количество тепла, накопленное в стенках трубок;
Q_K — количество тепла, накопленное в насадке катализатора;
Q_F — количество тепла, оставленное в рассматриваемом обьеме газовым потоком;
Q_T — количество тепла, переданное через охлаждающие трубки;
Q_M — количество тепла, переданное в щелевое пространство;
Q_R — количество тепла, выделенное при химической реакции.

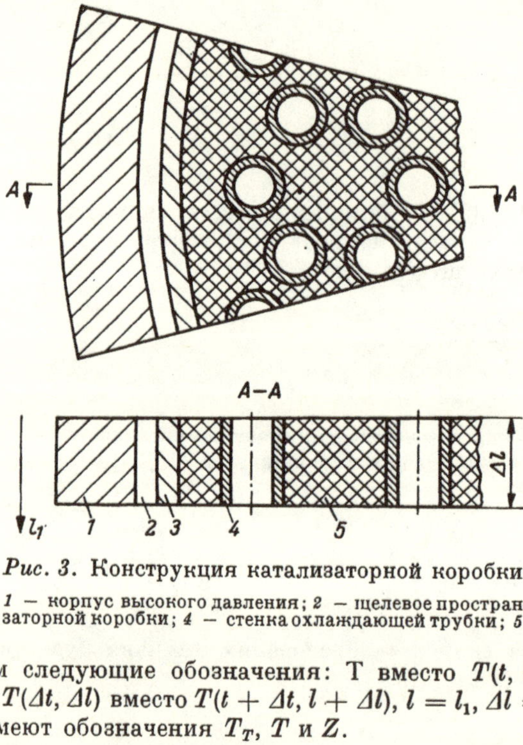

Рис. 3. Конструкция катализаторной коробки

1 — корпус высокого давления; 2 — щелевое пространство; 3 — стенка катализаторной коробки; 4 — стенка охлаждающей трубки; 5 — насадка катализатора

Введем следующие обозначения: T вместо $T(t, l)$, $T(\Delta t)$ вместо $T(t + \Delta t, l)$, $T(\Delta t, \Delta l)$ вместо $T(t + \Delta t, l + \Delta l)$, $l = l_1$, $\Delta l = \Delta l_1$. Аналогичный смысл имеют обозначения T_T, T и Z.

Тогда

$$Q_W = \frac{M_W}{L_K} c_W [T_W(\Delta t) - T_W] \, \Delta l = m_W c_W [T_W(\Delta t) - T_W] \, \Delta l, \tag{7}$$

где

M_W — общая масса охлаждающих трубок, [кг];
L_K — высота (длина) катализаторной насадки, [м];
c_W — удельная теплоемкость материала трубок, [ккал $\cdot$кг$^{-1}$ $\cdot$ град$^{-1}$];

$$Q_K = S_K \varrho_K c_K [T(\Delta t) - T] \, \Delta l, \tag{8}$$

где

ϱ_K — удельная насыпная плотность катализатора, [кг · м$^{-3}$];
c_K — удельная теплоемкость катализатора, [ккал · кг$^{-1}$ · град$^{-1}$];

$$Q_P = -CV[T(\Delta l) - T]\,\Delta t, \tag{9}$$

где

C — молярная теплоемкость газовой смеси, зависящая от состава смеси, от ее температуры и давления, [ккал · кмоль$^{-1}$ · град$^{-1}$];

$$Q_T = -K_K\left[T\left(\frac{\Delta l}{2}\right) - T_T\left(\frac{\Delta l}{2}\right)\right]\Delta t\,\Delta l, \tag{10}$$

где

K_K — параметр перехода тепла, который представляет собой коэффициент теплопередачи, умноженный на общий периметр теплопередачи от газа в реакционной зоне к охлаждающим трубкам, [ккал · час$^{-1}$ · м$^{-1}$ · град$^{-1}$];

$$Q_M = -\frac{\Delta T_{MA}}{L_M}\, C \cdot V \cdot \Delta t \cdot \Delta l, \tag{11}$$

где

ΔT_{MA} — прирост температуры газа в щелевом пространстве, [град];
L_M — длина щелевого пространства, [м];

$$Q_R = q \cdot V \cdot \Delta Z \cdot \Delta t = q f_1 \cdot V \cdot \Delta t \cdot \Delta l. \tag{12}$$

В соответствии с предположением о том, что $T_W = T$, получаем:

$$m_W c_W[T(\Delta t) - T]\,\Delta l + S_K \varrho_K c_K[T(\Delta t) - T]\,\Delta l$$
$$= CV[T(\Delta l) - T]\,\Delta t - K_K[T(\Delta l/2) - T_T(\Delta l/2)]\,\Delta l \cdot \Delta t$$
$$- \frac{\Delta T_{MA}}{L_M}\, C \cdot V \cdot \Delta l \cdot \Delta t + q f_1 \cdot \Delta l \cdot \Delta t. \tag{13}$$

Если уравнение (13) разделить на $\Delta l \cdot \Delta t \cdot V \cdot C$ и осуществить предельный переход $\Delta t \to 0$ и $\Delta l \to 0$, то получим:

$$\frac{m_W c_W + S_K \varrho_K c_K}{CV} \cdot \frac{\partial T}{\partial t} + \frac{\partial T}{\partial l} = -\frac{K_K}{CV}(T - T_T) - \frac{\Delta T_{MA}}{L_M} + \frac{q f_1}{CV}. \tag{14}$$

2.3. *Уравнения теплового баланса для газа в охлаждающих трубках каталиваторной коробки*

Уравнение теплового баланса для газа в охлаждающих трубках имеет вид (рассматривается элементарный участок с длиной Δl):

$$Q_{TT} + Q_{FT} = 0, \tag{15}$$

где

Q_{TT} — количество тепла, переданное через стенки трубок;
Q_{FT} — количество тепла, переданное газовому потоку.

В связи с 3-им дополнительным допущением других членов в уравнении теплового баланса здесь нет. Отдельные слагаемые уравнения имеют следующий вид:

$$Q_{TT} = -K_K \left[T_T\left(\frac{\Delta l}{2}\right) - T\left(\frac{\Delta l}{2}\right)\right] \Delta t \cdot \Delta l; \tag{16}$$

$$Q_{PT} = CV(1 - U_1)\,[T_T - T_T(\Delta l)] \cdot \Delta t, \tag{17}$$

где U_1 — относительный расход газа через верхний байпас, тоесть расход через верхний байпас, деленный на общий расход газа через реактор. После аналогичных операций, как и в предыдущих случаях, получаем

$$\frac{\partial T_T}{\partial l} = \frac{K_K}{CV(1 - U_1)}\,(T_T - T). \tag{18}$$

2.4. *Уравнение теплового баланса для трубок нижнего теплообменника*

При выводе уравнений теплового баланса для нижнего теплообменника необходимо учитывать особенность конструкции (рис. 4) теплообменных трубок: с целью повышения интенсивности теплообмена в каждую теплообменную трубку вставлен квадратный железный стержень. В связи с этим введем еще одно допущение:

температуру стержня можно считать равной температуре газа в трубке.

Такое допущение есть, по сути дела, распространение предположения о квазигомогенности на теплообменные трубки. Оно основано на небольшом поперечном сечении стержня и на большой интенсивности теплообмена в трубках. Составить один общий тепловой баланс

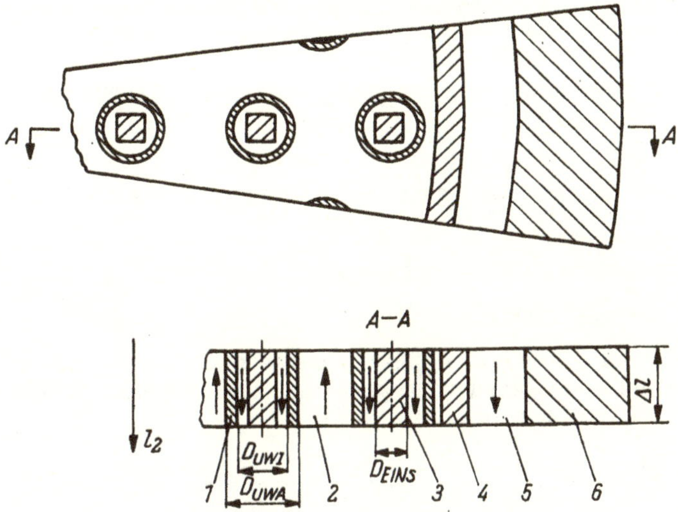

Рис. 4. Конструкция нижнего теплообменника

1 — стенка теплообменных трубок; 2 — межтрубное пространство; 3 — центральный стержень; 4 — стенка нижнего теплообменника; 5 — щелевое пространство; 6 — корпус высокого давления

для стенок теплообменных трубок для одного из газовых потоков, как в случае катализаторной коробки, здесь не удается потому, что интенсивность теплообмена между стенками теплообменных трубок и каждым из газовых потоков примерно одинакова. Уравнение теплового баланса для газа в трубках нижнего теплообменника принимает вид:

$$\hat{Q}_S = \hat{Q}_T + \hat{Q}_P, \tag{19}$$

где

$\hat{Q}_S$ — количество тепла, накопленное в стержнях;
$\hat{Q}_F$ — количество тепла, оставленное газовым потоком;
$\hat{Q}_T$ — количество тепла, переданное изнутри стенкам трубок.

Знак „ˆ“ указывает на то, что соответствующая величина относится к нижнему теплообменнику. Отдельные слагаемые уравнения (19) имеют следующий вид:

$$\hat{Q}_S = D_S^2 \varrho_S c_S N_{UW}[\theta(\Delta t) - \theta]\,\Delta l, \tag{20}$$

где

D_S — длина сторон поперечного сечения стержней, [м];
ϱ_S, c_S — удельные плотность [кг · м$^{-3}$] и теплоемкость [ккал · кг$^{-1}$ · град$^{-1}$] стержней;

N_{UW} — количество теплообменных трубок в нижнем теплообменнике;
θ — температура газа внутри теплообменных трубок, [°К];

$$\hat{Q}_T = \alpha_{UWI} \cdot \pi \cdot D_{UWI} N_{UW} \left[\theta_W \left(\frac{\Delta l}{2}\right) - \theta \left(\frac{\Delta l}{2}\right)\right] \Delta l \cdot \Delta t, \tag{21}$$

где

α_{UWI} — коэффициент теплоотдачи внутри теплообменных трубок, [ккал. час$^{-1}$ · м$^{-2}$ · град$^{-1}$];
D_{UWI} — внутренний диаметр трубок, [м];
θ_W — температура стенок трубок, [°К];

$$\hat{Q}_F = VC[\theta(\Delta l) - \theta]\,\Delta t. \tag{22}$$

Подставляя Q из (20) — (22) в уравнение (19), получаем после преобразований и предельного перехода дифференциальную форму уравнения теплового баланса

$$\frac{\partial \theta}{\partial l} + \frac{D_S{}^2 \varrho_S c_S N_{UW}}{VC} \cdot \frac{\partial \theta}{\partial t} = \frac{\alpha_{UWI} \cdot \pi \cdot D_{UWI} \cdot N_{UW}}{VC} (\theta - \theta_W). \tag{23}$$

Введя обозначения

$$C_{UW} = D_S{}^2 \varrho_S c_S N_{UW}; \quad A_{UWI} = \frac{\alpha_{UWI} \cdot \pi \cdot D_{UWI} \cdot N_{UW}}{VC},$$

преобразуем (2.23) к виду

$$\frac{C_{UW}}{VC} \cdot \frac{\partial \theta}{\partial t} + \frac{\partial \theta}{\partial l} = A_{UWI}(\theta - \theta_W). \tag{24}$$

2.5. *Уравнение теплового баланса для стенок трубок в нишнем теплообменнике*

Уравнение теплового баланса для стенок теплообменных трубок имеет вид:

$$\hat{Q}_W = \hat{Q}_T + \hat{Q}_{TT}. \tag{25}$$

Здесь

$\hat{Q}_W$ — количество тепла, накопленное в стенках трубок;
$\hat{Q}_{TT}$ — количество тепла, переданное стенкам трубок от газового потока в межтрубном пространстве.

Члены уравнения (25) определяются так:

$$\hat{Q}_W = \frac{\pi}{4} (D_{UWA}^2 - D_{UWI}^2) \hat{\varrho}_W \hat{c}_W N_{UW} [\theta_W(\Delta t) - \theta_W]\,\Delta l, \tag{26}$$

где

D_{UWA} — внешний диаметр трубок, [м];
$\hat{\varrho}_W, \hat{c}_W$ — удельные плотность, [кг · м$^{-3}$] и теплоемкость, [ккал · кг$^{-1}$ · град$^{-1}$], стенок трубок.

$$\hat{Q}_{TT} = \alpha_{UWA}\pi D_{UWA}N_{UW}\left[\theta_W\left(\frac{\Delta l}{2}\right) - \theta_T\left(\frac{\Delta l}{2}\right)\right]\Delta t \cdot \Delta l, \tag{27}$$

где

α_{UWA} — коэффициент теплопередачи на наружной стороне трубок, [ккал · час$^{-1}$ · м$^{-2}$ · град$^{-1}$];
θ_T — температура газа в межтрубном пространстве нижнего теплообменника, [°К].

Используя (26), (27), (25) и (21), получаем после некоторых преобразований и предельного перехода:

$$\frac{\pi}{4}\left(D_{UWA}^2 - D_{UWI}^2\right)\hat{\varrho}_W\hat{c}_W \cdot \frac{\partial\theta_W}{\partial t} = \alpha_{UWI}\pi D_{UWI}N_{UW}(\theta - \theta_W)$$
$$- \alpha_{UWI}\pi D_{UWA}N_{UW}(\theta_W - \theta_T). \tag{28}$$

Введя в уравнение (2.28) обозначения

$$C_{WA} = \frac{\pi}{4}\left(D_{UWA}^2 - D_{UWI}^2\right)\hat{\varrho}_W\hat{c}_W N_{UW}; \qquad A_{UWA} = \alpha_{UWA}\pi D_{UWA}N_{UW},$$

получаем

$$C_{WA}\frac{\partial\theta_W}{\partial t} = A_{UWI}(\theta - \theta_W) - A_{UWA}(\theta_W - \theta_T). \tag{29}$$

2.6. *Уравнение теплового баланса для межтрубного пространства в нижнем теплообменнике*

При составлении балансовых уравнений и расчете параметра теплопередачи в межтрубном пространстве учитываются действие потоков через байпасы реактора и то обстоятельство, что это пространство разделено 17-ью перегородками. Уравнение теплового баланса имеет вид

$$\hat{Q}_{TT} + \hat{Q}_{FT} + \hat{Q}_M = 0, \tag{30}$$

где

$\hat{Q}_{FT}$ — количество тепла, переданное газовому потоку.

Остальные величины уже известны. Величина $\hat{Q}_{FT}$ определяется так:

$$\hat{Q}_{FT} = (1 - U_1 - U_2)\, VC[\theta_T(\Delta l) - \theta_T]\, \Delta t. \tag{31}$$

Здесь U_2 — удельный расход через нижний байпас, т. е. расход через нижний байпас, деленный на общий расход газа через реактор. Уравнения (30), (31), (27) и (11) — после преобразований и предельного перехода, позволяют получить уравнение теплового баланса в дифференциальной форме:

$$\frac{\partial \theta_T}{\partial l} = A_{UWA}(\theta_T - \theta_W) - \frac{\Delta T_{MA}}{L_M}. \tag{32}$$

2.7. Уравнение теплового баланса котла-утилизатора

В котле-утилизаторе производится насыщенный пар с давлением 14,5 атм. Время пребывания газа в котле составляет всего несколько долей секунды. Уровень кипящей воды и давление пара достаточно жестко стабилизируются местными САР. Поэтому при моделировании системы управления реактором оказалось возможным рассматривать котел-утилизатор как нелинейиое статическое (усилительное) звено. Тепловой баланс для газового потока, проходящего через котел, можно записать в виде:

$$Q_{AK} + Q_G = 0. \tag{33}$$

Здесь

Q_{AK} — количество тепла, переданное холодной среде;
Q_G — количество тепла, отданное газовым потоком.

При этом

$$Q_G = VC(T_{вых} - T_{вх})\, \Delta t \tag{34}$$

или, с учетом обозначений на рис. 2.

$$Q_G = VC[\theta(t, L_{UW_0}) - T(t, L_K)]\, \Delta t. \tag{35}$$

Величина Q_{AK} определяется обычным методом расчета теплообменных аппаратов [58] через среднелогарифмическую разность температур:

$$Q_{AK} = K_{AK} F_{AK} \Delta T_{\ln} \Delta t. \tag{36}$$

Здесь

K_{AK} — коэффициент теплопередачи в котле-утилизаторе, зависящий от состава и расхода газовой смеси, [ккал · час$^{-1}$ · град$^{-1}$ · м$^{-2}$];

F_{AK} — площадь теплообмена, [м^2];

$$\Delta T_{\ln} = \frac{(T_{вх} - T_{H_2O}) - (T_{вых} - T_K)}{\ln \dfrac{T_{вх} - T_{H_2O}}{T_{вых} - T_K}}; \tag{37}$$

T_{H_2O}, T_K — температуры воды, поступающей в котел и производимого насыщенного пара.

Подставляя в (33) значения Q_G и Q_{AK} из (35) и (36), получаем нелинейное алгебраическое уравнение — математическую модель котла-утилизатора:

$$\theta(t, L_{UW_0}) = T(t, L_K) - \frac{K_{AK}F_{AK}}{VC} \Delta T_{\ln}. \tag{38}$$

2.8. *Краевые условия для уравнений полной математической модели реакторного блока*

Решение уравнений математической модели в области исследуемых режимов работы объекта требует задания соответствующих этим режимам краевых (начальных и граничных) условий.

Начальные условия определяют состояние процесса в момент времени $t = 0$:

$$\begin{aligned} Z(0, l_1) &= Z_0(l_1); & \theta(0, l_2) &= \theta_0(l_2); \\ T(0, l_1) &= T_0(l_1); & \theta_W(0, l_2) &= \theta_{W0}(l_2); \\ T_T(0, l_1) &= T_{T0}(l_1); & \theta_T(0, l_2) &= \theta_{T0}(l_2). \end{aligned} \tag{39}$$

Для времени $t \geqq 0$ граничные условия для уравнений (5), (14), (18), (24), (29) и (32) заданы в различных точках реактора:

В точке $l_1 = 0$ (смотри рис. 2):

$$Z(t, 0) = Z_E(t); \tag{40}$$

$$T(t, 0) = T_T(t, 0) \frac{C(T_T)}{C(T)} (1 - U_1) + T_E(t) \frac{C(T_E)}{C(T)} U_1, \tag{41}$$

где

$C(T)$ — молярная теплоемкость газовой смеси при соответствующей температуре;

$T_E(t)$ — температура газа на распределителе байпасных потоков;

$Z^E(t)$ — концентрация аммиака на входе в реактор.

В точке $l_1 = L_K$:

$$T_T(t, L_K) = \theta_T(t, L_{UW0}) \frac{C(\theta_T)}{C(T_T)} (1 - U_1 - U_2) + T_E(t) \frac{C(T_E)}{C(T_T)} U_2 \tag{42}$$

Здель

$\theta_T(t, L_{UW_0})$ — температура газа, покидающего межтрубное пространство нижнего теплообменника.

В точке $l_2 = L_{UW_0}$ уравнения (14) и (24) связываются уравнением модели котла-утилизатора (2.38).

В точке $l_2 = L$:

$$\theta_T(t, L) = T_E(t). \tag{43}$$

2.9. *Кинетика процесса синтеза аммиака*

Изучение литературы [30, 32, 53, 70, 73, 93, 101, 106, 108, 120, 127] показывает, что не существует общепринятого выражения для скорости образования аммиака из водородо-азотной смеси. Однако все используемые, выражения основываются на уравнении Темкина-Пыжева [72], имеющем следующую форму:

$$W_{N_2} = a\left(K_1 \frac{P_{N_2} P_{H_2}^{1,5}}{P_{NH_3}} - K_2 \frac{P_{NH_3}}{P_{H_2}^{1,5}}\right), \tag{44}$$

где

W_{N_2} — скорость реакции азота, [кмоль $N_2 \cdot$ час$^{-1} \cdot$ м$^{-3}$];
a — активность катализатора;
$P_{H_2}, P_{N_2}, P_{NH_3}$ — парциальные давления H_2, N_2 и NH_3;
K_1, K_2 — константы скоростей реакций; $K_i = K_{0,i} e^{-\frac{Ei}{RT}}$, $i = 1, 2$.

Дайсон Д. и. Симон И. [101] сравнивали различные варианты кинетического уравнения и пришли к выводу, что применение очень сложных уравнений, как, например, в [127], дает несущественное повышение точности математического описания процесса. Поскольку исследование кинетики не является целью настоящей работы, автору пришлось выбрать уравнение, которое по литературным данным обеспечивает и достаточную точность и простоту расчета.

Было выбрано уравнение, которое предложили Дайсон Д. и. Симон И. [101]. После некоторых преобразований это уравнение принимает вид:

$$w_r(T, Z) = A_{KOR} B A_K e^{-\frac{A_{KT}}{RT}} (1 + Z)\, \eta \left(K^2 \frac{F_{N_2} F_{H_2}^{1,5}}{F_{NH_3}} - \frac{F_{NH_3}}{F_{H_2}^{1,5}}\right). \tag{45}$$

Здесь

$\mathring{A}_{KT}$	— энергия активации, [ккал · кмол$^{-1}$ · град$^{-1}$];
R	— газовая константа, [1,98 ккал · кмол$^{-1}$);
K	— константа равновесия, которая вычисляется по уравнению Джиллеспай-Битти [107];
$F_{H_2}, F_{N_2}, F_{NH_3}$	— летучести (фугативности) газов;
η	— коэффициент эффективности;
B	— коэффициент столкновений;
A_{KOR}, A_K	— параметры, учитывающие действительную активность катализатора.

Отдельные слагаемые уравнения (45) рассматриваются ниже более подробно.

Уравнение (45) отличается от известного уравнения Темкина в первую очередь тем, что для вычисления движущей силы используются не парциальные давления компонентов, а их летучести. Этим самым учитывается отклонение поведения реальных газов от идеальных (но при этом не учитываются нелинейные эффекты смешения). Использование летучестей (фугативностей) вместо парциальных давлений делает кинетическое выражение нечувствительным к изменениям давления. Отпадает необходимость использовать поправочный коэффициент $P^{0,5}$ в уравнении Темкина, который учитывается некоторыми авторами.

Фугативности F_i вычисляются как произведения мольных долей на общее давление P и коэффициенты фугативности f_i:

$$F_i = c_i \cdot P \cdot f_i. \tag{45a}$$

Так как нелинейные эффекти смешения реальных газов не учитываются, коэффициенты фугативности зависят только от P и T. Предлагаемые Дайсоном и Симоном зависимости $f_i = f_i(P, T)$ сравнивались с результатами, полученными Хессельбартом [115] на НХК Шведт на основе теоретических соображений. Данные Дайсона отличаются от результатов Хессельбарта менее, чем на 0,1%.

Зависимости $f_i(P, T)$ представлены в настоящей работе в виде квадратичных полиномов от T и P, например:

$$f_{NH_3} = a_0 + a_1 T + a_2 T^2; \quad F_{NH_3} = f_{NH_3} \cdot Z; \tag{46}$$

$$a_0 = a_{0,0} + P a_{0,1} + P^2 a_{0,2}; \quad a_i = a_{i,0} \cdot P; \quad i = 1, 2. \tag{47}$$

Значения коэффициентов a_i и $a_{i,j}$ для всех реагирующих газов приведены в сводке уравнений ПММ в параграфе 2.12.

В промышленных реакторах синтеза аммиака наблюдается постепенное отравление верхних слоев катализатора. Оно вызывается в основном двумя факторами. Во-первых, катализатор постепенно отравляется воздействием катализаторных ядов. Ядами для катализаторов синтеза аммиака являются кислород и его соединения. Кинетика этого отравления мало изучена, ее исследование затруднительно из-за сложности обеспечения надежного измерения микроконцентраций CO, CO_2, O_2 и H_2O в промышленных условиях. По данным работ [63, 64] отравление кислородными соединениями — обратимый процесс. Он вызывается адсорбцией поверхностью катализатора водяных паров, образующихся при реакции ядов с водородом.

Вторая причина отравления — появление в газовой смеси следов масел из компрессоров, которые закрывают микропоры катализатора. В рассматриваемой установке синтеза аммиака при каждом пуске реактора наблюдается увеличение полностью отравленного слоя катализатора (смотри также раздел „Уточнение модели"). Это обстоятельство учитывается в модели введением в выражение скорости образование аммиака коэффициента

$$A_K = \begin{cases} 1 & \text{при} \quad l_1 \geqq A_{K1}; \\ 0 & \text{при} \quad l_1 < A_{K1}. \end{cases} \tag{48}$$

Длина отравленного слоя A_{K1} определяется при уточнении модели по экспериментальным данным. Предположение о скачкообразном изменении активности катализатора по длине l_1 может казаться необоснованным. Была рассмотрена и другая зависимость активности катализатора от длины в следующей форме:

$$A_{KOR} = A_{KIN} \cdot (1 + A_{K2} l_1 + A_{K3} l_1^2). \tag{49}$$

Было установлено, что для всех практических случаев коэффициенты A_{K2} и A_{K3} можно было принять равными нулю, хотя после загрузки нового катализатора может и оказаться, что эти коэффициенты отличны от нуля.

2.10. Внутренняя диффузия

Спорными при математическом моделировании процесса синтеза аммиака явился вопрос о том, нужно ли учитывать внутридиффузионное торможение химической реакции. В последние годы преобладает точка зрения, что при синтезе аммиака на зернах катализатора диаметром больше 4 мм нельзя пренебрегать этим явлением [101, 70]. Обычно для учета внутренней диффузии требуется решить дифференциальное уравнение диффузии на катализаторном зерне, что приводит к большим вычислительным трудностям. Поэтому согласно предложению Дайсона [101], мы аппроксимировали зависимость коэффициента использования внутреннем поверхности катализатора, как функцию степени превращения температуры и давления. Оказалось, что коэффициент использования поверхности (коэффициент эффективности) колеблется в пределах от 0,15 до 0,9. Результаты Дайсона, которые представляют собой аппроксимацию многократного решения уравнения диффузии на зерне, сравнивались со значениями, полученными Соколинским Ю. А. (ГИАП, Москва) на основе решения несколько другой формы диффузионного уравнения. Полученные Дайсоном и Соколинским коэффициенты эффективности для одинаковых условий отличаются друг от друга меньше чем на 15%. В уравнениях математической модели коэффициент эффективности η представлен в виде полинома третьей степени без перекрестных произведений:

$$\eta = B_0 + B_1 T + B_3 T^2 + B_5 T^3 + B_2 f + B_4 f^2 + B_6 f^3, \tag{50}$$

где

$f = \dfrac{Z}{2c_{N_2,0}(1 + Z)}$ степень превращения азота ($c_{H_2,0}$ — концентрация азота на входе в реактор с пересчетом на $Z = 0$).

Значения коэффициентов B_i, предложенние Дайсоном, приведены в сводке уравнений ПММ. В ПММ уравнение кинетики имеет вид:

$$f_1(Z, T) = \frac{B \cdot S_K}{V_0} e^{-\frac{A_{KT}}{T}} (1 + Z)^2 \eta A_{KOR} A_K \left(K^2 \frac{F_{N_2} F_{H_2}^{1,5}}{F_{NH_3}} - \frac{F_{NH_3}}{F_{H_2}^{1,5}}\right). \tag{51}$$

Поскольку в реакторе синтеза аммиака протекает только одна реакция, то концентрации остальных газов вычисляются с помощью стехиометрических зависимостей по концентрации аммиака:

$$\begin{aligned} c_{N_2} &= c_{H_2,0}(1 + Z) - 0{,}5Z; \\ c_{H_2} &= c_{H_2,0}(1 + Z) - 1{,}5Z; \\ c_{IN} &= 1 - Z - c_{H_2} - c_{N_2}. \end{aligned} \tag{52}$$

Здесь $c_{H_2,0}$ и $c_{N_2,0}$ концентрации H_2 и N_2 на входе в реакторе в пересчете на $Z_E = 0$.

2.11. *Расчет коэффициентов теплопередачи в РСА*

Для расчета коэффициентов теплопередачи используются общепринятые в теплотехнике формулы [58]. Коэффициент теплопередачи в катализаторной коробке заимствован у Аэрова М. Э. [3] с поправками

Соколинского Ю. А. [70]. Эта методика расчета учитывает радиальную теплопроводность слоя катализатора. Расчет коэффициента теплопредачи от газа в КК к стенкам охлаждающих трубок состоит из следующих этапов:

1. Расчет теплофизических свойств смеси с помощью уравнений, по которым составлены соответствующие программы счета [115].
2. Расчет безразмерных критериев Рейнольдса и Прандтля:

$$Re = \frac{\dfrac{4VM_M}{3600S_K}}{a_K \cdot \mu \cdot 9{,}81}; \tag{53}$$

$$Pr = \frac{3600 \cdot c \cdot \mu \cdot 9{,}81}{\lambda}, \tag{54}$$

где

M_M — средний молярный вес газовой смеси;
μ — вязкость газа, [кг · сек · м$^{-2}$];
c — весовая удельная теплоемкость газа, [кал · г$^{-1}$ · град$^{-1}$];
a_K — удельная поверхность катализатора, [м^2 · м$^{-2}$];
$a_K \approx \frac{b}{d} \approx 500$; ($d$ — эквивалентный диаметр шарика, имеющего средний объем катализаторного зерна).

3. Расчет эффективного радиального коэффициента теплопроводности в трубке (см. [3], стр. 342, уравнение (У. 30)):

$$\lambda_{T,r} = \lambda_g\left(\frac{\lambda_0}{\lambda_g} + B_\lambda\, Re\, Pr\right). \tag{55}$$

Частное $\frac{\lambda_0}{\lambda_g}$ характеризует отношение суммы λ_0 всех составляющих теплопереноса при неподвижном газе к теплопроводности газа. Оно, как и коэффициент B_λ, зависит от характера течения газа и от формы зерен катализатора. Согласно данным табл. 4 в [3] были выбраны:

$$\frac{\lambda_0}{\lambda_g} = 10{,}5; \qquad B_\lambda = 0{,}073.$$

4. Расчет пристеночного коэффициента теплоотдачи по формуле (У.97) в [3]:

$$N\mu_W = 0{,}09 Re^{0,8} Pr^{0,33}. \tag{56}$$

5. В случае, когда катализатор находится в межтрубном пространстве и охлаждающие трубки распределены по шестиугольникам, имеет место следующее уравнение (по предложению Соколинского Ю. А., ГИАП, Москва):

$$\alpha_r = \frac{\lambda_{T,r}}{D_K} \cdot \frac{\dfrac{8}{(1-S)}}{S - \dfrac{2\ln S}{1-S} - 3}; \tag{57}$$

$$\alpha_K = \frac{1}{\dfrac{1}{\alpha_r} + \dfrac{1}{\alpha_W}}. \tag{58}$$

Здесь S — отношение площади, занимаемой охлаждающими трубками, к общей площади поперечного сечения катализаторной коробки. Чтобы определить средний α_K по всему профилю, α_K рассчитывается при различных температурах и составах газа, типичных для данного реактора. Полученные таким образом α_K усредняются. Так же поступаем и при расчете других коэффициентов теплоотдачи. При оптимизации рассматриваемого реактора синтеза аммиака с помощью математической модели требуется хорошее совпадение расчетных и экспериментальных данных в широком диапазоне рабочих режимов. Поэтому в отличии от других в настоящей работе, зависимость коэффициентов теплоотдачи от рабочих условий, входит непосредственно в модель. С этой целью коэффициенты теплоотдачи были рассчитаны для большого количества рабочих условий. Результаты этих расчетов аппроксимированы в следующей форме:

$$\begin{aligned}\alpha_K = {} & \alpha_0 + \alpha_1 P + \alpha_2 P^2 + \alpha_3 P^3 + \alpha_4 \gamma + \alpha_5 \gamma^2 + \alpha_6 \gamma^3 \\ & + \alpha_7 c_{IN,E} + \alpha_8 c_{IN,E}^2 + \alpha_9 c_{IN,E}^3 + \alpha_{10} P \gamma \\ & + \alpha_{11} P c_{IN,E} + \alpha_{12} \gamma c_{IN,E}.\end{aligned} \tag{59}$$

Здесь $\gamma = c_{H_2}/c_{N_2}$.

Аналогичные уравнения получены и для других коэффициентов теплоотдачи (см. следующий параграф).

Уравнения полной математической модели реакторного блока

В заключение приводим сводку всех уравнений ПММ. При этом, промежуточные параметры, вычисляемые в ходе решения уравнений модели, отдельно не поясняются. В список обозначений включены только такие параметры, которые необходимо задавать для решения уравнений модели.

Сводка уравнений ПММ РСА

Уравнения катализаторной коробки: $(0 \leqq l_1 \leqq L_K)$

$$\frac{\partial Z}{\partial l_1} = f_1(Z, T);$$

$$\frac{C_{KD}}{GV} \cdot \frac{\partial T}{\partial t} + \frac{\partial T}{\partial l_1} = \frac{q}{c} f_1(Z, T) + \frac{K_K}{VC}(T_T - T) - D_{MA}; \tag{60}$$

$$\frac{\partial T_T}{\partial l_1} = \frac{K_K}{(1 - U_1)\, VC}(T_T - T).$$

Уравнения нижнего теплообменника: $(L_{UW0} \leqq l_2 \leqq L)$

$$\frac{C_{UW}}{VC} \cdot \frac{\partial \theta}{\partial t} + \frac{\partial \theta}{\partial l_2} = \frac{A_{UWI}}{VC}(\theta_W - \theta);$$

$$C_{WA}\frac{\partial \theta_W}{\partial t} = A_{UWI}(\theta - \theta_W) - A_{UWA}(\theta_W - \theta_T); \tag{61}$$

$$\frac{\partial \theta_T}{\partial l_2} = -\frac{A_{UWA}}{(1 - U_1 - U_2)\, VC}(\theta_W - \theta_T) - D_{MA}.$$

Начальные условия: $(t = 0)$

$$\begin{aligned} &Z(0, l_1) = Z_0(l_1); \quad T(0, l_1) = T_0(l_1); \quad T_T(0, l_1) = T_{T,0}(l_1);\\ &\theta(0, l_2) = \theta_0(l_2); \quad \theta_W(0, l_2) = \theta_{W,0}(l_2); \quad \theta_T(0, l_2) = \theta_{T,0}(l_2). \end{aligned} \tag{62}$$

Граничные условия: $(t \geqq 0)$

$$Z(t, 0) = Z_E(t);$$

$$T(t, 0) = T_T(t, 0)\frac{C(T_T)}{C(T)}(1 - U_1) + T_E(t)\frac{C(T_E)}{C(T)}U_1;$$

$$T_T(t, L_K) = \theta_T(t, L_{UW0})\frac{C(\theta_T)}{C(T_T)}(1 - U_1 - U_2) + T_E(t)\frac{C(T_E)}{C(T_T)}U_2; \tag{63}$$

$$\theta_T(t, L) = T_E(t);$$

$$\theta(t, L_{UW0}) = f_{AK}[T(t, L_K), V].$$

Уравнение кинетики:

$$f_1(Z, T) = \frac{A_{KIN}BS_K}{V_0} e^{-\frac{A_{KT}}{T}}(1 + Z)^2 \eta A_{KOR}A_K\left(K^2\frac{F_{N_2}F_{H_2}^{1,5}}{F_{NH_3}} - \frac{F_{NH_3}}{F_{H_2}^{1,5}}\right). \tag{65}$$

Расчетные формулы:

$$\eta = B_0 + B_1 T + B_3 T^2 + B_5 T^3 + B_2 f + B_4 f^2 + B_6 f^3; \tag{66}$$

$$f = \frac{Z}{2c_{N_2,0}(1 + Z)}; \tag{67}$$

$$A_{KOR} = A_{KIN}(1 + A_{K2} l_1 + A_{K3} l_1^2); \tag{68}$$

$$A_K = \begin{cases} 1 & \text{при} \quad l_1 \geqq A_{K1}; \\ 0 & \text{при} \quad l_1 < A_{K1}; \end{cases} \tag{69}$$

$$K = e^{\frac{1}{0,4343}\left(-1,16875428 \lg T - 5,519265 \cdot 10^{-5} T + 1,848763 \cdot 10^{-7} T^2 + 2001,6 \frac{1}{T} + 2,6899\right)}; \tag{70}$$

$$F_{N_2} = c_{N_2} \cdot f_{N_2} \cdot P;$$

$$F_{H_2} = c_{H_2} \cdot f_{H_2} \cdot P; \tag{71}$$

$$F_{NH_3} = c_{NH_3} \cdot f_{NH_3} \cdot P;$$

$$c_{N_2} = c_{N_2,0}(1 + Z) - 0,5Z; \tag{72}$$

$$c_{H_2} = c_{H_2,0}(1 + Z) - 1,5Z; \tag{73}$$

$$c_{N_2,0} = (c_{N_2,E} + 0,5Z_E)/(1 + Z_E); \tag{74}$$

$$c_{H_2,0} = (c_{H_2,E} + 1,5Z_E)/(1 + Z_E); \tag{75}$$

$$c_{N_2,E} = (1 - c_{IN,E} - Z_E)/(1 + \gamma); \tag{76}$$

$$c_{H_2,E} = c_{N_2,E} \cdot \gamma; \tag{77}$$

$$f_{N_2} = 0,93431737 + 0,295896 \cdot 10^{-3} P + 0,4775207 \cdot 10^{-6} P^2 + 0,3101804 \cdot 10^{-3} T - 0,2707279 \cdot 10^{-6} T^2; \tag{78}$$

$$f_{H_2} = 0,96963887 + 1,063744147 \cdot 10^{-3} P + (6,5490962 \cdot 10^{-5} - 1,650173715 \cdot 10^{-6} P)\, T + (-3,81270459 \cdot 10^{-8} + 8,08578524 \cdot 10^{-10} P)\, T^2; \tag{79}$$

$$f_{NH_3} = 0,1438996 - 0,4487672 \cdot 10^{-3} P + 0,2761216 \cdot 10^{-6} P^2 + 0,2028538 \cdot 10^{-2} T - 0,1142945 \cdot 10^{-5} T^2; \tag{80}$$

$$C_{KD} = c_K S_K \varrho_K + m_W c_W; \tag{81}$$

$$m_W = N_{KK} \pi \varrho_W (D_{KKA} - D_{KKI}); \tag{82}$$

$$C = ZC_Z + c_{N_2} \cdot C_{N_2} + c_{H_2}C_{H_2} + c_{CH_4}C_{CH_4} + c_{Ar}C_{Ar}; \tag{83}$$

$$C_Z = 102{,}7524 - 0{,}067571 \cdot P + (-0{,}225 + 1{,}6847 \cdot 10^{-4}P - 0{,}61215 \cdot 10^{-2})\,T + (1{,}289 \cdot 10^{-4} - 1{,}0095 \cdot 10^{-7}P + 0{,}23663 \cdot 10^{-5})\,T^2 - 1{,}5981 \cdot 10^{-9}T^3; \tag{84}$$

$$C_{N_2} = 6{,}903 - 0{,}03753 \cdot 10^{-2}T + 0{,}193 \cdot 10^{-5}T^2 - 0{,}6861 \cdot 10^{-9}T^3; \tag{85}$$

$$C_{H_2} = 6{,}952 - 0{,}04576 \cdot 10^{-2}T + 0{,}09563 \cdot 10^{-5}T^2 - 0{,}2079 \cdot 10^{-9}T^3; \tag{86}$$

$$C_{CH_4} = 4{,}75 + 1{,}20 \cdot 10^{-2}T + 0{,}303 \cdot 10^{-5}T^2 - 2{,}63 \cdot 10^{-9}T^3; \tag{87}$$

$$C_{Ar} = 4{,}9675; \tag{88}$$

$$c_{CH_4} = c_{IN} \cdot \mathrm{CH_4IN}; \tag{89}$$

$$c_{Ar} = c_{IN} - c_{CH_4}; \tag{90}$$

$$c_{IN} = 1 - Z - c_{H_2} - c_{N_2}; \tag{91}$$

$$V = V_E(1 + Z_E)/(1 + Z) = V_0/(1 + Z); \tag{92}$$

$$K_K = A_{KK} \cdot U_{KR}/Z_{KK}; \tag{93}$$

$$U_{KR} = \pi \cdot N_{KK}D_{KKA}; \tag{94}$$

$$Z_{KK} = 1/\alpha_K + 1/\alpha_{KR} + D\lambda; \tag{95}$$

$$\alpha_K = \alpha_{K,0}(V_E/10350)^{0,8}; \tag{96}$$

$$\alpha_{KR} = \alpha_{KR,0}\big(V_E(1 - U_1)/10350\big)^{0,79}; \tag{97}$$

$$\alpha_{KR,0} = 745{,}585 - 1{,}779299015P + 0{,}00184646219P^2 + 43{,}6939772\gamma - 3{,}59203948\gamma^2 + 42{,}4281701c_{IN,E} - 47{,}5737424c^2_{IN,E} - 0{,}0248400481P\gamma + 0{,}0398425516Pc_{IN,E} - 11{,}3078812\gamma c_{IN,E}; \tag{98}$$

$$\alpha_{K,0} = 1589{,}63995 - 4{,}332503342P + 0{,}00488531 08P^2 + 55{,}160988\gamma - 4{,}19359797\gamma^2 + 348{,}558421c_{IN,E} - 14{,}9800602c^2_{IN,E} - 0{,}03296908P\gamma$$

$$- 0{,}347466425 P c_{IN,E} - 22{,}06460318 \gamma c_{IN,E}; \tag{99}$$

$$C_{UW} = D^2_{EIN} \varrho_{EIN} c_{EIN} N_{UW}; \tag{100}$$

$$A_{UWI} = \alpha_{UWI} \pi D_{UWI} N_{UWI}; \tag{101}$$

$$\alpha_{UWI} = \alpha_{UWI,0} (V_E/10350)^{0,79}; \tag{102}$$

$$\begin{aligned} \alpha_{UWI,0} = {} & 1510{,}2594965 - 5{,}0661037 P + 0{,}0104230978 P^2 \\ & - 8{,}56359119 \cdot 10^{-6} P^3 + 109{,}793641 \gamma \\ & - 16{,}0705895 \gamma^2 + 1{,}19489741 \gamma^3 - 8{,}24707496 c_{IN,E} \\ & - 104{,}675816 c^2_{NI,E} + 281{,}829012 c^3_{IN,E} \\ & - 0{,}0698942096 P \gamma + 0{,}474534828 P c_{IN,E} \\ & - 37{,}7385904 \gamma c_{IN,E}; \end{aligned} \tag{103}$$

$$A_{UWA} = \alpha_{UWA} \pi N_{UW} \cdot D_{UWA}; \tag{104}$$

$$\alpha_{UWA} = \alpha_{UWA,0} \big(V(1 - U_1 - U_2)/10350 \big)^{0,79}; \tag{105}$$

$$\begin{aligned} \alpha_{UWA,0} = {} & 2124{,}95456 - 6{,}38468439 P + 0{,}0126733036 P^2 \\ & - 1{,}01815537 \cdot 10^{-5} P^3 + 266{,}754729 \gamma \\ & - 44{,}1892217 \gamma^2 + 3{,}36141769 \gamma^3 - 249{,}288669 c_{IN,E} \\ & - 140{,}947023 c^2_{IN,E} + 264{,}666757 c^3_{IN,E} \\ & - 0{,}102625257 P \gamma + 0{,}812869467 P c_{IN,E} \\ & - 84{,}7444021 \gamma c_{IN,E}; \end{aligned} \tag{106}$$

$$C_{WA} = \pi/4 (D^2_{UWA} - D^2_{UWI}) \,\hat{\varrho}_W \hat{c}_W N_{UW}; \tag{107}$$

$$f_{AK}[T(t, L_K), V] = T(t, L_K) - \frac{K_{AK} F_{AK}}{VC} \times \frac{[T(t, L_K) - T_{H_2O}]\,[\theta(t, L_{UW0}) - T_p]}{\ln \dfrac{T(t, L_K) - T_{H_2O}}{\theta(t, L_{UW0}) - T_P}}; \tag{108}$$

$$K_{AK} = K_{AK,0} \cdot \alpha_{UWI}/1000; \tag{109}$$

$$T_P = 403{,}49 + P_D \cdot 5{,}775 - 0{,}0875 \cdot P_D^2. \tag{110}$$

Режимные параметры:

P — давление на входе в реактор, [атм];
V_E — расход на входе в реактор, [кмоль · час$^{-1}$];
Z_E — концентрация аммиака на входе, [—];
γ — соотношоние H_2 к N_2 на входе в реактор, [—];
$c_{IN,E}$ — концентрация инертов (метана и аргона) на входе в реактор, [—];
U_1 — относительный расход через верхний байпас, [—];
U_2 — относительный расход через нижний байпас, [—];
P_D — давление пара, производимого в КУ, [атм];
T_E — температура на входе в реактор, [°К];
T_{H_2O} — температура питательной воды КУ, [°К];
CH_4IN — соотношение концентрации метана, к суммарной концентрации инертов;
$D_{MA} = 1^0/м$ — нагрев газа в щелевом пространстве реактора.

Конструктивные и прочие параметры:

$A_{KT} = 20609$ — энергия активации, деленная на газовую константу, [°К];
B — коэффициент в уравнении кинетики — $1{,}7698 \cdot 10^{15}$;
A_{K1} — длина отравленного слоя катализатора, [м];
A_{KIN} — Коэффициент активности катализатора, [—];
$A_{K2} = A_{K3} = 0$ — коэффиценты, характеризующие профиль активности катализатора;
c_K — удельная теплоемкость катализатора, [ккал · кг$^{-1}$ · град$^{-1}$];
c_W, $\hat{c}_W$ — удельная теплоемкость охлаждающих трубок в КК и НТ, [ккал, кг$^{-1}$ · град$^{-1}$);
c_{EIN} — удельная теплоемкость стержней в НТ, [ккал · кг$^{-1}$ · град$^{-1}$];
D_{KKA}, D_{KK1} — внешний и внутренний диаметры оклакдающих трубок в КК, [м];
D_{UWA}, D_{UWI} — внешний и внутренний диаметры трубок в НТ, [м];
D_{EIN} — длина стороны квадратных стержней в трубках НТ, [м];
L — общая длина КК и НТ, [м];
L_K — длина катализаторной коробки, [м];
L_{UW0} — расположение начала НТ, [м];
$K_{AK,0}$ — коэффициент теплопередачи в КУ, [ккал · м$^{-2}$ · час$^{-1}$ · град];
N_{KK} — число охлаждающих трубок в КК;
N_{UW} — число трубок в НТ;
S_K — площадь поперечного сечения, занимаемого катализатором, [м^2];
F_{AK} — площадь теплопередачи в КУ, [м^2];
ϱ_K — насыпной вес катализатора, [кг · м$^{-3}$];
ϱ_W, $\hat{\varrho}_W$ — удельный вес трубок в КК и в НТ, [кг · м$^{-3}$];
ϱ_{EIN} — удельный вес материала стержней в трубках НТ, [кг · м$^{-3}$];

3. Решение уравнений полной математической модели

ПММ РСА, представленная уравнениями (60) и (64), — система квазилинейных гиперболических дифференциальных уравнений в частных производных 1-го порядиа с двухточечной краевой задачей. Для таких систем не существует аналитических решений, они решаются численными методами. В настоящее время стандартных программ для решения краевых задач для подобных систем дифференциальных уравнений нет. Одна из трудностей при численном решении этих систем заключается в том, что устойчивость решения может быть обеспечена только при определенном соотношении шагов интегрирования по различным координатам [25, 38], что приводит к большому объему вычислений. Так, по методу Стоуна и Брайна [94, 187] максимально возможный шаг по времени оказался равным 1,6 сек, а метод Куранта [94, 96] даже при шаге 0,2 сек не давал устойчивого решения для системи уравнений, подобной системе (60)—(64).

Учитывая вычислительные возможности на НХК Шведт, была предпринята попытка создать алгоритм решения системы (60) и (64), который должен был бы обеспечить максимальный шаг по времени порядка 10 сек. При этом предполагалось, что для данного типа реакторов по длине достаточно 50 — 100 шагов интегрирования.

Беллман, Е. [89], Ли, Е. [121] п другие авторы показали эффективность метода квазилинеаризации для решения обыкновенных дифференциальных уравнений с любыми начальными и краевыми условиями. Ими была доказана сходимость этого метода.

В работах [5] и [153] было показано, что наиболее подходящим методом для решения гиперболических дифференциальных уравнений является метод характеристик. Работа автора с алгоритмом, реализующим этот метод, показала, что он может быть улучшен, если применить более совершенный прием интегрирования вдоль характеристик (например, метод Рунге-Кутта вместо метода Эйлера в [153]), и если удастся ускорить интерационный процесс, необходимый для удовлетворения краевых условий. Решением этой проблемы занимался Хербрих, Д. (НХК Шведт), который разработал алгоритм решения систем дифференциальных уравнений в частных производных [114, 175].

Основные особенности алгоритма — сочетание методов характеристик и квазилинеаризации и переход от явного метода решения (по временной координате) к неявному.

Программа счета PDGLS [175] составлена на языке ФОРТРАН таким образом, что с ее помощью можно моделировать переходные процессы при любых возмущающих воздействиях. Благодаря неявному переходу от одного „слоя“ вренеми к следующему, возможен шаг по времени около 15 сек, если катализаторная коробка делится на 50, а нижний теплообменник на 15 участков. При методе квазилинеаризации количество итераций, необходимое для выполнения краевых условий, невелико (3 — 6). Однако, несмотря на эти преимущества данной программы по сравнению с другими [94, 154], время счета все же оказывается значительным. Например, для расчета переходного процесса длительностью 1,25 часа (рис. 5) требовалось около двух часов машинного времени на ЦВМ ICL 4130 (с быстродействием 25000 умножений в секунду). Для демонстрации широких возможностей программы при-

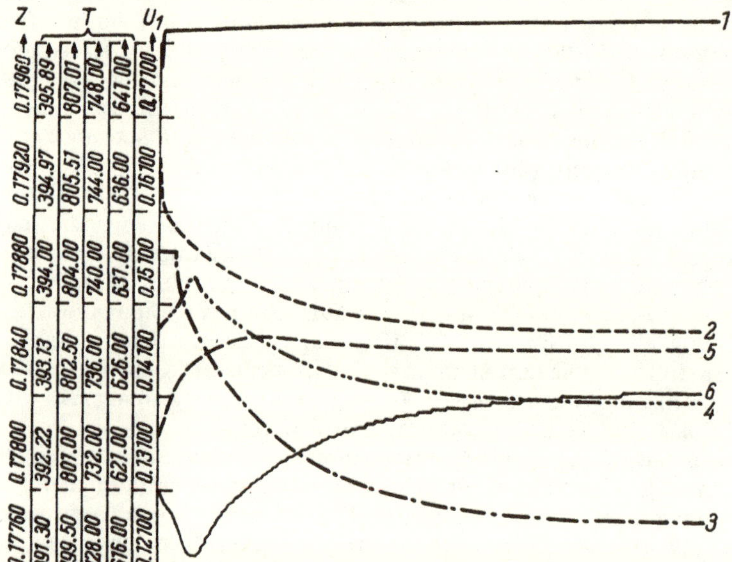

Рис. 5. Переходный процесс в РСА при скачкообразном увеличении расхода газа через верхний байпас (ΔU_1 — 0,065)

1 — относительный верхний байпасный расход; *2* — температура на входе в катализаторную насадку; *3* — температура в середине КК; *4* — температура в конце КК; *5* — температура на выходе из реакторного блока; *6* — выходная концентрация аммиака

водится рис. 6, где показаны расчетные переходные процессы температур в различных точках реактора и выходной концентрации аммиака, если расход через верхний байпас починяется следующему закону:

$$U_1 = U_{10} + 0{,}00125(\cos 4\pi t + \cos 12\pi t + \cos 20\pi t + \cos 28\pi t).$$

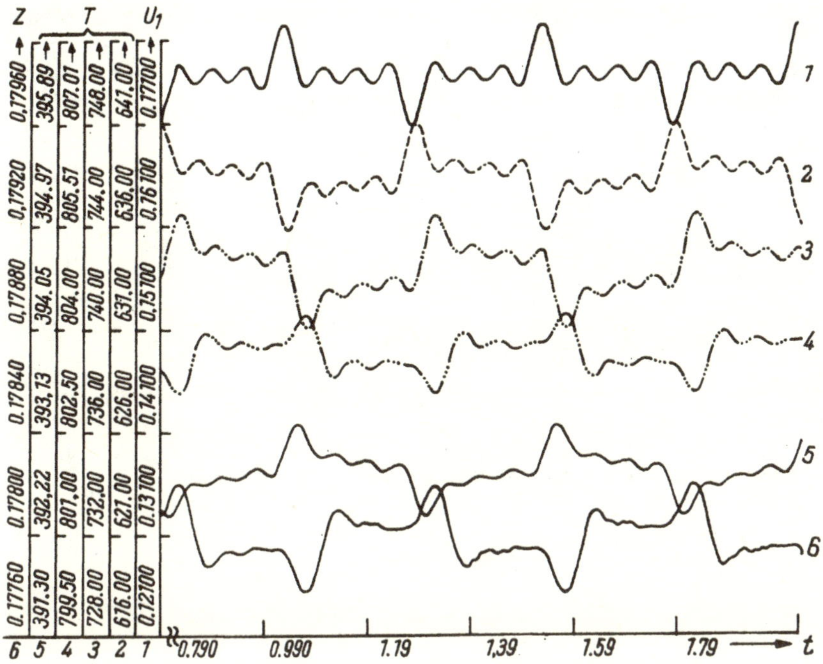

Рис. 6. Реакция температур и выходной концентрации аммиака при гармонических колебаниях расхода через верхний байпас (обозначения те же, что на рис. 5)

4. Статическая модель реакторного блока и решение ее уравнений

Из вышесказанного следует, что затраты машинного времени для решения уравнений ПММ велики. Но для целого ряда задач, возникающих при анализе и синтезе САУ, требуется знание только установившихся режимов. Такие задачи можно решить с помощью математической модели статики. К таким задачам относятся:

1. уточнение таких коэффициентов модели, как активность катализатора и длина отравленного слоя катализатора, поправочные коэффициенты для теплопередачи;
2. исследование зависимости выходных величин РСА от входных воздействий;
3. определение оптимального температурного режима;
4. расчет и анализ установившихся режимов системы автоматического регулирования, определение статической точности регулирования.

Уравнения математической модели статики вытекают непосредственно из ПММ после приравнивания нулю всех частных производных по времени. Статическая модель состоит из двух систем обыкновенных квазилинейных дифференциальных уравнений, связанных граничными и начальными условиями:

уравнения реактора ($0 \leqq l_1 \leqq L_K$):

$$\begin{aligned}
\frac{dZ}{dl_1} &= f_1(Z, T_T); \\
\frac{dT}{dl_1} &= \frac{q}{C} f_1(Z, T) + \frac{K_K}{VC}(T_T - T) - D_{MA}; \\
\frac{dT_T}{dl_1} &= \frac{K_K}{(1 - U_1)\, VC}(T_T - T),
\end{aligned} \tag{111}$$

уравнения нижнего теплообменника:

$$\begin{aligned}
\frac{d\theta}{dl_2} &= \frac{K_{UW}}{CV}(\theta_T - \theta); \\
\frac{d\theta_T}{dl_2} &= \frac{K_{UW}}{(1 - U_1 - U_2)VC}(\theta_T - \theta) - D_{MA},
\end{aligned} \tag{112}$$

граничные и кваевые условия:

$$Z(0) = Z_E; \tag{113}$$

$$T(0) = T_T(0)\frac{C(T_T)}{C(T)}(1 - U_1) + T_E\frac{C(T_E)}{C(T)}U_1; \tag{114}$$

$$\theta(L_{UW0}) = f_{AK}[T(L_K), V]; \tag{115}$$

$$T_T(L_K) = \theta_T(L_{UW0})\frac{C(\theta_T)}{C(T_T)}(1 - U_1 - U_2) + T_E\frac{C(T_E)}{C(T_T)}U_2; \tag{116}$$

$$\theta_T(L) = L_E. \tag{117}$$

В настоящее время опубликовано довольно большое количество работ по решению подобных систем уравнений. Из анализа этих работ можно заключить, что общие вопросы теории и практики решений таких систем хорошо разработаны.

Некоторые трудности при численном решении системы (111) — (117) возникали в связи с необходимостью решать двухточечную краевую задачу. Если интегрирование ведется по направлению $0 \to L_K$ и $L_{UW0} \to L$

(смотри рис. 2), то краевая задача сводится к задаче определения такой начальной температуры $T_T(0)$, при которой после интегрирования выполняется условие

$$|\Delta T| \leqq \varepsilon, \tag{118}$$

где

$$\Delta T = \theta_T(L) - T_E;$$

$\theta_T(L)$ — значение температуры, рассчитанное интегрированием уравнений (111) и (112);
T_E — значение температуры на входе в реактор.

С целью разработки наиболее эффективного алгоритма решения этой задачи, исследовалась зависимость $\Delta T = \Delta T\big(T_T(0)\big)$ (см. рис. 7). Оказывается, что характер этой зависимости соответствует известным кривым отвода и выделения тепла в адиабатических реакторах, в которых протекают экзотермические равновесные реакции [2]. Известно, что существует нечетное число точек (в данном случае одна или три точки) пересечения кривых тепловыделения и теплоотвода [53]. Только в этих точках выполняются условия энергетического и материального баланса в статике. Эти точки, которые иногда называют стационарными, соответствуют решению уравнений математической модели статики PCA. Для практических целей интерес представляет только высокотемпературная точка пересечения зависимости $\Delta T\big(T_T(0)\big)$ с осью $\Delta T = 0$, так как при протекании химической реакции только она соответствует устойчивому рабочему режиму. Другой устойчивый режим представляет собой тривиальный случай, при котором нет химической реакции.

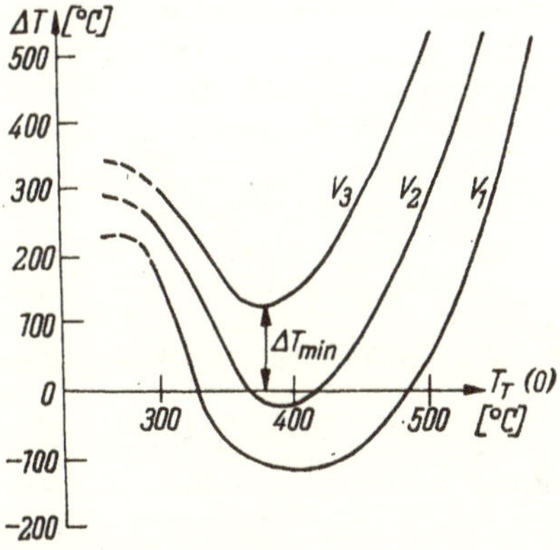

Рис. 7. Зависмоть ΔT от $T_T(0)$ для различных расходов V. $(V_1 < V_2 < V_3)$.

Третью стационарную точку, которая соответствует неустойчивому режиму, можно получить только численно с помощью математической модели. На реальном объекте малейшее возмущение переведет систему или в высокотемпературный режим или в режим без химической реакции.

Так как программа расчета статических режимов предназначена для многократного использования (статическая оптимизация, уточнение параметров и т. п.), при разработке алгоритма решения большое внимание было уделено минимизации времени счета. При этом был использован опыт, приобретенный при работе с более простой моделью [5, 153].

Поиск температуры $T_T(0)$, соответствующей условию (118), производится с помощью алгоритма, использующего квадратичную аппроксимацию зависимости $\Delta T\big(T_T(0)\big)$ по последним трем рассчитанным точкам этой зависимости. Пока не получены три точки, берется априорное начальное приближение и заданный пробный маг, потом применяется линейная аппроксимация. Алгоритм составлен таким образом, что он находит высокотемпературное решение. Особое внимание при разработке алгоритма уделялось сходимости, так как форма кривой $\Delta T\big(T_T(0)\big)$ сильно зависит от значений входных величин реактора (см. рис. 7). Возможен также случай, что кривая не имеет точки пересечения с осью $\Delta T = 0$ в области интересующих нас температур $T_T(0)$. И в этом случае алгоритм должен давать однозначные результаты.

Интегрирование проводится с помощью метода Рунге-Кутта с переменным шагом. После того, как один раз было установлено минимальное количество шагов интегрирования, обеспечивающее постоянство рассчитанных профилей больше чем в шести значащих десятичных разрядах, для всех расчетов использовалось именно это число шагов (30 шагов для катализаторной коробки и 10 шагов для нижнего теплообменника). Такое сравнительно небольшое число шагов оказалось возможным благодаря переменной длине шагов. Шаг мал там, где сильные изменения рассчитываемых функций, и велик там, где величины мало изменяются. Следует отметить, что формулы смешения холодного и горячего газов (114) и (116) требуют применения итерационных процедур, так как в них входит теплоемкость смеси, зависящая от температуры смеси, которая в свою очередь определяется по формуле (83). Это обстоятельство вместе с большой чувствительностью $\left(\frac{d(\Delta T)}{dT_T(0} \approx 200\right)$ заставляет хорошо согласовывать условия окончания отдельных итерационных процессов. Например, оказалось необходимым довести итерационный процесс при определении температуры смешения $T(0)$ практически до точности ЦВМ ($\approx 10^{-11}$), чтобы обеспечить точность главной итерации для решения краевой задачи — $|\Delta T| \leqq 10^{-7}$.

Подпрограмма NH_3MPE вместе с подпрограммами для интегрирования и для расчета котла-утилизатора (RUNGPE, RUKUPE, AKYPE) решает краевую задачу примерно за 4—6 циклов итераций, что соответствует 6—9 сек счета на ЦВМ ICL 4130.

Ввод данных и вызов подпрограмм производится в программе STATOPT, а все предварительные расчеты запрограммированы в подпрограммах LAD1PE, LAD2PE, FNLOPT [178]. Программа написана на языке ФОРТРАН. Примеры расчетных результатов приведены в параграфе 7. Типичний рассчитанный профиль температур в РСА показан на рис. 8.

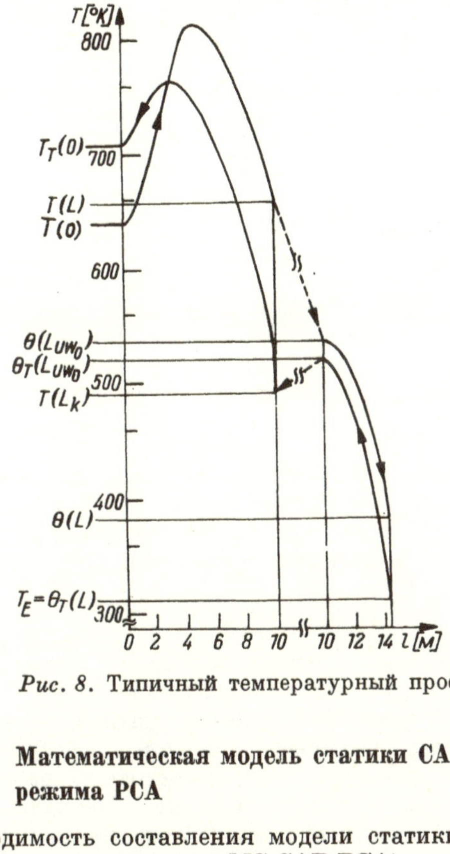

Рис. 8. Типичный температурный профиль РСА

5. Математическая модель статики САР температурного режима РСА

Необходимость составления модели статики САР температурного режима реакторного блока (МС САР РСА) вызвана тем, что для решения некоторых из поставленных задач (выбор структуры САР, оценка эффективности, расчет параметров САР) необходимо знать статические характеристики замкнутой САР.

Для того, чтобы в дальнейшем иметь возможность сравнивать различные варианты САР, исходим при моделировании статики из самой общей структуры САР, показанной на рис. 9. Такая структура включает как частные случаи и традиционные САР, где с помощью одного байпасного потока регулируется температура в одной точке катализаторной насадки, и САР температурного поля, где с помощью обоих байпасов регулируются две оценки состояния реактора. Ниже изложеный подход к расчету статики САР, содержащей нелинейный объект, предполагает, что закон регулирования астатический. В этом случае в статике обеспечивается равенство нулю ошибок регулирования (см. рис. 9), что существенно облегчает расчет режимов

$$E = \overline{X} - X = 0. \tag{118}$$

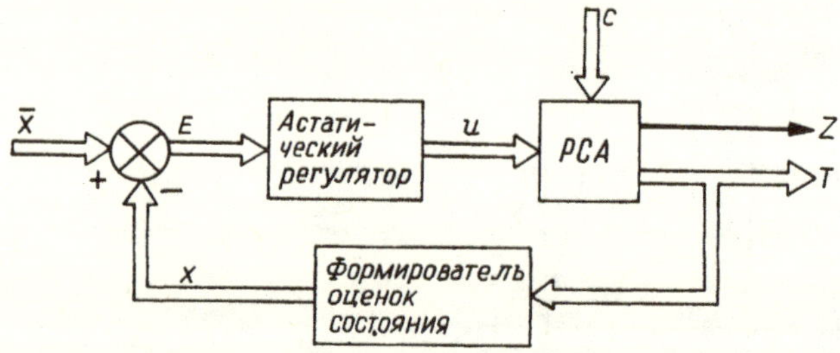

Рис. 9. Структура САР, для которой рассчитаются статические характеристики

Задача моделирования статики замкнутой САР заключается в разработке алгоритма, определяющего вектор управляющих воздействий, удовлетворяющих условию (118). Решение данной задачи требует определения вектора U из системы нелинейных уравнений вида

$$f(U, C, \overline{X}) = 0. \tag{119}$$

Эта система отличается от обычно решаемых задач решения нелинейных алгебраических уравнений тем, что значения $f(\cdot)$ являются решением системы дифференциальных уравнений (модели статики реакторного блока). Для численного решения систем нелинейных алгебраических уравнений существует ряд стандартных программ. В данной работе была использована программа, реализующая алгоритм Бройдена [125]. Основные операции этого алгоритма совпадают с методом Ньютона-Рафсона.

Отличие заключается в том, что матрица Якоби в алгоритме Бройдена вычисляется не на каждом цикле итераций, а корректуется по результатам каждого итерационного цикла, что дает существенную экономию вычислительного времени. Непростая проблема при опеределении статического режима замкнутого контура заключается в выборе начальных приближений для искомого вектора управляющих воздействий. Для решения данной проблемы пришлось разработать довольно сложную стратегию автоматического определения начальных приближений.

Разработанный алгоритм был реализован в программе SIMSTA на языке ФОРТРАН [188]. Среднее время счета для одного режима на ЦВМ ICL 4130 составляет около 30сек. Программа занимает вместе с подпрограммой модели статики РСА 25000 ячеек оперативной памяти ЦВМ.

6. Определение и уточнение коэффициентов математической модели РСА

Полная математическая модель РСА содержит несколько коэффицентов, точные значения которых не удается опеределить без эксперементальных исследований установки. Это вызвано тем, что, во-первых, ПММ, несмотря на свою сложность, не учитывает всего многообразия свойств объекта, а отражает лишь наиболее существенные особенности реального процесса, и, во-вторых, коэффициенты объекта меняются со временем, а законы их изменения, как правило, неизвестны. Для ПММ РСА такими параметрамм являются активность катализатора $A_{KIN} = \beta_1$, длина отравленного слоя $A_{K1} = \beta_2$, коэффициент теплопередачи в катализаторной коробке $A_{KK} = \beta_3$ и коэффициент теплопередачи в котле-утилизаторе $K_{AK} = \beta_4$.

Задачу уточнения коэффициентов можно разделить на три частные задачи:

1. определение новых значений (оценок) коэффициентов, если задана выборка экспериментальных данных о процессе;
2. составленние выборки из множества данных;
3. определение момента уточения коэффицентов.

Выбор критериев оптимальности при решении двух первых задач достаточно сложная проблема. Решению первой задачи посвящена обширная литература [34, 50, 51, 78, 99, 103, 121, 122, 133, 134, 137].

В докладе [103] Айкгоф П. показал, что выбор того или иного критерия должен зависеть от имеющейся априорной информации, но пока что он носит во многом субъективный характер или определяется вычислительными возможностями.

Наиболее широкое применение нашел критерий минимума квадратов отклонений [103]. Он применяется и в настоящей работе. Проблема составления выборки (отбор данных для уточнения модели) возникает при периодическом уточнении коэффицентов модели с помощью ЦВМ в реальном масштабе времени и в других ситуациях, когда ограничения времени вычисления новых значений коэффицентов и ограниченная память ЦВМ для хранения данных требуют целенаправленного отбора экспериментальных точек. На НХК Шведт Лецким Э. К. совместно с автором был разработан метод решения этой задачи [167], использующий критерий D-оптимальности, применяемый в задачах планирования эксперимента [76].*)

В работе [167] предлагается производить уточенение коэффициентов тогда, когда нарушается адекватность модели. Провевка адекватности осуществляется на основе притерия χ^2 по экспериментальным данным, отобранным для коррекции модели.

Решение трех перечисленных выше задач затрудняется тем, что:

1. уточняется модель, выходные величины которой нелинейно зависят от определяемых параметров;
2. объем памяти для хранения экспериментальных данных ограничен;
3. время счета, выделяемое для уточнения коэффициентов ограничено;
4. управляющие воздействия U_1 и U_2 измеряются на промышленном объекте с большими систематическими ошибками, дрейфующими со временем.

Существенно упростить проблему позволяет то обстоятельство, что нет необходимости использовать ПММ при уточении перечисленных выше коэффицентов. Их влияние на процесс достаточно полно отражается в модели статики.

6.1. *Определение оценок параметров на основе заданной выборки эксперименталных данных о процессе*

Математическая постановка задачи определения параметров на основе заданной выборки экпериментальных данных заключается в следующем.

Заданы:

1. Зависимость

$$\hat{Y} = \hat{Y}(C, U, \beta) \tag{120}$$

в виде алгоритма решения уравнений модели статики РСА, где

$\hat{Y}$ — вектор предсказанных выходных величин РСА;
C — вектор входных величин реактора;
U — вектор управляющих воздействий;
β — вектор уточняемых коэффицентов модели.

*) D — оптимальные планы экспериментов обеспечивают минимальный объем доверительных интеривалов определяемых параметров.

2. Выборка полученных на промышленном объекте экспериментальных данных

$$(C^{(i)}, Y_i^{(exp)}, U^{(i)}), \qquad i = 1, 2, \ldots, M, \tag{121}$$

где

$Y_i^{(\mathrm{exp})}$ — вектор измеренных выходных величин;
M — количество режимов, учитываемых при уточнении коэффициентов модели.

3. Начальное приближение $\beta^{(0)}$ вектора уточняемых коэффицентов.
4. Целевая функция

$$Q(\beta) = \sum_{i=1}^{M} \sum_{j=1}^{N_A} (\hat{Y}_{i,j} - Y_{i,j}^{(\mathrm{exp})})^2 \frac{1}{D_{i,j}}, \tag{122}$$

где

N_A — количество выходных величин;
$D_{i,j}$ — весовой коэффициенто, учитывающий погрешность измерения величин $Y_{i,j}^{[\mathrm{exp}]}$

Требуется определить вектор коэффициентов β, который бы минимизировал целевую функцию (122).

Решение данной задачи с помощью метода наименьших квадратов невозможно, поскольку этот метод предполагает, что выходные переменные линейно зависят от искомых параметров.

Существует два варианта определения коэффициентов нелинейной модели. Первый рассматривает задачу минимизации (122) как общую проблему нелинейного программирования, т.е. как задачу минимизации нелинейной финкции нескольких переменных, решаемую с помощью стандартных методов нелинейного программирования (например, методами Пауэля М. [97], Розенброка [75] и др. см. [37]).

При втором варианте используются модификации метода наименьших квадратов, в кoрорых применяется многократная локальная линеаризация зависимости $\hat{Y}_{i,j}(\beta)$. Алгоритмы такого типа были предложены Хартлеем Н. [112], Марквардтом Д. [98], Пауэлем М. [113], Галицкиным Н. Д. [15]. Эти алгоритмы имеют обшую базу: обобщенный метод наименьших квадратов.

Бокс М. [90] сопоставлял эффективность различных методов поиска экстремума нелинейных функции и пришел к выводу, что для случая, когда целевая функция является суммой квадратов (например, отклонений выходных величин математической модели от соответствующих величин аппарата), то намного эффективнее оказываются алгоритмы, реализующие модифицированный метод наименьших квадратов.

Дамертом К. и автором на НХК Шведт реализованы в виде стандартных подпрограмм NLOPT4 и NLKQ алгоритм Марквардта Д. [98] и алгоритм Хартлея Н. [112], совпадающий с алгоритмом Галицкина Н. Д. [15, 173].

Наиболее быстродействующим оказался алгоритм Марквардта [98]. Он и используется в дальнейшем для уточнения коэффициентов статики реакторного блока. При первых практических расчетах в качестве модели реактора была непосредственно использована зависимость (120), а уточнялись перечисленные выше четыре коэффициента: $\beta_1 = A_{KIN}$; $\beta_2 = A_{K1}$; $\beta_3 = A_{KK}$; $\beta_4 = K_{AK}$. Однако при этом не удалось получить удовлетворительных результатов: остаточные ошибки $\hat{Y}_{i,j} - Y_{i,j}^{(\mathrm{exp})}$ были слышком велики. Оказалось, что неудовлетворительная точность расчетов вызвана, главным образом, дрейфом преобразователей в измерительных цепях байпасных расходов. Так как в реальных услвовиях устранить этот дрейф невозможно, были проверены два варианта учета дрейфа в расчетах.

В первом варианте дрейф преобразователей рассматривался как аддитивная составляющая измеренных байпасных расходов

$$U_r = U_r^{(\mathrm{exp})} + \Delta U_r, \qquad r = 1, 2, \tag{123}$$

где

$U_r^{(exp)}$ — относительный расход через r-тый байпас, рассчитанный непосредственно на основе измеренных значенний расходов;

ΔU_r — ошибка при определении относительного байпасного расхода, вызванная дрейфом преобразователей.

Значения ΔU_r определялись как дополнительные уточняемые параметры ($\beta_5 = \Delta U_1$; $\beta_6 = \Delta U_2$). Достойнством этого варианта является то, что он не требует дополнительного программирования, первоначальный алгоритм уточнения коэффициентов может быть использован без изменения. Существенный недостаток варианта состоит в том, что систематические ошибки измерения ΔU_r считаются одинаковыми для всей выборки экспериментальных данных в (121), в то время, как значения ΔU_r могут быть различными для отдельных реализаций выборки.

Во втором варианте оценка ошибок измерений величин U_1 и U_2 осуществляется путем использования модели статики установки и замеров двух выходных величин, выбираемых из вектора Y_1, Y_2, ..., Y_{NA}. При этом предполагается, что модель статики адекватно описывает процесс, а ошибки измерений выходных величин (температур) существенно меньше ошибок при определении байпасных расходов. Задача при этом сводится к решению относительно U_1 и U_2 системы двух нелинейных уравнений

$$\hat{Y}_{i,1} = \hat{Y}_1(C^{(i)}, U_1, U_2, \beta);$$
$$\hat{Y}_{i,2} = \hat{Y}_2(C^{(i)}, U_1, U_2, \beta). \tag{124}$$

В качестве выходных переменных Y_1 и Y_2 было предложено использовать такие переменные, которые обеспечивают минимальный объем доверительной области для U_1 и U_2. Лецким Е. К. и Фоминым Г. Н. была составлена программа EXPLA и проведены расчеты по выбору наилучших выходных переменных для уточнения баипасных расходов [48]. Было найдено, что в качестве Y_1 и Y_2 следует использовать температуру в катализаторной насадке в точке $l_1 = 0{,}6L_K$ и температуру на выходе из реакторного блока. По-существу второй вариант

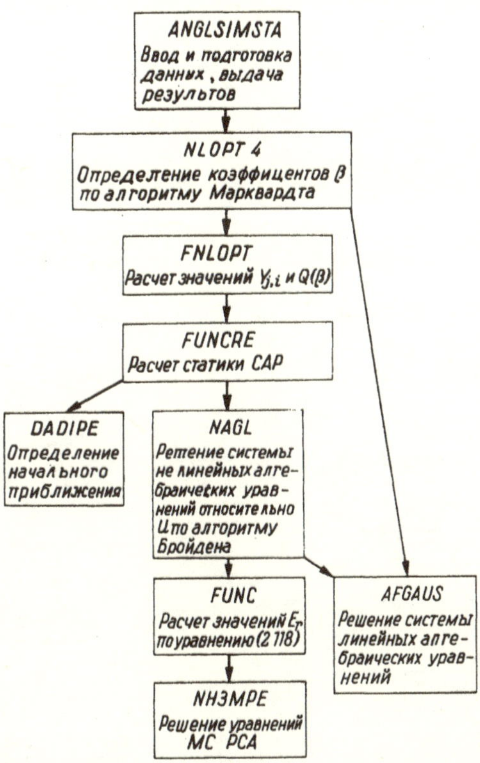

Рис. 10. Структура программы ANGLSIMSTA для уточнения коэффициентов модели статики

приводит к замене двух неточно измеряемых величин двумя другими, измеряемыми более надежно.

Отметим, что для решения системы (124) не требуется дополнительное программирование, поскольку можно использовать программу решения уравнений модели статики замкнутого контура САР реактора синтеза аммиака (МС САР РСА).

Второй вариант был реализован в виде программы ANGLSIM [176]. Она и предлагается как рабочая программа для практического применения. Основная структура программы показана на рис. 10. Отметим, что стрелки на рисунке указывают только на направление вызова подпрограмм. Некоторые из приведенных подпрограмм (например NH3MPE) в свою очередь обращаются к другим подпрограммам. Последовательность основных расчетов программы показана на рис. 11.

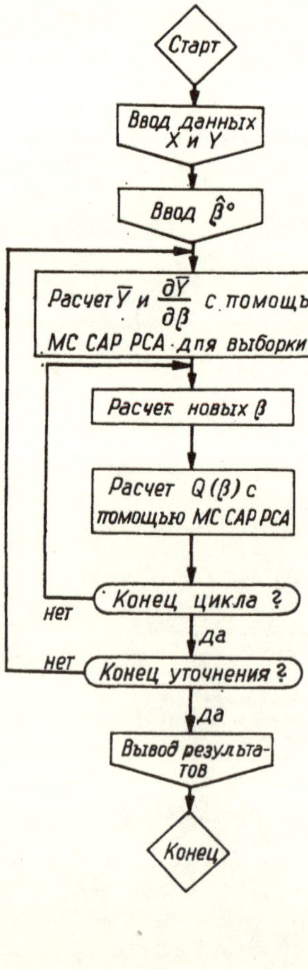

Рис. 11. Последовательность основных расчетов в программе уточнения коэффициентов ANGLSIM

Программа ANGLSIM занимает на ЦВМ ICL 4130 примерно 29000 ячеек оперативной памяти. Для определения коэффициентов β_1 по β_4 на основе выборки, состоящей из пяти режимов, требуется, в зависимости от начального приближения, 0,5—3 часа машинного времени. Максимальное количество режимов, используемых для уточнения коэффициентов ограничено памятью машины и равно $M_{\max} = 11$.

При практических расчетах весовые коэффициенты $D_{i,j}$ берутся равными единице за исключением тех выходных величин $Y_{i,j}$, датчики которых неисправны. Для последных $D_{i,j}$ делаем настолько большими (10^{20}), чтобы соответствующие величины фактически не учитывались при уточнении коэффициентов.

7. Проверка адекватности математической модели

Адекватность математической модели процессу проверялась несколькими методами и для различных режимов работы РСА. Ниже приводятся результаты проверки адекватности для режимов таб. 1.

Таблица 1:

Значения входных величин, используемых при уточнении коэффициентов математической моделй

Режимы	c_1 [атм]	c_2 [кмоль · час$^{-1}$]	c_3 [—]	c_4 [—]	c_5 [—]
Режим 1	320,8	9236	0,0360	2,92	0,136
Режим 2	320,0	9269	0,0365	2,94	0,130
Режим 3	314,1	9180	0,0370	2,77	0,128

Для уточнения коэффициентов использовались все измеряемые выходные величины РСА. В табл. 2. даны измеренные и рассчитанные значения выходных величин РСА для указанных в табл. 1 трех режимов.

Режимы 1, 2 и 3 получены алгоритмом автоматического выбора данных для уточнения коэффициентов.

В последнем столбце табл. 2 даны значения поправок δT, учитывающих систематические отклонения между измеренными и расчетными величинами. Используемый для расчета значений табл. 2 вектор δT был опеределен при предыдущем утонечнии коэффициентов.

Соответствующие этим данным коэффициенты математической модели $\beta_1 \div \beta_4$ и их доверительные интервалы при уровне значимости $\alpha = 0{,}95$

Таблица 2:

Измеренные и рассчитанные значения выходных величин РСА, [°K]

	Режим 1		Режим 2		Режим 3		Систематическая ожибка δT
	$Y^{(exp)}$	$\hat{Y}$	$Y^{(exp)}$	$\hat{Y}$	$Y^{(exp)}$	$\hat{Y}$	
T_1	659,4	659,6	660,0	659,3	658,7	659,0	−0,8
T_2	662,6	662,6	662,4	662,4	662,0	662,0	0
T_3	687,9	688,0	688,4	688,1	686,7	686,9	4,5
T_4	716,0	716,2	717,2	717,9	714,7	714,8	2,8
T_5	745,0	744,2	744,7	745,6	742,5	742,4	−7,0
T_6	769,9	769,4	770,5	771,6	768,1	767,6	4,5
T_7	788,5	787,6	789,0	790,3	786,6	786,3	2,9
T_8	797,0	796,2	797,7	798,7	795,9	795,8	−2,1
T_9	787,4	786,7	788,2	789,0	786,9	786,9	−4,0
T_{10}	768,6	767,9	769,7	770,4	768,4	768,4	2,5
T_{11}	743,4	742,7	744,6	745,5	743,6	743,5	−2,8
T_{12}	711,2	710,5	712,9	713,6	711,4	711,4	8,5
T_{13}	672,0	671,0	674,1	674,4	671,2	671,9	−4,9
T_A	391,3	391,3	390,3	390,3	390,3	390,3	0

следующие:

$$\beta_1 = 0{,}96 \pm 0{,}03;$$

$$\beta_2 = 2{,}14 \pm 0{,}07;$$

$$\beta_3 = 0{,}36 \pm 0{,}03;$$

$$\beta_4 = 4{,}91 \cdot 10^3 \pm 0{,}13 \cdot 10^3.$$

Доверительные интервалы были рассчитаны с помощью программы PREDAN [183], которая проводит статистический анализ результатов уточнения параметров математических моделей по алгоритму, предложенному в книге Вольберга Дж. [147]. Отметим, что этот анализ предполагает линеаризуемость математической модели относительно определяемых параметров. Линеаризуемость модели РСА была проверена с помощью методики Била Е. [95].

Кроме оценок коэффициентов модели при статистическом анализе результатов отклонения необходимо знать дисперсию ошибки измерения выходных величин объекта. В данном случае использовалось значение $\sigma^2 = 0{,}25$ [град^2]. Такое малое значение получается в результате того, что данные, использованные для уточнения, получаются усреднением большого количества (10÷100) отдельных замеров (циклов опроса датчика).

С помощью программы PREDAN рассчитаны также доверительные интервалы предсказываемых (расчетных) выходных величин. На уровне значимости $\bar{\alpha} = 0{,}95$ они равны 0,53 градуса, а при том же уровне значимости максимальная ошибка предсказания выходных величин равна 1,23 градуса.

Малые значения доверительных интервалов коэффициентов и выходных величин модели являются показателями адекватности модели процессу.

В качестве второго критерия проверки адекватности математической модели был использован критерий χ^2 [47, 48, 167].

Если ковариационная матрица ошибок измерения выходных величин диагональна, т. е. ошибки измерения независимы друг от друга (что обеспечено в нашем случае), то величина

$$\chi^2 = \sum_{j=1}^{M} \sum_{i=1}^{N_A} \frac{[Y_i^{(\exp)}(C^{(j)}) - \hat{Y}_i(C^{(j)}, \beta)]^2}{\sigma_i^2} \tag{125}$$

имеет нормальное распределение с MN степенями свободы, где M — количество режимов, N — количество выходных величин, σ_i^2 — дисперсия ошибки измерения i-той выходной величины.

Модель можно считать адекватной процессу, если выполняется условие

$$\chi^2 \leqq \chi^2_{kr},$$

где χ^2_{kr} — критическое значение χ^2 — распределения с MN степенями свободы на заданном уровне значимости.

Для данных табл. 2.1 и табл. 2.2 значение χ^2 равняется 63.16, что меньше критического значения χ^2_{kr} для 45 степеней свободы и уровня значимости $\bar{\alpha} = 0{,}95$

$$\chi^2 = 63{,}16 < \chi^2_{kr} = 83{,}5. \tag{126}$$

Поэтому можно считать, что математическая модель (статики) PCA адекватно описывает процесс.

8. Выводы

1. Построена полная математическая модель (ПММ) статики и динамики реакторного блока синтеза аммиака (PCA), которая объединяет в себе модели катализаторной коробки, нижнего теплообменника и котла-утилизатора. Модель реакторного блока представляет собой систему дифференциальных уравнений в частных производных гиперболического типа с заданием краевых условий в двух точках.

2. Для решения уравнений ПММ разработана программа, которая благодаря комбинации методов характеристик и квазилинеаризации позволяет осуществлять достаточно эффективное цифровое моделирование (более эффективное чем разработанные ранее программы) переходных процессов РСА при различных входных воздействиях.
3. Из ПММ получена модель статики (МС) РСА в виде системы обыкновенных дифференциальных уравнений с двухточечной краевой задачей. Разработанная для решения краевой задачи программа отличается большой скоростью счета.
4. Создана программа совместного решения уравнений МС реактора и системы автоматического регулирования температурного режима в аппарате, позволяющая исследовать статические характеристики реактора при автоматической стабилизации его температурного режима.
5. Разработана программа уточнения коэффициентов модели статики реактора по экспериментальным данным. Программа реализует обобщенный метод наименьших квадратов в модификации Маркардта, Д.

   Проведены уточнение коэффициентов МС реактора и статистический анализ его результатов, который показал адекватность модели процессу в исследованных режимах.

9. Литератира

См. Литературу к

Balzer, D., Iljin, B. W., Reinig, G., „*Optimale Steuerung eines Rohrreaktors*“

Optimale Steuerung eines Rohrreaktors

(D. Balzer, B. W. Iljin, G. Reinig)

Summary

An approach is given for realizing on-line closed-loop control of a distributed parameter object.
A feedback control system has been designed for an ammonia synthesis converter with counterflow cooling of the catalyst bed by feed gas. The temperature measurement at a few points of the reaction zone is taken in to account for computation of a temperature field estimation.

The control system should be run on a simple process computer. The sum of the weighted temperatures was choosen as state estimation. The weighting function depends on length only. Static optimization gives the set points for the temperature field estimation. The differences between actual value and setpoint are inputs for two 3-term controllers. The outputs of the controllers act on bypass valves. A parameter synthesis was carried out for the described system structure.

The paper discusses the problems rising by problem formulation, synthesis and realization of the described system. The system is used for on-line closed-loop control of a large ammonia synthesis converter.

1. Einleitung

Ziel des vorliegenden Beitrages ist es, die Synthese und die Realisierung eines Steuerungssystems für einen industriellen Großreaktor zu beschreiben. Dabei wird besonders auf die mathematische Formulierung der Aufgabenstellung und auf die Erarbeitung der Steuerungsalgorithmen eingegangen.

Die Synthese des Steuerungssystems wird am Beispiel eines Ammoniaksynthesereaktors (im weiteren mit *ASR* bezeichnet) mit innerem Wärmetausch (*TVA*-Reaktor) gezeigt, die angewendete Methodik hat jedoch allgemeinen Charakter und ist sicher für die Synthese von Steuerungssystemen für viele Reaktoren mit Festbettkatalysatoren geeignet.

Bei der Synthese des auf einem vorhandenen Prozeßrechnersystem [166] zu realisierenden Steuerungssystems werden in großem Umfang die Ergebnisse der mathematischen Modellierung des Steuerungsobjektes [193] sowie der Störgrößenanalyse und der Analyse des Reaktors unter regelungstechnischen Gesichtspunkten (Punkt 2.) verwendet.

Vom Standpunkt des Technologen aus gesehen, besteht das Hauptziel der Steuerung eines *ASR* in der Maximierung der im Reaktor im Verlaufe eines vollen Katalysatorzyklusses (Stand- und Auswechselzeit des Katalysators) gebildeten Ammoniakmenge.

Aus dieser allgemeinen Formulierung des Steuerungszieles folgt noch keine lösbare Aufgabenstellung für die Synthese des Steuerungssystems; es müssen Vereinfachungen und Abgrenzungen vorgenommen werden, Teilaufgaben formuliert werden, für deren Lösung die notwendigen Informationen über die inneren Eigenschaften des Objektes und über die Einfluß-(Stör-) Faktoren verfügbar sind.

Detailliert wird dieses Problem im Punkt 4. betrachtet. Hier sei nur erwähnt, daß die Standzeit des Katalysators nicht von der Steuerung des Temperaturregimes des *ASR* abhängt, wenn nur bestimmte technologische Begrenzungen nicht verletzt werden, da bei normalem Betrieb des Reaktors die Katalysatoraktivität faktisch nur durch die im Synthesegas enthaltenen Schmierölspuren aus den Kompressoren verringert wird. Dieser Umstand gestattet es, bei der Steuerung des Reaktors die Standzeit des Katalysators nicht zu berücksichtigen. Infolge dieser Vereinfachung reduziert sich das technologische Steuerungsziel auf die Maximierung der mittleren, im Reaktor pro Zeiteinheit gebildeten, Ammoniakmenge bei vorgegebenen äußeren und inneren Arbeitsbedingungen.

Literaturangaben zufolge ist die Optimierung des Temperaturregimes des *ASR* eine der wichtigsten Aufgaben bei der Steuerung von Ammoniakanlagen. Unabhängig davon ist jedoch in jedem Fall eine Untersuchung der durch die Steuerung ausnutzbaren Systemreserven nötig, um zu entscheiden, ob diese die Aufwendungen für die Systementwicklung und -realisierung rechtfertigen. Eine derartige Abschätzung der Systemreserven erfolgt im Punkt 4.2.

Die wissenschaftlich begründete Auswahl der Struktur von praktisch zu realisierenden Steuerungssystemen ist ein weitgehend ungelöstes Problem; Tradition, Intuition und die vorhandenen technischen Möglichkeiten spielen oft die entscheidende Rolle. Auch im vorliegenden Fall ist die Struktur letztlich Resultat einer willkürlichen Entscheidung, die jedoch hinlänglich begründet wird. Eine wesentliche Besonderheit der ausgewählten Struktur (die im Punkt 3. beschrieben wird) ist die Steuerung des *ASR* nach dem Temperaturfeld in der Reaktionszone durch die Verwendung von sogenannten Zustandsmaßen X_r als Regelgrößen [157, 179]:

$$X_r = \sum_{i=1}^{N} G_{i,r} \cdot T_i, \qquad r = 1, 2. \tag{1}$$

Hier sind

$G_{i,r}$ — Koeffizient der Gewichtsmatrix;
T_i — in der Reaktionszone gemessene Temperaturen.

Die Möglichkeit der Formulierung eines autonomen Steuerungszieles für den *ASR* wurde in [88] aufgezeigt; weitere Aufgaben bei der Steuerung von *ASR* sind in [194, § 1.2] aufgezählt.

Eine derartige „verteilte Kontrolle“ wird erstmalig für einen chemischen Großreaktor angewendet (bisher bekannt nur für weitgehend lineare Objekte, z. B. Wärmetauscher [21, 22, 26]). Die Bestimmung der Gewichtskoeffizienten $G_{i,r}$ ist eine der Aufgaben bei der Parametersynthese für das Steuerungssystem.

Im Punkt 6. wird gezeigt, wie diese Koeffizienten nach einem „statischen“ Kriterium bestimmt werden können.

Die Sollwerte der Zustandsmaße werden durch die im Punkt 4. ausführlich beschriebene statische Optimierung ermittelt. Die Bestimmung der Reglerparameter wird in diesem Beitrag nicht behandelt. Der interessierte Leser sei an die Arbeit [84] verwiesen.

Einige Probleme der Realisierung und der Effektivität des beschriebenen Steuerungssystems werden im Punkt 7. abgehandelt.

2. Einige Resultate der Analyse der Störgrößen und der Eigenschaften des Ammoniaksynthesereaktors

Eine gründliche Analyse des Steuerungsobjektes ist die Grundlage für die Schaffung eines effektiven Steuerungssystems. Bei dieser Analyse sind solche Fragen zu betrachten, wie Ermittlung der Eigenschaften der auf das Objekt wirkenden Störfaktoren, die Bestimmung der dynamischen und statischen Eigenschaften des Objektes, die Untersuchung seiner Empfindlichkeit gegenüber Störgrößenänderungen u. a. m.

Entsprechend der Zielstellung des vorliegenden Beitrages werden hier nur die wichtigsten Ergebnisse einer Systemanalyse aufgeführt, die in [194] beschrieben ist.

Das experimentelle Material für die Störgrößenanalyse wurde mit Hilfe des Prozeßrechnersystems und durch Auswertung von Betriebsprotokollen im Verlauf von zwei Jahren in der NH_3-Anlage des VEB PCK Schwedt gewonnen.

Die statischen und dynamischen Charakteristiken des Steuerungsobjektes wurden in der Hauptsache an Hand der mathematischen Prozeßmodelle (vollständiges mathematisches Modell, statisches Modell des *ASR*, statisches Modell des Temperaturregelsystems, [193]) gewonnen. Die Anwendung der mathematischen Modellierung gestattete es, die Eigenschaften des Reaktors in einem weiten Bereich möglicher Arbeitsregime zu untersuchen.

Vom regelungstechnischen Standpunkt aus stellt der ASR ein mehrdimensionales nichtlineares Objekt mit erheblicher Trägheit dar (Abb. 1). Steuergrößen sind die relativen (auf den Gesamtdurchsatz bezogenen) Durchsätze durch den oberen (direkten) und unteren (Wärmetauscher-) Bypaß, mit denen das Temperaturregime in der Reaktionszone gesteuert wird. Zu den Eingangsgrößen zählen außerdem Temperatur, Druck, Durchsatz und Gaszusammensetzung am Reaktoreingang sowie Dampfdruck und Speisewassertemperatur des Abhitzekessels (vergleiche auch [193]).

Ausgangsgrößen sind die Ammoniakkonzentration am Reaktorausgang, das Temperaturprofil in der Reaktionszone (gemessen mit $N = 14$ Thermopaaren) und der Druckabfall am Verteiler der Bypaßgasströme. Sowohl für die Steuergrößen als auch für einige Ausgangsgrößen bestehen technologische Beschränkungen.

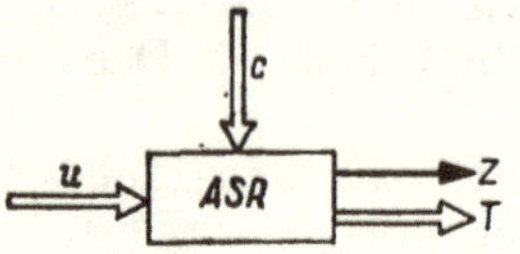

Abb. 1. Der Ammoniaksynthesereaktor als Steuerungsobjekt

Störgrößenanalyse

Als wesentliche äußere Störgrößen wurden ermittelt:

$C_1 = P$ — Druck am Reaktoreingang, [$\text{kp} \cdot \text{cm}^{-2}$];
$C_2 = V$ — Gasdurchsatz am Reaktoreingang, [$\text{kmol} \cdot \text{h}^{-1}$];
$C_3 = Z_E$ — Ammoniakkonzentration am Reaktoreingang, [—];
$C_4 = \gamma$ — H_2/N_2 — Verhältnis am Reaktoreingang, [—];
$C_5 = C_{IN}$ — Inertenkonzentration ($Ar + CH_4$) am Reaktoreingang, [—].

Die übrigen Störgrößen haben entweder unwesentlichen Einfluß auf den Prozeß im Reaktor oder sind durch lokale Regelkreise fest stabilisiert.

Neben den äußeren existieren folgende wesentliche innere Störgrößen:

$\beta_1 = AKIN$ — Aktivität des Katalysators, [—];
$\beta_2 = AK1$ — Länge der als total vergiftet betrachteten Katalysatorschicht, [m];
$\beta_3 = AKK$ — Korrekturkoeffizient für Wärmetausch in der Katalysatorkapsel, [—];
$\beta_4 = ZAK$ — Wärmeübergangszahl im Abhitzekessel, [$\text{kcal} \cdot \text{grd}^{-1} \cdot \text{m}^{-2} \cdot \text{h}^{-1}$];

Die Vektoren $C = (C_1, C_2, C_3, C_4, C_5)$ und $\beta = (\beta_1, \beta_2, \beta_3, \beta_4)$ sind Zeitfunktionen. Die Größen C_1 und C_2 werden faktisch kontinuierlich gemessen, die Größen C_3, C_4, C_5 sind Resultat einer betriebschromatographischen (automatisch ausgewerteten) Gasanalyse, die mit einer Tastperiode von 0,5 h arbeitet und deren Resultate jeweils nach einer Totzeit von 0,25 h vorliegen. Die Komponenten des Vektors β sind direkt nicht meßbar, ihre Werte werden erst bei der Anpassung bzw. Nachführung der Modellkoeffizienten bekannt (siehe auch [193]).

Die äußeren Störgrößen stellen einen Zufallsprozeß $\overset{\square}{C}(t)$ dar, der als Summe zweier voneinander unabhängiger Zufallsprozesse dargestellt werden kann:

$$\overset{\square}{C}(t) = \mathring{C}(t) + C(t). \tag{2}$$

Hier sind:

$\mathring{C}(t)$ — zufällige Schwankungen des Grundregimes um diskrete, relativ große Werte (hervorgerufen durch Betrieb oder Stillstand bestimmter Aggregate);
$C(t)$ — zufällige Schwankungen um das Grundregime (hervorgerufen durch eine Vielzahl äußerer Einflüsse).

$C(t)$ ist ein fünfdimensionaler zentrierter Zufallsprozeß mit normal verteilten Amplituden.

Der Prozeß $C(t)$ kann als stationär im weiteren Sinne (Zeitunabhängigkeit von Mittelwert und Korrelationsmoment) und ergodisch betrachtet werden; für ihn wurde eine Reihe von statistischen Kennwerten ermittelt, während für $\mathring{C}(t)$ nur sehr grobe Abschätzungen vorliegen. Die Auto- und Kreuzkorrelationsfunktionen $R_{i,j}(\tau)$ für die Komponenten von $C(t)$ konnten durch Exponentialfunktionen approximiert werden:

$$R_{j,i}(\tau) = E\{C_j \cdot C_i\} \cdot e^{\frac{-\tau}{\overset{0}{\tau}_{j,i}}}. \tag{3}$$

Hier sind:

$E\{C_j \cdot C_i\} = R_{j,i}(0)$ — Korrelationsmoment der Prozesse $C_j(t)$ und $C_i(t)$;
$\overset{0}{\tau}_{j,i}$ — äquivalente Zeitkonstante.

Tabelle 1: Korrelationen zwischen den äußeren Störgrößen (oberhalb der Hauptdiagonalen).

Äquivalente Zeitkonstanten (in [h])

j \ i	1	2	3	4	5
1	1,02	0,50	−0,48	—	0,296
2	0,98	0,97	0,49	−0,30	—
3	0,71	0,71	0,30	—	—
4	—	2,0	—	3,5	0,5
5	3,0	—	—	5,5	10,0

Die nach der Formel

$$\varrho_{j,i} = \frac{E\{C_j \cdot C_i\}}{\sqrt{E\{C_j^2\} \cdot E\{C_i^2\}}} \tag{4}$$

berechneten Korrelationskoeffizienten sind in Tab. 1 oberhalb der Hauptdiagonalen aufgeführt, die äquivalenten Zeitkonstanten stehen in der Hauptdiagonalen bzw. unter ihr (diese kompakte Darstellung ist möglich wegen der festgestellten Symmetrie der Korrelationsmatrix).

Auf Grundlage der approximierten Korrelationsfunktionen können nach Gleichung

$$S_{j,i}(\nu) = \frac{4R_{j,i}(0) \cdot \tau^0_{j,i}}{1 + 4(\pi\nu\tau^0_{i,j})^2} \tag{5}$$

die Spektraldichten $S_{j,i}(\nu)$ berechnet werden (ν — Frequenz). Durch Analyse der beobachteten Werte der Prozesse $\overset{\square}{C}(t)$ konnten alle vorkommenden

Die wichtigsten Charakteristiken beider Komponenten von $C(t)$ sind in Tab. 2 zusammengefaßt.

Tabelle 2: Charakteristiken der äußeren Störgrößen

Störung		C_1	C_2	C_3	C_4	C_5
Nominelles Regime		330 kpcm^{-2}	196 kNm^{3}h^{-1}	0,04	2,8	0,15
$C(t)$	$E\{C_i^2\}$	168 (kpcm^{-2})^2	20(kNm^{3}h^{-1})^2	$2 \cdot 10^{-5}$	$3 \cdot 10^{-2}$	$43 \cdot 10^{-4}$
	$\tau^0_{j,i}$	1,02 h	0,97 h	0,3 h	3,5 h	10,0 h
$\overset{\circ}{C}(t)$	Typische Schwankung	−80 kpcm^{-2}	−70 kNm^{3}h^{-1}	+0,015	—	—
	Anteil an Betriebszeit	8,6%	8,6%	16,5%	—	—
	Mittlere Häufigkeit	0,007 h^{-1}	0,007 h^{-1}	0,0056h^{-1}	—	—

Wertekombinationen drei typischen Produktionssituationen zugeordnet werden:

1. Nominelles Regime. Es arbeiten alle Hauptaggregate der Ammoniaksynthese. Der Anteil an der Gesamtbetriebszeit beträgt 74,9%.
2. Regime mit erhöhter Ammoniakeintrittskonzentration. Durch Ausfall oder Abstellung eines Refrigeratorkompressors nimmt die NH_3 — Konzentration am Reaktoreingang erhöhte Werte an. Der Anteil an der Gesamtbetriebszeit beträgt 16,5%.
3. Regime mit verringerter Kreislaufgasmenge (Reaktorbelastung). Einer der zwei Kreislaufkompressoren ist abgestellt. Druck und Durchsatz am Reaktorreingang sind stark verringert. Der Anteil an der Gesamtbetriebszeit beträgt 8,6%.

Die Veränderungen der inneren Störfaktoren des Reaktors haben monotonen Charakter (Verringerung der Katalysatoraktivität und der Wärmeübergangszahl, Verlängerung der total inaktiven Zone). Sie vollziehen sich sehr langsam und machen erst nach zwei bis drei Jahren einen Katalysatorwechsel erforderlich.

Dynamische Charakteristiken des Objektes und ihre Relation zu den spektralen Eigenschaften der Störgrößen

Die Untersuchung der durch „numerische" LAPLACE-Transformation der Übergangsfunktionen (die erst mit Hilfe des vollständigen mathematischen Modells berechnet wurden) gewonnenen Ortskurven des Frequenzganges verschiedener Kanäle des *ASR* ergab, daß sein dynamisches Verhalten in einem weiten Frequenzbereich dem Verhalten von Verzögerungsgliedern erster oder zweiter Ordnung mit Totzeit entspricht, wobei Zeitkonstanten und Totzeit mit zunehmendem Abstand von der oberen Grenze der Katalysatorschüttung größer werden. Erst bei höheren Frequenzen treten deutliche Abweichungen vom Minimalphasenverhalten auf, die auf die Verteiltheit der Parameter und auf die innere Rückkopplung durch die Gegenstromkühlung zurückzuführen sind.

Zu betonen ist, daß sich obige Aussagen auf Schwankungen kleiner Amplituden beziehen, für die die Abhängigkeiten zwischen Ein- und Ausgangsgrößen als linear betrachtet werden können.

Wichtig für die weitere Ausarbeitung des Steuerungssystems ist die Gegenüberstellung des Amplitudenfrequenzganges

$$|A(\nu)| = \sqrt{Im^2(\nu) + Re^2(\nu)} \tag{6}$$

der Kanäle des Reaktors (*Im*, *Re* — Imaginär- und Realteil der Ortskurve des Frequenzganges) und der Spektraldichten der Störgrößen.

In Abb. 2 sind die normierten Spektraldichten der Störgrößen mit den breitesten Frequenzspektren (S_2 und S_3) und die Frequenzgänge jeweils eines trägen ($A_{2,1}, A_{3,1}$) und eines weniger trägen ($A_{2,9}, A_{3,9}$) Kanals des *ASR* dargestellt. Es zeigt sich, daß die Störungsspektraldichten schon bei Frequenzen gegen Null streben, bei denen die Amplitudenfrequenzgänge noch über 90% ihres $\nu = 0$-Wertes haben, d. h., daß der *ASR* für fast alle Störungen (zufällige Schwankungen um das Hauptregime) die Eigenschaften eines Verstärkungsgliedes hat.

Eine derartige Relation zwischen dynamischen Eigenschaften des Reaktors und Spektraldichten der Störungen wird als Quasistationärität bezeichnet.*) Aus dieser Eigenschaft ergibt sich die wichtige Schlußfolgerung über die Möglichkeiten der statischen Optimierung bei der Steuerung des *ASR*.

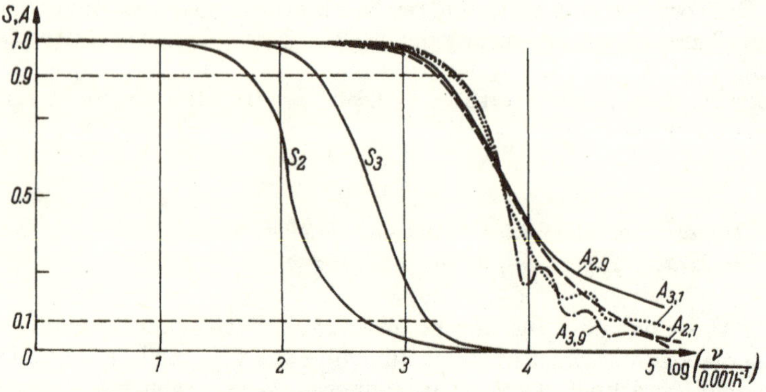

Abb. 2. Amplitudenfrequenzgänge (A) des Ammoniaksynthesereaktors und Spektraldichten (S) der Störgrößen

Statische Charakteristiken des Objektes und ihre Relation zu den Amplituden der Störungen

Die Analyse der statischen Eigenschaften ergab:
Im Raum der Steuergrößen U existiert nur ein begrenztes Gebiet, in dem die Existenz eines autothermen Prozesses in ASR möglich ist (Nur in diesem Gebiet ist die Lösung der Randwertaufgabe der Differentialgleichungen des statischen Reaktormodells möglich [193]). Die Lage der Grenze des Gebietes realisierbarer Regime hängt von den Werten der Störgrößen und vom Zustand des Katalysators ab.

Innerhalb des Gebietes zulässiger Regime, — meist dicht an der Grenze, — hat die Ammoniakkonzentration ein und nur ein Maximum (Abb. 3), dessen Lage ebenfalls von den Störgrößenwerten und vom Katalysatorzustand abhängt. Diese Abhängigkeit und die Größe der Ammoniakausbeuteverluste bei Nichteinhaltung optimaler Steuergrößen sowie die beobachteten Häufigkeiten und die Amplituden der Störgrößenschwankungen weisen auf die Zweckmäßigkeit der operativen Bestimmung und Einstellung der optimalen Steuergrößen hin.

Die Form der Niveaulinien der Abhängigkeit der NH_3-Austrittskonzentration Z von den Steuergrößen $Z(U_1, U_2)$, in Abb. 3 dargestellt, ist wesentlich komplizierter, vor allem unsymmetrisch und viel stärker gekrümmt als die Niveaulinien der Abhängigkeit $Z(X_1, X_2)$, d. h. der Ausgangskonzentration von den Werten der Zustandsmaße (Abb. 4). Die geringere Krümmung der Niveaulinien und der größere Abstand des Punktes mit maximaler NH_3-Austrittskonzentration im Raum X_1—X_2 weist auf die Zweckmäßigkeit der Vorgabe des optimalen Regimes in diesem Raum hin.

*) Die Veränderungsgeschwindigkeit der Störgrößen ist so niedrig, daß man ihre Werte für das betrachtete Objekt zu jedem Zeitpunkt als konstant betrachten kann.

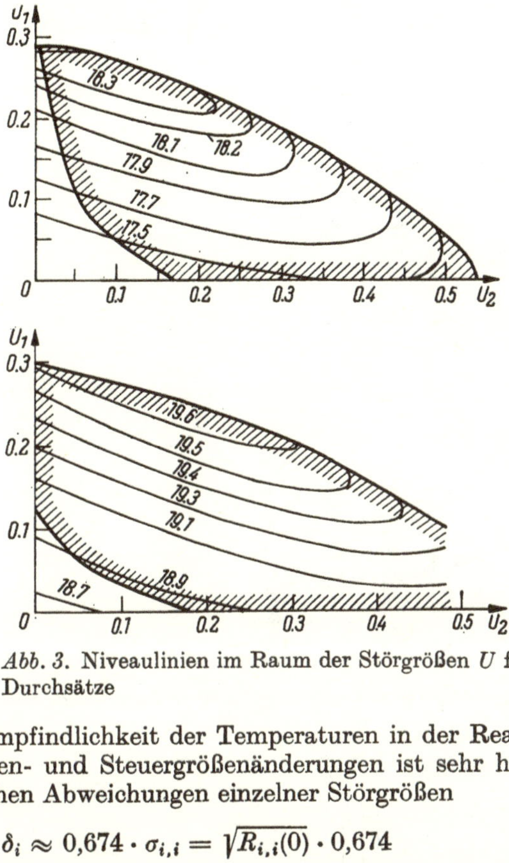

$C_2 = 196\,\mathrm{kNm^3h^{-1}}$

$C_2 = 126\,\mathrm{kNm^3h^{-1}}$

Abb. 3. Niveaulinien im Raum der Störgrößen U für unterschiedliche Durchsätze

Die Empfindlichkeit der Temperaturen in der Reaktionszone gegenüber Störgrößen- und Steuergrößenänderungen ist sehr hoch; schon die wahrscheinlichen Abweichungen einzelner Störgrößen

$$\delta_i \approx 0{,}674 \cdot \sigma_{i,i} = \sqrt{R_{i,i}(0)} \cdot 0{,}674 \tag{7}$$

von den Mittelwerten können zu Verletzungen der durch den Katalysator gegebenen Temperaturgrenzen oder zum Verlust der Autothermie des Prozesses führen. Die Verstärkungskoeffizienten der Kanäle „Störgrößen bzw. Steuergrößen — Temperaturen in der Reaktionszone" ändern sich in einem weiten Bereich der Werte der Eingangsgrößen relativ wenig, streben dann aber in der Nähe der Autothermiegrenze schnell gegen Unendlich (siehe Abb. 5). Die Verstärkungskoeffizienten für Temperaturen in verschiedenen Punkten des Reaktors unterscheiden sich stark voneinander. Aus der großen Empfindlichkeit des Temperaturregimes gegenüber Störungen im Vergleich zu den Amplituden der zufälligen Störgrößenschwankungen und aus der Existenz sprunghafter Änderungen der Störgrößen beim Übergang von einer typischen Produktionssituation in eine andere folgt die Notwendigkeit der Regelung des *ASR*-Temperaturregimes durch ein geschlossenes (feed-back) Regelsystem.

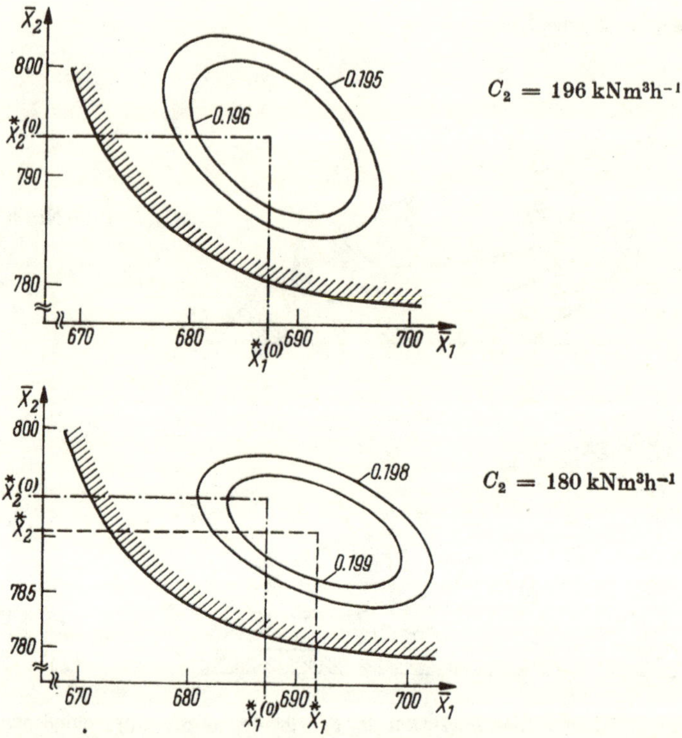

Abb. 4. Niveaulinien im Raum der Zustandsmaße X für unterschiedliche Durchsätze

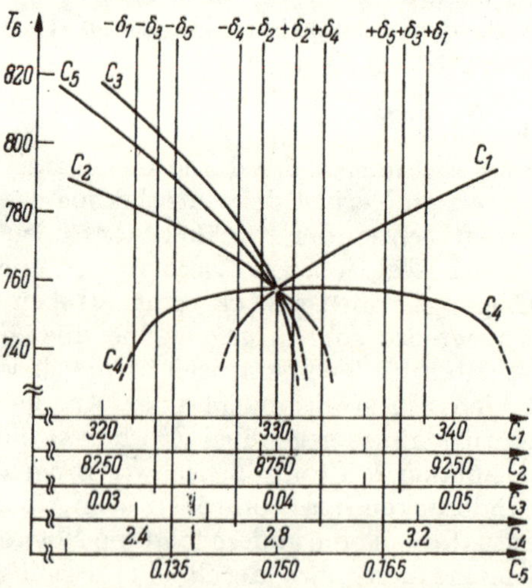

Abb. 5. Abhängigkeit der Temperatur T_6 von den Störgrößen C

3. Struktur des Systems zur Steuerung des ASR nach dem Temperaturfeld

Ausgehend einerseits von der Notwendigkeit der Schaffung eines Regelsystems mit Rückkopplung und andererseits von der Zielstellung, die Verteiltheit der Parameter des *ASR* bei der Steuerung zu berücksichtigen, wurde von den Autoren ein Verfahren zur Steuerung von Ammoniakreaktoren vorgeschlagen [157, 179], dessen Grundidee eine bessere (im Vergleich zu existierenden Verfahren) Ausnutzung der verfügbaren Information über den Prozeßzustand ist, die durch Anwendung des Prinzips der verteilten Kontrolle des Temperaturprofils in der Reaktionszone erreicht wird. Obwohl das vorgeschlagene Verfahren nicht an Verwendung eines Prozeßrechners gebunden ist, ergeben sich bei Realisierung des Verfahrens mit einem Rechner besondere Vorteile, da Aufwendungen für zusätzliche Analogtechnik entfallen.

Auf Grundlage des Patentes [157, 179] und einer Reihe praktischer Forderungen und Bedingungen (z. B. Möglichkeiten des installierten Rechnersystems, Notwendigkeit der automatischen Berücksichtigung der Begrenzung für den Druckabfall am Verteiler der Bypaßströme) entstand schließlich ein DDC-System mit der in Abb. 6 dargestellten Struktur. Auf der rechten Seite des Bildes ist der zu steuernde Reaktor mit seinen Stellgliedern und Meßwertgebern dargestellt. Links sind in Blockform die Hauptfunktionen des Rechnersystems im betrachteten Steuerungssystem dargestellt. Im Block 6 werden auf Grundlage der gemessenen Temperaturen T_i

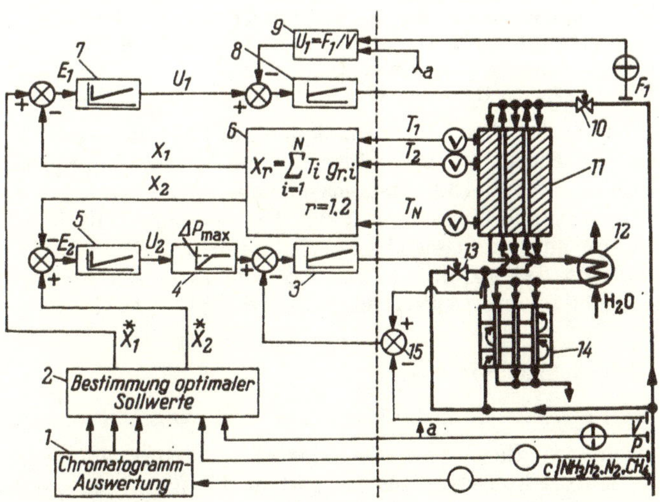

Abb. 6. DDC-System zur Steuerung des Ammoniaksynthesereaktors nach dem Temperaturfeld

nach Formel (1) die Werte der Zustandsmaße X_r berechnet, deren Differenzen von den Sollwerten $\overset{*}{X}_r$ die Eingangsgrößen zweier digitaler PID-Regler (Blöcke 5 und 7) bilden. Basierend auf dem mathematischen Modell der Statik des *ASR* werden im Block 2 die dem gemessenen Störgrößenvektor entsprechenden optimalen Sollwerte berechnet.

Die Ausgangsgrößen der Regler 5 und 7 stellen die Sollwerte für den Regler des relativen Durchsatzes durch den oberen Bypaß (Block 8) und für den Regler des Druckabfalls am Bypaßverteiler (Block 3) dar. Die Stabilisierung des relativen Bypaßdurchsatzes mit Hilfe des *PI*-Reglers 8 erleichtert die Regelung des Temperaturregimes wesentlich. Der *PI*-Regler 3 garantiert zusammen mit Block 4 die automatische Einhaltung des Druckabfalls ΔP am Bypaßverteiler, d. h. der Sollwert $\overset{*}{X}_2$ wird nur realisiert, wenn das ohne Verletzung der Begrenzung

$$\Delta P \leqq \Delta P_{\max}$$

möglich ist. Im anderen Falle wird ΔP auf dem maximal zulässigen Wert stabilisiert.

Außer den bisher aufgezählten Aufgaben wurden dem Rechnersystem des betrachteten Steuerungssystems für den *ASR* noch folgende Aufgaben übertragen:

1. Abfrage der Meßwertgeber bzw. Systemumformer, Dimensionierung und Korrektur der Meßwerte;
2. Sinnfälligkeitstest und Filterung (Glättung) der Meßwerte;
3. Grenzwertkontrolle und entsprechende Signalisierung;
4. Kommunikation zwischen Anlagenpersonal und Rechner (Start und Anhalten einzelner Programme, Eingabe von Grenzwerten und anderen Parametern, bequeme Informationsdarstellung, Protokolldruck, u. a. m.);
5. Laufende Kontrolle der Genauigkeit und Nachführung des mathematischen Modells.

Die Aufteilung der einzelnen Funktionen auf Satelliten- und Zentralrechner wird später (Punkt 5.3.6.) erläutert. Das in Abb. 6 dargestellte Regelsystem schließt als Sonderfall das konventionelle Regelsystem ein, das lediglich die Temperatur in einem Punkt des Temperaturprofils stabilisiert (mit einer Ausnahme sind alle Gewichtskoeffizienten $G_{i,r}$ gleich Null).

Es sei erwähnt, daß auf dem Rechnersystem außer der Reaktorsteuerung eine ganze Reihe anderer Aufgaben gelöst wird [170, 166].

4. Aufgabenstellung

Umsetzung der technologischen Zielstellung in eine mathematische Formulierung

Bei Verzicht auf die Optimierung des Katalysatoraustauschzeitpunktes und unter der Annahme der Unabhängigkeit der Katalysatorstandzeit von der Steuerung kann das technologische Steuerungsziel wie folgt formuliert werden:

Unter den gegebenen äußeren und inneren Betriebsbedingungen ist die im *ASR* im Verlaufe der Standzeit einer Katalysatorfüllung gebildete Ammoniakmenge zu maximieren. Dabei sind die begrenzten Steuerungsmöglichkeiten und die existierenden technologischen Grenzen zu berücksichtigen. Unter der Voraussetzung, daß das mathematische Modell den Prozeß adäquat widerspiegelt (diese Adäquatheit von Modell und Prozeß wird im weiteren immer vorausgesetzt), kann man obiges Steuerungsziel wie folgt ausdrücken:

Gegeben:

$\overset{\square}{C}(t)$ — die Vektorfunktion der auf das Objekt wirkenden zufälligen Störgrößen.

Die Werte der Störgrößen werden gemessen (siehe Punkt 2.), ihre statistischen Charakteristiken sind teilweise bekannt;
$\beta(t)$ — die Vektorfunktion der in der Zeit veränderlichen Modellkoeffizienten, deren Werte nur bei der Modellnachführung bekannt werden;

$m_{NH_3}(t) = m_{NH_3}\big(C(t),\ \beta(t),\ U(t)\big)$ — die Abhängigkeit der im Reaktor pro Zeiteinheit gebildeten Ammoniakmenge (Produktivität des *ASR*) von den Stör- und Steuergrößen.

Gefordert:

Maximierung der in der Zeit T_{KAT} gebildeten Ammoniakmenge:

$$Q_0 = \max_{U} \int_0^{T_{KAT}} m_{NH_3}\big(C(t), \beta(t), U(t)\big)\, dt! \tag{8}$$

Die Produktivität des *ASR* m_{NH_3} stellt die Differenz zwischen Ammoniakdurchsatz am Reaktorausgang (NH_3-Konzentration Z und Moldurchsatz V_A) und Reaktoreingang (NH_3-Konzentration $Z_E = C_3$ und Moldurchsatz $V = C_2$) dar:

$$m_{NH_3} = V_A \cdot Z - V \cdot Z_E. \tag{9}$$

Unter Berücksichtigung der Stöchiometrie der Reaktion ergibt sich V_A als:

$$V_A = V\,\frac{1 + Z_E}{1 + Z}, \tag{10}$$

und Gleichung (9) erhält die Form

$$m_{NH_3} = V\,\frac{Z - Z_E}{1 + Z}. \tag{11}$$

Die Beziehung zwischen $C(t)$, $U(t)$, $\beta(t)$ und der Ausgangskonzentration Z ist durch die Gleichungen des vollständigen mathematischen Modells gegeben (Gleichungen (61) bis (65) in [193].*)

Die Lösung der soeben formulierten Aufgabe ist äußerst aufwendig. Sie enthält ein kompliziertes Problem der dynamischen Optimierung und erfordert die Anwendung des Maximumprinzips oder der Dynamischen Programmierung. Unter Beachtung des gewaltigen Rechenaufwandes [5, 153] für die Optimierung nur eines Übergangsprozesses (etwa 20 h auf dem Rechner „Rasdan 2" bei einem sehr vereinfachten Modell) erwies sich die Echtzeitoptimierung nach dem Kriterium (8) als nicht realisierbar auf dem Rechnersystem ICL 4100.

Es gelingt jedoch, eine Reihe einfacherer Steuerungsaufgaben zu formulieren, über die Zweckmäßigkeit deren Lösung durch Vergleich der jeweils zu erwartenden Effekte (Produktivitätssteigerung) geurteilt werden kann.

Der Übergang von der allgemeinen, praktisch nicht lösbaren, Aufgabe zu einfacheren typisierten Steuerungsaufgaben basiert auf:

a) der Trennung der Probleme der statischen Optimierung (Bestimmung optimaler Betriebsregime) von den Problemen der dynamischen Optimierung (Optimierung der Übergangsprozesse);
b) der Auswahl des Steuerungsverfahrens und der Systemstruktur auf der Basis einer gründlichen Analyse der inneren Objekteigenschaften und der vorhandenen technischen Möglichkeiten;
c) einer ausführlichen Untersuchung der Störgrößen, ihrer Typisierung, der Klassifizierung der äußeren Betriebsbedingungen in typische Produktionssituationen.

Der Übergang zu vereinfachten Teilaufgaben ist eine weit weitverbreitete Methode beim Entwurf industrieller Steuerungssysteme.

4.1. *Abschätzung der durch Steuerung ausnutzbaren Effektivitätsreserven*

In den Arbeiten [171, 196] wurde gezeigt, wie bei relativ allgemeinen Voraussetzungen über die Charakteristiken der Störgrößen (Stationärität im weiteren Sinne) und bei Kenntnis der mathematischen Beschreibung des Steuerungsobjektes der technologische Effekt abgeschätzt werden kann, der eintritt, wenn ein Steuerungssystem vorgegebener Struktur realisiert wird. Diese Methode der Effektivitätsabschätzung ist anwendbar für Prozesse, deren mathematisches Modell als Reihenschaltung eines statischen und eines dynamischen Gliedes dargestellt werden kann. Dabei wird vorausgesetzt, daß das statische Glied durch ein Polynom zweiten Grades approximiert

---

*) Das Analogon zum Kriterium (8) im Raum der Sollwerte $X_1 - X_2$ hat die Form:

$$Q_0 = \max_X \int_0^{T_{KAT}} m_{NH_3}(C(t), \beta(t), X(t))\, dt. \tag{8a}$$

werden kann und daß das dynamische Glied linear ist. Berücksichtigt werden folgende dynamische Eigenschaften des Steuerungssystems: zeitlich diskreter Charakter der Optimierung, Totzeiten bei der Messung der Störgrößen, dynamische Eigenschaften des Steuerungskanals. Die Grundidee des Algorithmus besteht darin, daß die mathematische Erwartung der Zielproduktverluste abgeschätzt wird, die durch nichtoptimale Steuerung entstehen. Für die Berechnung dieses Schätzwertes wird der zu bewertende Steueralgorithmus mit einem idealen Optimisator verglichen, der zu jedem Zeitpunkt einen optimalen Zustand des Steuerungsobjektes realisieren würde.

Die mathematische Erwartung der Differenz der Werte der zu optimierenden technologischen Größe bei idealer Optimierung und bei Betrieb des zu bewertenden Steueralgorithmus wird als Maß für die Effektivität des Steuerungsystems dargestellt.

Vergleicht man nach dieser Methodik den idealen Optimisator und das konventionelle Regelsystem (Stabilisierung der Temperatur an einem Punkt der Katalysatorkapsel, keine Bestimmung optimaler Sollwerte), so erhält man eine (optimistische) Abschätzung der durch verbesserte Steuerung ausnutzbaren Systemreserven.

Unter Verwendung der Ergebnisse der Prozeßanalyse (siehe auch Punkt 2.) wurde in [194] gezeigt, daß die durch optimale Steuerung maximal mögliche Produktivitätserhöhung des *ASR* 0,9% beträgt. In Anbetracht des großen Absolutwertes der Ammoniakproduktion ist das ein Wert, der die Zweckmäßigkeit der Ausarbeitung und Realisierung eines Steuerungssystems bestätigt.

4.2. *Formulierung der Aufgabe „Statische Optimierung“*

Unter Berücksichtigung der bisherigen Ausführungen kann die Steuerungsaufgabe „Statische Optimierung“ wie folgt formuliert werden:

Gegeben:

1. $\overset{\square}{C}(t)$ — die Vektorfunktion der zufälligen Störgrößen, deren Werte gemessen werden und deren statistische Charakteristiken teilweise bekannt sind;
2. $\beta(t)$ — die Vektorfunktion der in der Zeit veränderlichen Modellkoeffizienten, deren Werte bei der Modellnachführung bekannt werden;
3. Ein Regelsystem nach Abb. 6, das in der Statik die Einhaltung folgender Bedingungen garantiert:

$$X_1 = \bar{X}_1 \tag{12}$$

$$X_2 = \bar{X}_2 \quad \text{bei} \quad \Delta P(C,U) \leqq \Delta P_{\text{MAX}} \tag{13a}$$

oder

$$\Delta P = \Delta P_{MAX} \tag{13b}$$

für den Fall, daß $\bar{X}_2$ ohne Verletzung der Grenze für den Druckabfall nicht realisiert werden kann.

In (12) und (13) sind:

$\bar{X}_1, \bar{X}_2$ — die Sollwerte für das Temperaturregelsystem;
$\Delta P, \Delta P_{MAX}$ — der Druckabfall am Bypaßverteiler und sein maximal zulässiger Wert.

4. Die Abhängigkeit der Produktivität des *ASR* von den Störgrößen, vom Vektor der Modellkoeffizenten und vom Vektor der Zustandsmaße:

$$m_{NH_3} = m_{NH_3}(C, \beta, X) \tag{14}$$

Dabei wird m_{NH_3} mit Gleichung (11) berechnet, während die Abhängigkeit der NH_3-Austrittskonzentration Z von C, β, X durch die Gleichungen des statischen Modells des Temperaturregelsystems gegeben ist (s. 5. Abschnitt in [193]).*)

5. Die Nebenbedingungen für Ausgangs- und Steuergrößen:

$$T(l_1) = T(l_1, C, \beta, U) \leqq T_{MAX} \tag{15}$$

$$\Delta P = \Delta P(C, U) \leqq \Delta P_{MAX} \tag{16}$$

$$0 \leqq U_1 \leqq U_{1,MAX} \tag{17}$$

$$0 \leqq U_2 \leqq U_{2,MAX} \tag{18}$$

$$U_1 + U_2 \leqq 1 \tag{19}$$

Hier ist $T(l_1)$ die Temperatur in der Reaktionszone des *ASR* an einem Punkt mit einem Abstand von l_1 von der oberen Katalysatorschüttung.

Gefordert:

Maximierung der Produktivität des *ASR*

$$Q_1 = \max_X m_{NH_3}(C, \beta, X)! \tag{20}$$

bei Einhaltung der Nebenbedingungen (15) bis (19). Da entsprechend Gleichung (11) für die hier praktisch möglichen Ammoniakkonzentrationen

*) Sollen anstelle der Zustandsmaße X die Steuergrößen U verwendet werden, dann ist die Abhängigkeit

$$m_{NH_3} = m_{NH_3}(C, \beta, U) \tag{14a}$$

durch die Gleichungen des statischen Reaktormodells gegeben.

($Z < 0{,}25$) die Maximierung von m_{NH_3} einer Maximierung der Ammoniakaustrittskonzentration entspricht, kann anstelle von (20) auch die Maximierung von Z gefordert werden:

$$Q_2 = \max_X \; Z(C, \beta, X)! \qquad (21)$$

Es ist also für gegebene C und β jeweils der Vektor der Zustandsmaße X zu bestimmen, der bei Einhaltung der Nebenbedingungen (15) bis (19) eine maximale Ammoniakaustrittskonzentration Z garantiert.

Diese Formulierung der Aufgabe „Statische Optimierung" erfordert die Bestimmung der optimalen Zustandsmaße bei beliebigen Störgrößenwerten, d. h. in jeder der drei typischen Produktionssituationen (siehe Abschnitt 2.). Das führt zu erheblichen Schwierigkeiten bei der praktischen Realisierung, da der große Wertebereich der Störgrößen die Verwendung eines komplizierten, im gesamten Wertebereich der Störgrößen adäquaten Modells erfordert. Eine wesentliche Vereinfachung der Aufgabe kann erreicht werden, wenn optimale Sollwerte nur in der 1. und 2. Produktionssituation (die zusammen in über 90% der Betriebszeit wirken) bestimmt werden, da der in diesem Fall erheblich eingeschränkte Wertebereich der Störgrößen die Verwendung vereinfachter Modelle gestattet.

4.3. *Formulierung der Aufgabe „Bestimmung der Gewichtskoeffizienten"*

Erfolgt die Auswahl der Gewichtskoeffizienten (Elemente der Matrix G zur Formierung der Zustandsmaße) ohne Berücksichtigung des dynamischen Verhaltens (d. h. unter Ausnutzung der im Abschnitt 2. festgestellten Quasistationärität der Störgrößen im Vergleich zu den dynamischen Eigenschaften des *ASR*) und unter der Voraussetzung, daß die statische Optimierung des Temperaturregimes in Betrieb ist, kann die Aufgabe „Bestimmung der Gewichtskoeffizienten" wie folgt formuliert werden:

Vorgegeben:

1. Punkte 1., 2. und 3. von Abschnitt 4.2.;
2. Der Algorithmus der statischen Optimierung, der zu diskreten Zeitpunkten neue Sollwerte für das Temperaturregelsystem bestimmt. Dabei sind aus verschiedenen Gründen Differenzen zwischen den optimalen Werten $\overset{*}{X}$ und den durch den Algorithmus bestimmten $\bar{X}$ unvermeidbar. Die Kovarianzmatrix der Differenz $\overset{*}{X} - \bar{X}$ kann auf der Grundlage der statistischen Eigenschaften der Störgrößen und der dynamischen Eigenschaften des Steuerungsalgorithmus abgeschätzt werden.

3. Die Abhängigkeiten zwischen den stationären Werten der Eingangs- und Ausgangsgrößen des Temperaturregelsystems:

$$T_j = T_j(C, \beta, \bar{X}, G), \quad j = 1, 2, \ldots, N \tag{22}$$

$$Z = Z(C, \beta, \bar{X}, G) \tag{23}$$

$$\Delta P = \Delta P(C, \bar{X}, G) \tag{24}$$

Hier ist G die Matrix für die Zustandsschätzung, d. h. für die Formierung der Zustandsmaße

$$G^T = \begin{pmatrix} G_{1,1}, G_{2,1}, \ldots, G_{N,1} \\ G_{1,2}, G_{2,2}, \ldots, G_{N,2} \end{pmatrix}.$$

Die Abhängigkeiten (22), (23) und (24) existieren nicht in expliziter Form. Sie können jedoch punktweise durch Lösung der Gleichungen des statischen Modells des Temperaturregelsystems simuliert werden (Vergleiche Abschnitt 5. in [193]).

Zu diesem Zwecke kann das Programm SIMSTA verwendet werden.

4. Nebenbedingungen für Steuer- und Ausgangsgrößen wie im Punkt 5. des Abschnittes 4.2.
5. Nebenbedingungen für die Gewichtsmatrix G, die aus der Forderung nach der Eindeutigkeit des Zusammenhanges zwischen Steuergrößen U, Temperaturprofil T_j und den Zustandsmaßen X und aus der Forderung nach der Bestimmtheit des Zustandes des zweidimensionalen Temperaturregelsystems folgen. Diese Nebenbedingungen werden im Abschnitt 6.2.2. erläutert.

Gefordert:

Durch entsprechende Auswahl von G ist die mathematische Erwartung der Ammoniakaustrittskonzentration unter Berücksichtigung der Nebenbedingungen der Punkte 4. und 5. zu maximieren:

$$Q_3 = \max_G \{E(Z(C, X, G))\}! \tag{25}$$

Es gelingt nicht, unmittelbar aus dem Kriterium (25) einen realisierbaren Algorithmus zur Bestimmung der Matrix G abzuleiten. Deshalb wird das Kriterium (25) umgeformt:

Als optimale Austrittskonzentration $\overset{*}{Z}(C, \overset{*}{X})$ wird der bei gegebenem Störgrößenvektor C maximal erreichbare Wert von Z bezeichnet. Wenn der Vektor C und der Fehler bei der Sollwertbestimmung

$$\Delta X = \overset{*}{X} - \bar{X} \tag{26}$$

gegeben sind, hängt die Differenz zwischen optimaler und tatsächlicher Austrittskonzentration

$$\Delta Z = \overset{*}{Z}(C, \overset{*}{X}) - Z(C, \overline{X}, G) \tag{27}$$

von der Matrix G ab und kann nicht kleiner Null werden.

Deshalb ist das Kriterium

$$Q_4 = \min_G E\{\overset{*}{Z}(C, \overset{*}{X}) - Z(C, \overline{X}, G)\}! \tag{28}$$

äquivalent dem Kriterium (25).

Es ist also gefordert, die Gewichtsmatrix G so auszuwählen, daß die Ammoniakverluste minimiert werden, die infolge der nicht exakten Übereinstimmung zwischen tatsächlichem, durch das Steuerungssystem realisierten, Sollwertvektor $\overline{X}$ und dem optimalen Vektor $\overset{*}{X}$ entstehen.

Wie im weiteren gezeigt wird, ist die Aufgabe (28) auf Grundlage der vorhandenen mathematischen Modelle, Standardprogramme und Rechentechnik lösbar.

Zunächst wird jedoch die statische Optimierung der Temperaturregime des *ASR* behandelt.

5. Statische Optimierung (Bestimmung optimaler Sollwerte für das Temperaturregelsystem)

Zur Vereinfachung der weiteren Darlegungen werden zunächst einige Definitionen konkretisiert und ergänzt.

1. Als optimale NH_3-Ausgangskonzentration $\overset{*}{Z}$ wird die am betrachteten Reaktor im stationären Regime maximal erreichbare NH_3-Konzentration bezeichnet, wobei am Reaktoreingang der konstante Störgrößenvektor C wirkt und der Zustand des Katalysators durch den Vektor β charakterisiert wird.
2. Als optimales Temperaturprofil $\overset{*}{T}(l_1)$ wird das am betrachteten Reaktor realisierbare stationäre Temperaturprofil bezeichnet, dem bei den gleichen Bedingungen wie unter 1. die optimale NH_3-Ausgangskonzentration entspricht.
3. Als optimaler Steuervektor $\overset{*}{U}$ wird der Vektor der relativen Bypaßdurchsätze bezeichnet, der bei den gleichen Bedingungen wie unter 1. zur Einstellung des optimalen Temperaturprofils und der optimalen NH_3-Ausgangskonzentration führt.

Es sei bemerkt, daß sich die hier wiedergegebene Definition von der R. ARIS' [2] unterscheidet, der als optimal das, ohne Berücksichtigung der Realisierungsmöglichkeit berechnete, die Austrittskonzentration maximierende, Profil bezeichnet. Hier wird von der Definition R. ARIS' abgewichen, weil es bei der Steuerung bereits in Betrieb befindlicher Reaktoren notwendig ist, die konkreten Möglichkeiten für die Realisierung eines vorgegebenen Temperaturprofils zu berücksichtigen, die in hohem Maße von der Geometrie des Apparates abhängen. Der innere Gegenstromwärmetausch und die Art der Steuergrößen in Form von Kaltgasbypässen am oberen und unteren Ende der Katalysatorkapsel bedingen einen bestimmten Charakter des Temperaturprofiles. Durch entsprechende Einstellung der Bypaßdurchsätze kann das reale Temperaturprofil mehr oder weniger an das im Sinne von ARIS optimale angenähert werden.

4. Als optimaler Vektor der Zustandsmaße $\overset{*}{X}$ wird der auf Basis des optimalen Temperaturprofiles $\overset{*}{T}_j$ nach Formel (1) berechnete Vektor bezeichnet.
5. Als optimaler Sollwertvektor des Temperaturregelsystems wird ein Vektor bezeichnet, der bei den gleichen Bedingungen wie unter 1. dem optimalen Vektor der Zustandsmaße gleich ist:

$$\bar{X} = \overset{*}{X}. \tag{29}$$

Bei der Lösung der Aufgabe „Statische Optimierung" nach Kriterium (21) mußte zwischen prinzipiell unterschiedlichen Möglichkeiten zur Bestimmung der optimalen Sollwerte gewählt werden:

a) **Experimentelle Bestimmung der optimalen Sollwerte (Optimierung unmittelbar am Objekt);**
b) **Bestimmung der optimalen Sollwerte mit Hilfe des mathematischen Modells.**

Obwohl die Gegenüberstellung des experimentellen und des „Modell"-Zugang nicht Gegenstand dieser Arbeit ist, soll kurz erläutert werden, warum für die praktische Realisierung der Modellzugang ausgewählt wurde. Die experimentelle Bestimmung der optimalen Sollwerte setzt die Möglichkeit einer genauen und zuverlässigen direkten Messung oder indirekten Bestimmung des Zielfunktionswertes voraus, d. h. in gegebenem Fall der Ammoniakaustrittskonzentration. An der zu steuernden Anlage bestand diese Möglichkeit nicht. Da im *ASR* nur eine chemische Reaktion abläuft, könnte man jedoch den Umsetzungsgrad des Wasserstoff-Stickstoff-Gemisches zu Ammoniak an Hand der Gesamtaufheizung des Gasgemisches im Reaktorblock abschätzen, die sich relativ sicher messen läßt. In den Patenten [158, 180] wird gezeigt, wie ein derartiges System für *ASR* aussehen könnte.

Weiterhin scheint es möglich zu sein, für die experimentelle Optimierung der Arbeitsregime industrieller *ASR* ein Forschungsergebnis von W. I.

MUKOSEJ auszunutzen, der in seiner Arbeit [53] feststellte, daß im Optimum gilt:

$$\frac{\partial T_K}{\partial T_T} = 1. \tag{30}$$

Hier sind T_K und T_T die Gastemperaturen am Eingang in die Katalysatorkapselkühlrohre und am Ausgang aus der Reaktionszone. Das Ergebnis von MUKOSEJ bezieht sich zunächst nur auf Reaktoren ohne Kaltgaseinspeisung, d. h. ohne oberen Bypaß mit doppelten Kühlrohren. Ob und wie es für den hier betrachteten und für andere Reaktortypen anzuwenden ist, bedarf weiterer Untersuchungen. Die Anwendung dieses Vorschlages wäre vorteilhaft, weil es bei Messung der Verstärkungskoeffizienten $\partial T_K/\partial T_T$ möglich wäre, die optimalen Regime ohne Suchschrittverfahren einzustellen, da ja der Wert $\partial T_K/\partial T_T$ im optimalen Regime bekannt (= 1) ist und die Abhängigkeit $\partial T_K/\partial T_T$ von T_T monotonen Charakter hat.

Trotz der potentiellen Möglichkeiten der experimentellen Bestimmung optimaler Sollwerte wurde der Modellzugang ausgewählt, in erster Linie deshalb, weil die Zeit für die Suche der optimalen Sollwerte bei einem relativ trägen Objekt, wie es der NH_3-Reaktor darstellt, so groß wird, daß das Reagieren auf einen Großteil der Störungen praktisch unmöglich wird. Es muß jedoch bemerkt werden, daß die letzte Aussage nur für die konkrete NH_3-Anlage gilt, in der viele Störungen eine Folge der Verwendung von Überschuß- und Restgasen aus der primären Erdölverarbeitung als Rohstoff sind. Für andere Anlagen, die z. B. Erdgas konstanter Zusammensetzung als Rohstoff verwenden, können die Relationen zwischen Spektralcharakteristiken der Störgrößen und Trägheit des Objektes günstiger für eine experimentelle Bestimmung optimaler Sollwerte sein.

Der Hauptvorteil des Modellzuganges besteht in der Möglichkeit der faktisch augenblicklichen Bestimmung der optimalen Sollwerte mit Hilfe des Prozeßrechners, so daß keine Verluste durch Probeschritte am Objekt entstehen.

5.1. *Endgültige Formulierung der Aufgabe „Statische Optimierung"*

Wie schon am Ende des Abschnittes 4.2. ausgeführt wurde, können durch Realisierung der statischen Optimierung in der 1. und 2. Produktionssituation in über 90% (91,6%) der Betriebszeit des *ASR* optimale Sollwerte des Temperaturreglers bestimmt werden. Die endgültige mathematische Aufstellung für statische Optimierung hat damit folgende Form:

Gegeben:

1. $C^{I,II}(t)$ — die Vektorfunktion der zufälligen Störgrößen in der 1. und 2. typischen Produktionssituation. Die Werte $C^{(I,II)}$ sind meßbar, ihre statistischen Charakteristiken sind bekannt;
2. Punkte 2., 3., 4., 5. von Abschnitt 4.2.

Gefordert:

Maximierung der Ammoniakaustrittskonzentration durch Bestimmung der für den jeweils wirkenden Störgrößenvektor C und für den durch den Vektor β charakterisierten Katalysatorzustand optimalen Sollwerte des Temperaturregelsystems:

$$Q_2 = \max_{\overline{X}} Z(C, \beta, \overline{X})!$$

5.2. *Auswahl der Lösungsmethode*

Für die in Abb. 6 dargestellte allgemeine Systemstruktur wurde der Algorithmus für den eigentlichen Optimierungsteil nach Vergleich folgender Varianten ausgewählt:

1. Suche der optimalen Sollwerte am vollständigen statischen Modell des *ASR* während des Echtzeitbetriebes;
2. Verwendung eines einfachen lokalen Modelles, für das die optimalen Sollwerte analytisch bestimmt werden können;
3. Im voraus (vor der Nutzung im Echtzeitbetrieb) durchgeführte Optimierung (Voroptimierung) mit Hilfe des vollständigen statischen *ASR*-Modells und Approximation der Abhängigkeit der optimalen Sollwerte von den Störgrößen, so daß im Echtzeitbetrieb nur die Werte der approximierenden Funktionen für den aktuellen Störfaktor berechnet werden [105].

Die Auswahl der zu realisierenden Variante wird nicht nur durch ihre Vor- und Nachteile bestimmt, sondern in hohem Maße auch durch die praktischen Erfahrungen, die bei der Arbeit mit dem ICL-Rechner-System gesammelt wurden, durch das vorhandene Kaderpotential, durch den zur Verfügung stehenden Rechenzeitfonds auf den Rechnern ICL 4120 und 4130*) (unter Berücksichtigung der anderen, ebenfalls auf diesen Rechnern zu realisierenden Steuerungsalgorithmen) und durch die vorhandene bzw. verfügbare Bibliothek an Standardprogrammen.

Die 2. Variante zeichnet sich dadurch aus, daß für ihre Realisierung die kleine Maschine ICL 4120 ausreichend ist. Jedoch müßten dabei relativ

*) Das Rechnersystem im PCK Schwedt besteht u. a. aus dem kleinen Prozeßrechner ICL 4120, der direkt mit dem technologischen Prozeß gekoppelt ist, und aus einem Rechner mittlerer Leistung ICL 4130. Beide Rechner sind durch einen Datenkanal gekoppelt. Die Zuverlässigkeit der kleinen Maschine ist wesentlich größer als die der mittleren. Im Echtzeitbetrieb sind auf der kleinen Maschine nur Festkommarechnungen möglich; ihre Programme müssen in der Assemblersprache NEAT geschrieben sein.

große Programme in Assemblersprache programmiert und in das Betriebssystem dieser Maschine eingebaut werden. Dazu kommt erschwerend die Notwendigkeit der Nachführung des lokalen Modells bei Störgrößenänderungen (wegen der Kleinheit des Störgrößenwertebereiches, in dem das lokale Modell den Prozeß adäquat widerspiegeln kann), während das vollständige statische ASR-Modell nur selten nachgeführt werden muß. Die fehlenden Erfahrungen bei der Anwendung adaptiver lokaler Modelle und die Überlastung der Programmierer für den Prozeßrechner ICL 4120 zwangen zum vorläufigen Verwerfen der Variante 2.

Die Optimierung nach der 1. Variante erfordert den geringsten zusätzlichen Programmieraufwand. Wegen der Kompliziertheit des vollständigen statischen *ASR*-Modells und der eigentlichen Optimierungsverfahren (Suchschrittverfahren) könnte diese Variante nur auf dem Rechner ICL 4130 realisiert werden, was jedoch wegen der geringen Zuverlässigkeit des ICL 4130 nicht wünschenswert ist. Außerdem würde die 1. Variante einen beträchtlichen Teil (etwa 10%) des gesamten Rechenzeitfonds dieser Maschine verbrauchen. Deshalb mußte auch diese Variante abgelehnt werden.

Es muß jedoch bemerkt werden, daß bei niedrigfrequenten Störgrößenschwankungen (z. B. bei Erdgas-Ammoniakanlagen) die Optimierungsfrequenz verringert werden kann, wodurch die 1. Variante zur aussichtsreichsten für die Realisierung werden könnte.

Die 3. Variante erfordert zwar für die Voroptimierung ebenfalls erheblichen Rechenaufwand auf dem ICL 4130, jedoch fällt dieser jeweils nur einmal nach jeder Modellnachführung an. Die Hauptvorteile der für die Realisierung ausgwählten 3. Variante sind einerseits der geringe Umfang der im Echtzeitbetrieb auszuführenden Berechnungen und andererseits die Unabhängigkeit der Bestimmung der optimalen Sollwerte im Echtzeitbetrieb von dem weniger zuverlässigen ICL 4130.

5.3. *Statische Optimierung mit Voroptimierung*

Der Algorithmus der statischen Optimierung des *ASR* mit Voroptimierung löst folgende grundlegende Aufgaben:

- Messung des Störgrößenvektors;
- Berechnung optimaler Sollwerte nach den Approximationsfunktionen;
- Bestimmung (mit Hilfe eines Suchschrittverfahrens) der optimalen Sollwerte für die Punkte eines Versuchsplanes im Raum der Störgrößen;
- Approximation der Abhängigkeit der optimalen Sollwerte von den Werten der Störgrößen (auf Grundlage der Optimierungsergebnisse für die Versuchsplanpunkte);
- Nachführung der Koeffizienten des statischen *ASR*-Modells.

Im weiteren werden die wichtigsten Probleme bei der Lösung obiger Teilaufgaben behandelt.

5.3.1. „*Numerische*“ *Experimente zur Gewinnung der Abhängigkeit der optimalen Sollwerte von den Störgrößen*

Die Abhängigkeit der optimalen Sollwerte von den Werten der Störgrößen kann analytisch nicht gewonnen werden, jedoch ist es mit Hilfe von Verfahren der nichtlinearen Optimierung (Suchschrittverfahren) möglich, für bestimmte konkrete Werte der Störgrößen die optimalen Sollwerte zu ermitteln. Führt man das für eine ganze Reihe von Störgrößenvektoren durch, wobei die einzelnen Vektoren zweckmäßigerweise durch einen Versuchsplan ausgewählt werden, erhält man schließlich das Ausgangsmaterial für die Approximation der obengenannten Abhängigkeit.

Auswahl der Struktur der Approximationsfunktion, Approximation und Planung der „numerischen“ Experimente stehen in engem Zusammenhang. Im vorliegenden Fall wurde eine einfache Struktur, nämlich ein vollständiges quadratisches Polynom, ausgewählt, das sich in vielen praktischen Aufgaben als anwendbar erwies [54]:

$$\begin{aligned}\bar{X}_r = {} & \psi_{0,r} + \psi_{1,r}C_1 + \psi_{2,r}C_2 + \psi_{3,r}C_3 + \psi_{4,r}C_4 + \psi_{5,r}C_5 \\ & + \psi_{6,r}C_1^2 + \psi_{7,r}C_1C_2 + \psi_{8,r}C_1C_3 + \psi_{9,r}C_1C_4 + \psi_{10,r}C_1C_5 \\ & + \psi_{11,r}C_2^2 + \psi_{12,r}C_2C_3 + \psi_{13,r}C_2C_4 + \psi_{14,r}C_2C_5 + \psi_{15,r}C_3^2 \\ & + \psi_{16,r}C_3C_4 + \psi_{17,r}C_3C_5 + \psi_{18,r}C_4^2 + \psi_{19,r}C_4C_5 + \psi_{20,r}C_5^2, \\ & r = 1, 2 \end{aligned} \tag{31}$$

Wie unten gezeigt wird, garantiert eine solche Funktion eine ausreichende Genauigkeit der Approximation der untersuchten Abhängigkeit.

Für Funktionen vom Typ (31) existieren bereits erprobte Versuchspläne. Als Kriterium bei der Bestimmung der Koeffizienten von (31) wird das Minimum der Fehlerquadratsumme verwendet:

$$Q_{5,r} = \min_{\Psi_r} \sum_{i=1}^{M_A} [\overset{*}{X}_r(C^{(i)}) - \bar{X}_r(C^{(i)}, \Psi_r)]^2! \qquad r = 1, 2 \tag{32}$$

Hier sind:

M_A — die Anzahl der „numerischen“ Versuchspunkte, die für die Approximation verwendet werden;

$\overset{*}{X}_r(C^{(i)})$ — der optimale Sollwert für den Versuchspunkt (Störvektor) $C^{(i)}$;

$\bar{X}_r(C^{(i)}, \Psi_r)$ — der Wert der Approximationsfunktion für den Versuchspunkt $C^{(i)}$.

Es sei darauf hingewiesen, daß anstelle von (32) auch eine Reihe anderer Kriterien verwendet werden könnte, z. B. das Minimum der maximalen Abweichung

$$\left|\overset{*}{X}_r(C^{(i)}) - \bar{X}_r(C^{(i)}, \psi_r)\right| \qquad r = 1, 2$$

die jedoch aufwendigere Berechnungen erfordern würden, ohne eine eindeutigere Kopplung zwischen dem Kriterium für die Approximation der Abhängigkeit $\overset{*}{X}(C)$ und dem Steuerungsziel, der Maximierung der Ammoniakausgangskonzentration, zu garantieren.

Für die Bestimmung der Koeffizientenmatrix wird ein Standardprogramm für die Regressionsanalyse verwendet [102].

Bei der Auswahl der Punkte, auf deren Grundlage das Approximationspolynom ermittelt wird, ist es notwendig, das gesamte Gebiet im Raum der Störgrößen zu erfassen, in dem das Polynom zur Sollwertberechnung verwendet werden soll. Entsprechend der Aufgabenstellung im Abschnitt 5.1. sind das die Störgrößenwerte in der 1. und der 2. typischen Produktionssituation. An Hand der in Tab. 2 aufgeführten Dispersionen der einzelnen Störgrößen wird der Wertebereich festgelegt. Dabei wird vorausgesetzt, daß eine Approximation innerhalb des rechteckigen Gebietes ausreichend ist, wenn dessen Seitenlängen jeweils $6\sigma_i$ groß sind (σ_i — mittlere quadratische Abweichung der i-ten Störgröße):

$$(C_i^{(0)} - 3\sigma_i) \leqq C_i \leqq (C_i^{(0)} + 3\sigma_i) \qquad i = 1, 2, \ldots, 5 \tag{33}$$

Hier ist $C_i^{(0)}$ der nominelle Wert der i-ten Störgröße. Durch die Lineartransformation

$$\overline{C}_i = \frac{C_i - C_i^{(0)}}{3\sigma_i}, \qquad i = 1, 2, \ldots, 5 \tag{34}$$

ergibt sich ein Hyperwürfel im Raum der Variablen $\overline{C}_i$ mit einer Kantenlänge von 2. Für solche Würfel existiert eine große Anzahl von Plänen für die optimale Anordnung der Versuchspunkte [54, 20, 185]. In der Arbeit von P. F. Andrukowitsch, T. I. Golikow und S. P. Kostin [175] wird der Plan K_{i_n} als der Versuchsplan vorgestellt, der bei fünf Unabhängigen die größte Genauigkeit der Koeffizienten von Polynomen zweiter Ordnung garantiert.

Da die Anzahl seiner Versuchspunkte ($M_A = 52$) im gegebenen Fall nicht zu hoch ist, werden die Punkte der „numerischen" Experimente auf der Grundlage dieses Planes ausgewählt.

5.3.2. *Bestimmung optimaler Sollwerte für die Temperaturregler*

In Übereinstimmung mit der vorgeschlagenen Methodik ist es erforderlich, für die bei der Versuchsplanung ausgewählten Störgrößenvektoren optimale Sollwerte für das Temperaturregelsystem zu bestimmen. Dabei sind die Modellkoeffizienten vorgegeben. Die mathematische Formulierung dieser Aufgabe hat folgendes Aussehen:

Vorgegeben:

1. $C^{(i)}$ — der Störgrößenvektor, $i = 1, 2, \ldots, M_A$;
2. β — der Vektor der Modellkoeffizienten;
3. Punkt 3. aus Abschnitt 4.2.;
4. die Abhängigkeit der NH_3-Austrittskonzentration von den Störgrößen- und Modellkoeffizientenvektoren sowie vom Sollwertvektor

$$Z = Z(C, \beta, X) \tag{35}$$

in Form des Algorithmus für die Lösung der Gleichungen des statischen Modells des Temperaturregelsystems;

5. die Abhängigkeiten des Temperaturprofiles und der Ammoniakaustrittskonzentration von den Störgrößen- und Modellkoeffizientenvektoren sowie vom Steuergrößenvektor

$$T_j = T_j(C, \beta, U), \qquad j = 1, 2, \ldots, N \tag{36}$$

$$Z = Z(C, \beta, U) \tag{37}$$

in Form des Algorithmus zur Lösung der Gleichung des statischen *ASR*-Modells;

6. die Nebenbedingungen für die Steuer- und Ausgangsgrößen wie im Punkt 5. im Abschnitt 4.2., die in allgemeiner Form wie folgt niedergeschrieben werden können:

$$V(C, \beta, U) \leqq 0. \tag{38}$$

Dabei ist V eine Vektorfunktion mit den Komponenten:

$$V_1 = \max_{l_1} T(l_1, C, \beta, U) - T_{\mathrm{MAX}} \tag{38.1}$$

$$V_2 = \Delta P - \Delta P_{\mathrm{MAX}} \tag{38.2}$$

$$V_3 = -U_1 \tag{38.3}$$

$$V_4 = -U_2 \tag{38.4}$$

$$V_5 = U_1 - U_{1,\mathrm{MAX}} \tag{38.5}$$

$$V_6 = U_2 - U_{2,\mathrm{MAX}} \tag{38.6}$$

$$V_7 = U_1 + U_2 - 1. \tag{38.7}$$

Gefordert:

Bestimmung der optimalen Sollwertvektoren $\overset{*}{X}{}^{(i)}$ für die Störgrößenvektoren $C^{(i)}$ bei Einhaltung der Nebenbedingungen (38):

$$Q_6{}^{(i)} = \max_{X^{(i)}} Z(C^{(i)}, \beta, X^{(i)})\,! \tag{39}$$

Die Matrix G zur Bestimmung der Zustandsmaße X nach Formel (1) als bekannt vorausgesetzt, wird das Kriterium (39) auch erfüllt, wenn das optimale Temperaturregime durch die Steuergrößen U bestimmt wird:

$$Q_7^{(i)} = \max_{U^{(i)}} Z(C^{(i)}, \beta, U^{(i)})! \tag{40}$$

Lösung:

Die Aufgabe wird mit Hilfe eines der Standardverfahren für nichtlineare Optimierung gelöst. Es wird das Verfahren nach Powell [97] verwendet, das sich im Vergleich zu anderen Optimierungsverfahren durch hohe Konvergenzgeschwindigkeit auszeichnet. Die beiden Kriterien Q_6 und Q_7 bestimmen zwei Lösungswege für die Aufgabe:

1. Die Bestimmung der optimalen Regime im Raum der Sollwerte X und
2. die Bestimmung der optimalen Regime im Raum der Steuergrößen U.

5.3.2.1. *Optimierung im Raum der Sollwerte*

Entsprechend Kriterium Q_6 wird als Zielfunktion die sich am Reaktoraustritt einstellende NH_3-Konzentration verwendet, wenn das Temperaturregime durch das im Abschnitt 3. vorgestellte Regelsystem stabilisiert wird und am Reaktoreingang der Störgrößenvektor $C^{(i)}$ wirkt.

In [193] wurde gezeigt, daß die Modellierung der Statik des Temperaturregelsystems auf eine simultane Lösung der Gleichungen des statischen *ASR*-Modells und der Reglergleichungen hinausläuft und letzten Endes zur Lösung eines Systems nichtlinearer Gleichungen, d. h. zu einer iterativen Prozedur führt. Die durchgeführten Berechnungen zeigten, daß im Mittel fünf Iterationsschritte, d. h. auch fünf Durchrechnungen des statischen *ASR*-Modells, für die Berechnung eines Wertes $Z^{(i)}(C^{(i)}, \beta, X^{(i)})$ notwendig sind. Die Durchrechnung des statischen Modells des Temperaturregelsystems ist also relativ rechenzeitintensiv (etwa 40 s Maschinenzeit des ICL 4130 für einen Wert).

Erleichtert wird das Aufsuchen der optimalen Regime im Raum der Sollwerte durch die einfache Form des Gütegebirges $Z(C, X)$ (siehe auch Abschnitt 2. und Abb. 4).

5.3.2.2. *Optimierung im Raum der Steuergrößen*

Bei Verwendung des Kriteriums Q_7 erfordert die Berechnung des Zielfunktionswertes nur eine Lösung der Gleichungen des statischen *ASR*-Modells (etwa 8 s Maschinenzeit des ICL 4130). Die Berechnung der zu einem bestimmten Wert $Z(C^{(i)}, \beta, U^{(i)})$ gehörigen Zustandsmaße stellt keine

Schwierigkeit dar, da ja bei der Lösung der Modellgleichungen neben der Austrittskonzentration Z auch das Temperaturprofil T_j, $j = 1, 2, \ldots, N$ berechnet wird, und damit können nach Formel (1) sehr leicht die Werte der Zustandsmaße berechnet werden.

Problematisch ist bei Verwendung des Kriteriums Q_7 die komplizierte Form des Gütegebirges (Abb. 3), die dazu führt, daß ein Teil des Rechenzeitgewinnes durch schnellere Zielfunktionswertberechnung wieder verlorengeht, weil mehr Zielfunktionswerte für das Auffinden des Optimums benötigt werden. Da trotzdem für jede Optimierung eine Rechenzeiteinsparung von etwa 50% auftritt, wird für die praktische Realisierung das Kriterium Q_7, d. h. die Suche der optimalen Regime im Raum der Steuergrößen U ausgewählt.

5.3.2.3. *Berücksichtigung der Nebenbedingungen*

Bekanntlich gestatten es die meisten Verfahren der nichtlinearen Optimierung nicht, Nebenbedingungen für die Ausgangsgrößen (Abhängigen) direkt zu berücksichtigen [92]. Einige Verfahren, darunter auch das nach Powell, haben außerdem keine Möglichkeiten für die direkte Berücksichtigung von Nebenbedingungen für die Steuergrößen (Unabhängigen). Trotzdem können diese Methoden für Aufgaben mit Nebenbedingungen angewendet werden, indem die Zielfunktion so modifiziert wird, daß sich Verletzungen der Nebenbedingungen als Verschlechterung des Zielfunktionswertes auswirken. Derartige Modifikationen der Zielfunktion werden als Straffunktionsmethode oder als Übergang zum verallgemeinerten Kriterium [37] bezeichnet.

Für die modifizierte Zielfunktion wird dann die übliche Aufgabe der Bestimmung des unbedingten (freien) Optimums gelöst. Im allgemeinen Fall hat die Zielfunktionsmodifikation folgende Form:

$$Z_M = Z - \sum_{j=1}^{N_0} S_j \tag{41}$$

$$S_j = \begin{cases} 0 & \text{für } V_j \leqq 0 \\ a_{v,j} \cdot V_j^2 & \text{für } V_j \geqq 0 \end{cases} \tag{42}$$

Hier sind:

Z_M — die modifizierte Zielfunktion;
N_0 — die Anzahl der Nebenbedingungen;
V_j — die j-te Komponente der Nebenbedingungsvektorfunktion;
$a_{v,j}$ — ein Gewichtskoeffizient für die j-te Nebenbedingung.

Die Zielfunktionsmodifikation verkompliziert die Form des Gütegebirges durch Hinzufügen von „einseitigen" Gräben (siehe Abb. 7). Dabei hängt die Steilheit der Grabenhänge und damit auch die Schwierigkeit bei der Optimumsuche von den Werten der Koeffizienten $a_{v,j}$ ab. Im Interesse einer schnellen Konvergenz der Optimierungsprozedur zum Maximum (oder Minimum) sind kleine Werte für $a_{v,j}$ günstig, während große Werte für eine genaue Einhaltung der Nebenbedingungen erforderlich wären. Ein

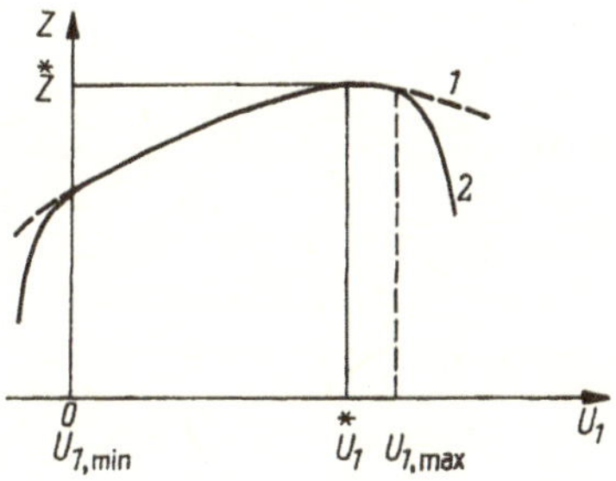

Abb. 7. Abhängigkeit des Zielfunktionswertes Z von U_1 ohne (1) und mit (2) Berücksichtigung der Nebenbedingungen für U_1

Kompromiß zwischen diesen widersprüchlichen Forderungen kann durch Analyse des physikalischen Hintergrundes der Aufgabe gefunden werden. So hat es z. B. keinen Zweck, bei der Optimierung die Nebenbedingungen genauer einzuhalten, als die entsprechenden Werte am Objekt gemessen oder eingestellt werden können.

Die Untersuchungen am statischen Reaktormodell zeigten, daß in der Nähe des Optimums die Begrenzungen V_1, V_5, V_6, V_7 immer erfüllt werden, deshalb erweist es sich als ausreichend, nur die Gewichtskoeffizienten für V_2, V_3 und V_4 auszuwählen. Im betrachteten Fall werden folgende Werte verwendet:

$$a_{v,2} = 10; \qquad a_{v,3} = 200; \qquad a_{v,4} = 200.$$

5.3.2.4. Das Problem der Autothermie bei der statischen Optimierung

Das Kriterium Q_6 enthält implizit eine weitere Nebenbedingung in Form des Gebietes realisierbarer (autothermer) Regime.

Die Verletzung dieser Nebenbedingung führt zum „Verlöschen" des Prozesses, die Ammoniakkonzentration am Reaktorausgang wird gleich der am Eingang. Im Abschnitt 2. wurde darauf hingewiesen, daß das Randwertproblem für die Differentialgleichungen des statischen *ASR*-Modells im Falle der Verletzung der Autothermie des Prozesses keine Lösung besitzt. Da die Grenzen des Gebietes mit autothermen Regimen nicht für alle möglichen Störgrößenvektoren explizit vorgegeben werden können, ist im Verlaufe der Optimierung durchaus möglich, daß die Grenze bei einem oder bei dem anderen Suchschritt verletzt wird. Um das Auffinden des Optimums ausreichend effektiv zu gestalten, ist es wünschenswert, ein Maß für die Größe der Grenzverletzung zu haben. Ein solches Maß wurde bei der Analyse der Abhängigkeit der Verletzung ΔT der Randbedingung für die Gleichungen des statischen ASR-Modells von dem vorzugebenden Anfangswert T_T

$$\Delta T = \Delta T\big(T_T(0)\big) \tag{43}$$

gefunden (siehe auch [194, § 2.4 und 3.4.1]. Im Falle einer Grenzverletzung existiert kein Schnittpunkt zwischen der Kurve $\Delta T\big(T_T(0)\big)$ und der Achse $\Delta T = 0$ und der kleinste Abstand ΔT_{MIN} zwischen beiden kann als Maß für die Verletzung der Autothermiebedingungen verwendet werden. Auf dieser Grundlage wurde eine zusätzliche Nebenbedingung V_8 formuliert

$$V_8 = V_8(C, \beta, T) = \Delta T_{MIN}(C, \beta, U) \leqq 0, \tag{38.8}$$

die bei der Optimierung durch folgende Straffunktion berücksichtigt wird:

$$S_8 = \begin{cases} 0 & \text{für } \Delta T_{MIN} \leqq 0 \\ 0{,}01\ T_{MIN}^2 & \text{für } \Delta T_{MIN} > 0. \end{cases} \tag{44}$$

Die Wirkung der Straffunktion S_8 wird auf Abb. 8 demonstriert, auf dem die Abhängigkeit der modifizierten Zielfunktion Z_M von der Steuergröße U_1 gezeigt wird.

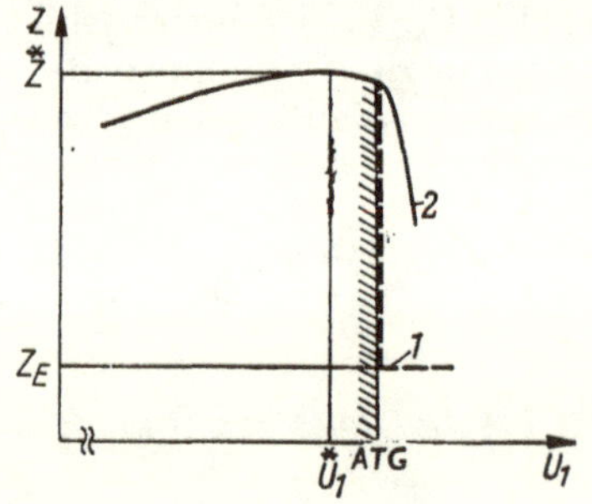

Abb. 8. Abhängigkeit des Zielfunktionswertes Z von einer Steuergröße in der Nähe der Autothermiegrenze (ATG) am realen Objekt (Kurve 1) und am mathematischen Mode llnach Einbau der entsprechenden Straffunktion (Kurve 2).

5.3.2.5. *Bestimmung der optimalen Steuergrößen mit Hilfe des Verfahrens nach Powell*

Der oben ausgewählten Variante entsprechend werden die optimalen Steuergrößen $\overset{*}{U}^{(i)}$ für jeden Punkt $C^{(i)}$ des Versuchsplanes bestimmt. Dazu wird das Standardprogramm NLOPT 2 [97] verwendet, das das gradientenfreie Optimierungsverfahren nach POWELL [197] realisiert.

Im Mittel sind etwa 70 Berechnungen des Wertes der modifizierten Zielfunktion (etwa 10 min Rechenzeit auf dem ICL 4130) notwendig, um einen optimalen Steuervektor $\overset{*}{U}^{(i)}$ zu bestimmen (bei einer vorgegebenen Genauigkeit von fünf Dezimalstellen).

Es muß bemerkt werden, daß die Verwendung eines relativ einfachen lokalen Optimierungsverfahrens wie des Verfahrens nach POWELL hier nur deshalb möglich ist, weil das Gütegebirge im voraus gründlich untersucht wurde. Bei dieser Untersuchung (siehe Abschnitt 2.) wurde u. a. die Unimodalität (Existenz eines einzigen Extremums) der Abhängigkeit $Z(U)$ festgestellt. Außerdem ergab die Untersuchung, daß sich das Optimum in den weitaus meisten Fällen zwar direkt an der Grenze des zulässigen Gebietes, aber eben noch nicht auf der Grenze befindet, d. h., daß das freie mit dem bedingten Optimum zusammenfällt. Nur unter diesen günstigen Bedingungen arbeitet das Verfahren nach POWELL ausreichend effektiv. Für schwierigere Optimierungsaufgaben müßten komplizierte Algorithmen angewendet werden, z. B. das Grabenverfahren oder das Verfahren mit konjugiertem Gradienten [37, 91].

Im Resultat der Optimierungen ergibt sich eine Tabelle, die für alle M_A Versuchsplanpunkte $C^{(i)}$, $i = 1, 2, \ldots, M_A$ die Temperaturprofile $T_j^{(i)}$, $j = 1, 2, \ldots, N$ und die optimalen Steuergrößen $U_r^{(i)}$, $r = 1, 2$ enthält.

5.3.3. *Berücksichtigung der systematischen Temperaturmeßfehler bei der Steuerung des Reaktors*

Im Beitrag [193] wurde gezeigt, daß selbst nach der Bestimmung der Koeffizienten des mathematischen Modells auf Grundlage experimenteller Daten die berechneten und die gemessenen Temperaturprofile nicht genau übereinstimmen. Die Restfehler werden hervorgerufen einerseits durch Fehler bei der Messung des Temperaturprofiles und der Eingangsgrößen und andererseits dadurch, daß das mathematische Modell die tatsächlichen Eigenschaften des Reaktors nicht absolut genau widerspiegelt (und infolge seiner im Vergleich zum Objekt einfachen Struktur auch nicht widerspiegeln kann).

Die Abweichungen zwischen gemessenen und berechneten Temperaturen haben teilweise zufälligen, in erster Linie aber systematischen Charakter. Die systematischen Fehler müssen bei der statischen Optimierung berücksichtigt werden, da die berechneten Sollwerte sich stark von den tatsächlich optimalen unterscheiden können. Durch die systematischen Fehler werden die Zustandsmaße um den Wert δX_r

$$\delta X_r = \langle G_r, \delta T\rangle \qquad r = 1, 2 \tag{45}$$

verschoben. (G_r — r-te Spalte der Gewichtsmatrix G; $\delta T = (\delta T_1, \delta T_2, \ldots, \delta T_N)^T$ — Spaltenvektor der systematischen Fehler im Arbeitsgebiet.)

Das Steuerungssystem bestimmt die systematischen Abweichungen δT nach jeder Modellkoeffizientennachführung.

Die Verschiebungen δX_r werden durch die absoluten Glieder der Sollwertpolynome berücksichtigt (Koeffizienten $\psi_{0,r}$) in Gleichung (31).

5.3.4. *Approximation der Abhängigkeit der optimalen Sollwerte von den Werten der Störgrößen*

Auf Grundlage der im Abschnitt 5.3.3. erhaltenen optimalen Temperaturprofile werden nach Gleichung (1) die optimalen Zustandsmaßwerte $\overset{*}{X}{}^{(i)}$ für die Störgrößenvektoren $C^{(i)}$ ($i = 1, 2, \ldots, M_A$) berechnet. Die Abhängigkeiten

$$\overset{*}{X}_r = \overset{*}{X}_r(C) \qquad r = 1, 2$$

werden durch Polynome zweiter Ordnung approximiert. Für die Bestimmung der Polynomkoeffizienten und zur Kontrolle der Signifikanz der einzelnen Glieder des Polynoms wird ein Standardprogramm für lineare Regression verwendet, das den Algorithmus nach Efroymson [102] realisiert. Dieser Algorithmus garantiert, daß in der endgültigen Regressionsgleichung (hier im Approximationspolynom) nur Glieder enthalten sind, die einem bestimmten Signifikanzkriterium genügen. Für $M_A = 52$ dauert die Bestimmung der Polynomkoeffizienten etwa 1 min auf dem ICL 4130. Als Beispiel werden zwei Sollwertpolynome angegeben, die natürlich einem konkreten Katalysatorzustand entsprechen:

$$\begin{aligned}\overline{X}_1 = {} & 421{,}3 - 0{,}281C_1 + 0{,}00104C_2 + 604{,}7C_3 + 1{,}287C_4 \\ & + 235{,}3C_5 - 1{,}023 \cdot 10^{-4} C_1C_2 - 2164C_3C_5; \end{aligned} \tag{46}$$

$$\begin{aligned}\overline{X}_2 = {} & 468{,}4 + 0{,}0544C_1 + 3{,}25 \cdot 10^{-6} C_2 + 215{,}2C_3 + 2{,}537C_4 \\ & - 92{,}04C_5 - 2{,}239C_1C_5 + 1708C_3C_5 \end{aligned} \tag{47}$$

($\overline{X}_1$ und $\overline{X}_2$ in °C, die $C_1 \cdots C_5$ sind Abweichungen vom in Tab. 2 angegebenen nominellen Regime).

Mehrere Koeffizienten des Polynoms (31) erweisen sich also als nichtsignifikant. Die Genauigkeit der Approximation ist völlig ausreichend. Die mittleren Fehler sind gleich 0,9 und 0,8 °C, die maximalen 4,6 und 3,0 °C. Die Bestimmtheitsmaße

$$B_r = 1 - \frac{\sigma^2_{\overset{*}{X}_r - \overline{X}_r}}{\sigma^2_{\overline{X}_r}} \qquad r = 1, 2 \tag{48}$$

sind gleich 0,97 und 0,91 ($\sigma^2_{\overset{*}{X}_r - \overline{X}_r}$ — Restdispersion; $\sigma^2_{\overline{X}_r}$ — Dispersion der Approximationswerte $\overline{X}$).

5.3.5. *Nachführung der Koeffizienten des mathematischen Modells in Echtzeit*

Die Verwendung des mathematischen Modells für die Optimierung des *ASR*-Temperaturregimes setzt voraus, daß die Werte der Koeffizienten des Modells (die die Aktivität des Katalysators und die Verschmutzung charakterisieren) bekannt sind. Die Zeitabhängigkeit der Koeffizienten erfordert ihre laufende Nachführung.

Der im weiteren vorgeschlagene Algorithmus (siehe auch [195]) berücksichtigt die Besonderheiten, die bei der Nachführung theoretischer (analytischer) Modelle auftreten:

a) großer Rechenzeitbedarf (im Vergleich zu empirischen (statischen) Modellen) für die Simulation jedes einzelnen Betriebsregimes;
b) nichtlineare Abhängigkeit der Modellausgangsgrößen von den Modellkoeffizienten, die zur Umwandlung des Verfahrens der kleinsten Quadrate in eine iterative Prozedur führt [15, 112].

Der ausgearbeitete Algorithmus geht davon aus, daß für das *ASR*-Modell eine periodische Koeffizientennachführung ausreichend ist, da sich die Parameter des Reaktorblockes äußerst langsam ändern (siehe auch Abschnitt 2.).

Die Nachführung der Modellkoeffizienten erfolgt auf Basis gemessener Werte von Eingangs- und Ausgangsgrößen des Objektes. Die Effektivität der Nachführung hängt in hohem Maße davon ab, wieviele und welche Meßdaten für die Neubestimmung der Koeffizienten verwendet werden. Eine große Anzahl von Meßdatensätzen (unter Meßdatensatz wird die Gesamtheit der gemessenen Werte der Eingangs- und Ausgangsgrößen für ein Betriebsregime (Betriebspunkt) verstanden) erhöht zwar die Genauigkeit der erhaltenen Schätzwerte, vergrößert aber gleichzeitig den Rechenaufwand. Deshalb ist es wünschenswert, für Schätzung der Modellkoeffizienten nur solche Daten zu verwenden, die tatsächlich „informativ" sind, d. h., die die Genauigkeit der Schätzwerte wesentlich erhöhen. Die Anzahl der für die Nachführung zu verwendenden Datensätze ist außerdem durch die Kapazität des Langzeitdatenspeichers begrenzt.

Der Algorithmus für die Auswahl der Nachführdatensätze soll die Alterung (das Nichtaktuellwerden) der Daten berücksichtigen.

Ausgehend von dem Gesagten kann die Aufgabe „Nachführung der Modellkoeffizienten" wie folgt formuliert werden: Es ist ein Algorithmus zu erstellen, der, in Echtzeit arbeitend, aus dem Strom der laufend anfallenden Meßdatensätze eine begrenzte Anzahl so auswählt, daß die höchste Genauigkeit der auf ihrer Grundlage neu zu schätzenden Modellkoeffizienten garantiert wird. Dabei ist das Alter der Meßdatensätze zu berücksichtigen. Zu bestimmen ist außerdem der Zeitpunkt der Modellnachführung. Der

Algorithmus ist so aufzubauen, daß grobe Fehlmessungen signalisiert und nicht zur Modellnachführung hinzugezogen werden.

Der eigentliche Nachführalgorithmus sei vorgegeben (siehe [193, Abschnitt 7.]).

Lösungsweg:

Eine ausführliche Beschreibung des Algorithmus und seiner mathematischen Grundlagen wird in [195] gegeben. Hier wird nur seine Wirkungsweise erklärt. Der Gesamtalgorithmus besteht aus einer Reihe von selbständigen Programmen, die folgende Teilaufgaben lösen:

1. Aufsuchen von stationären Betriebsregimen
   Dieses Programm mittelt die von den Programmen der primären Meßwertverarbeitung gefilterten (geglätteten) Daten.
   Durch Kontrolle der Veränderungsgeschwindigkeit einiger signifikanter Größen werden für die Weiterverwendung stationäre Betriebsregime (mit praktisch konstanten Meßwerten) herausgesucht. Grobe Meßfehler werden automatisch signalisiert. Zeitliche Verschiebungen zwischen einzelnen Meßwerten, hervorgerufen durch die dynamischen Eigenschaften der Meßkanäle (z. B. Totzeiten der Chromatographen), werden automatisch korrigiert.
2. Aussondern von Daten mit großen Abweichungen
   Ursachen für das einmalige Auftauchen großer Abweichungen der gemessenen Werte von den berechneten können Störungen im technologischen Prozeß oder Meßfehler sein. In beiden Fällen sind die entsprechenden Meßdatensätze nicht für die Nachführung der Modellkoeffizienten verwendbar und müssen verworfen (aussortiert) werden. Unter der Voraussetzung, daß das Modell dem Prozeß ausreichend adäquat ist, dient als Kriterium für das Verwerfen eines Datensatzes die statistische Signifikanz der Differenz zwischen berechneten und gemessenen Werten der Ausgangsgrößen, die mit Hilfe der *Studentschen* t-Verteilung überprüft wird. Erweist sich die Differenz als signifikant, ist der entsprechende Datensatz zu verwerfen. Mehrmals hintereinander auftretende signifikante Differenzen werden signalisiert und erfordern das Eingreifen des Menschen, der entscheiden muß, ob diese eine Folge einer eventuellen Nichtadäquatheit des Modells oder einer Störung im Informationsgewinnungs- und -verarbeitungssystem sind und die entsprechenden Maßnahmen einzuleiten hat.
3. Bestimmung des Alters und des Gewichtes der Meßdaten
   Zur Berücksichtigung ihres Alters werden die Datensätze entsprechend gewichtet. Die Gewichtsfaktoren verkleinern sich exponentiell mit wachsendem Alter der Datensätze.
4. Auswahl der Datensätze für die Nachführung
   Unter der Voraussetzung der Linearisierbarkeit des mathematischen

Modells nach den Modellkoeffizienten (siehe [95]) können für die Auswahl der besten Datensätze einige Ergebnisse der Theorie der Versuchsplanung, speziell der D-optimalen Pläne [76], angewendet werden. Aus den anfallenden stationären und nach Punkt 2. geprüften Daten wird unter Berücksichtigung des Gewichtsfaktors eine vorgegebene Anzahl von Meßdatensätzen so ausgewählt, daß die auf ihrer Grundlage zu ermit-

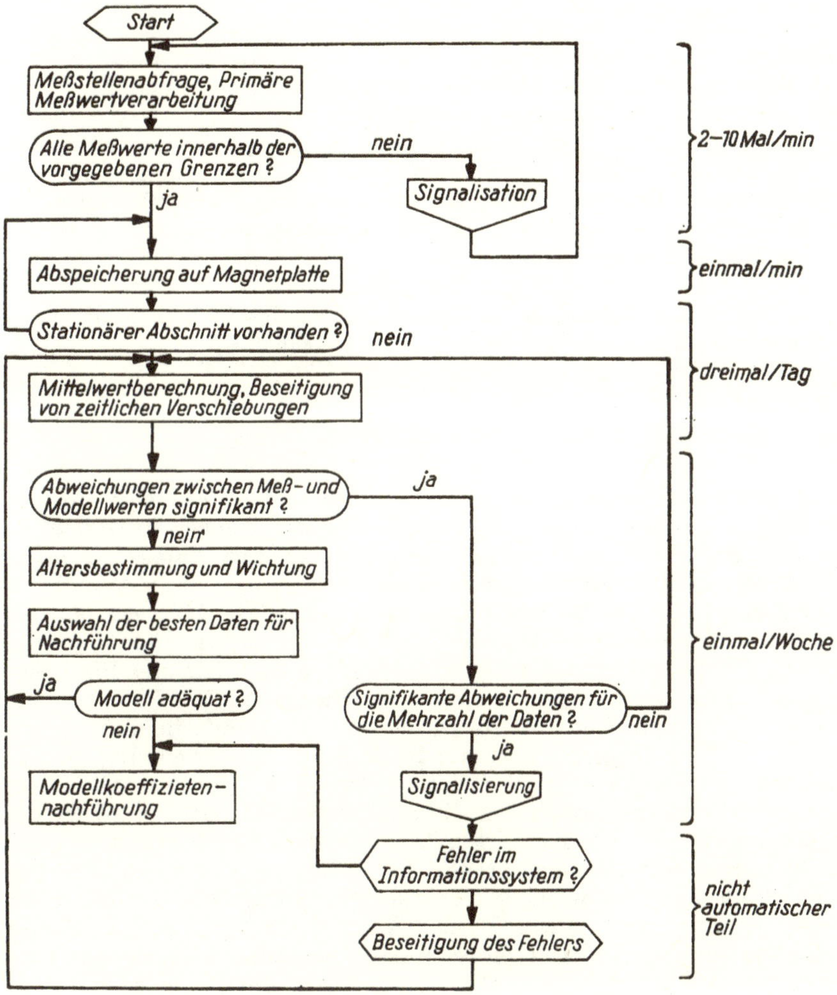

Abb. *9.* Gesamtalgorithmus zur Modellkoeffizientennachführung in Echtzeit

telnden neuen Schätzwerte ein minimales Volumen der Vertrauensintervalle (größte Genauigkeit) aufweisen.

5. Bestimmung des Nachführzeitpunktes
Die Koeffizientennachführung ist nur dann durchzuführen, wenn das Modell den Prozeß nicht mehr adäquat widerspiegelt. Deshalb wird die Adäquatheit automatisch durch einen Programmteil an Hand der χ^2-Verteilung (PEARSONsche Verteilung) überprüft und nur im Falle der Nichtadäquatheit wird das eigentliche Koeffizientennachführungsprogramm aufgerufen.

Der Gesamtalgorithmus für die Nachführung der Koeffizienten des *ASR*-Modells ist in Form eines Blockschemas in Abb. 9 dargestellt. Es sei bemerkt, daß einzelne Teile dieses Algorithmus mit ganz unterschiedlichen Frequenzen gestartet werden; diese sind in Abb. 9 am rechten Rand aufgeführt. Der beschriebene Algorithmus wurde auf dem Rechnersystem des PCK Schwedt realisiert [129, 167]. Die Erfassung und primäre Verarbeitung der Meßwerte erfolgt auf dem ICL 4120, alle anderen Programme werden auf dem ICL 4130 abgearbeitet.

Die Rechenzeiten für eine Abarbeitung und der Speicherplatzbedarf für die auf dem ICL 4130 realisierten Programme werden in Tab. 3 aufgeführt (Rechenzeiten in s, Speicherplatz in Worten a 24 bit).

5.3.6. *Gesamtalgorithmus für die statische Optimierung*

Die oben beschriebenen Teilalgorithmen stellen die Grundlage für den Gesamtalgorithmus der statischen Optimierung der Temperaturregime des *ASR* dar. Das Zusammenwirken der einzelnen Teile wird an Hand des in Abb. 10 vorgestellten Strukturschemas erläutert.

Der Algorithmus der Meßwerterfassung und primären Meßwertverarbeitung *MWE* organisiert die Abfrage der Meßwertgeber, die Sinnfälligkeitstests, die Chromatographenauswertung sowie die Glättung und Dimensionierung der Meßwerte (es existiert nur ein Programm *MWE*, seine Darstellung in zwei Teilen in Abb. 10 wurde nur zur Vereinfachung der grafischen Darstellung vorgenommen). Im Block *FZM* zur Formierung der Zustandsmaße werden die Werte für X nach Formel (1) berechnet. Die Differenzen zwischen ihnen und den in *SW* ermittelten Sollwerten $\bar{X}$ stellen die Eingangsinformation für die Regler *REG* dar, die unter Berücksichtigung der Differenzdruckbegrenzung ΔP_{MAX} die Stellsignale formieren. Die Berechnung optimaler Sollwerte erfolgt nach Gleichung (46) und (47) nach Beendigung jeder chromatographischen Analyse der Gaszusammensetzung am Reaktoreingang (zweimal pro Stunde). Die bisher aufgezählten Programme werden auf dem ICL 4120 abgearbeitet, die folgenden auf dem ICL 4130.

Tabelle 3: Rechenzeit- und Speicherplatzbedarf für Nachführung des *ASR*-Modells in Echtzeit

Programmteil		Aufzeichnung und Langzeitspeicherung der Meßdaten	Überprüfung der Stationarität, Mittelwertbildung	Aussortieren von Meßwerten mit großen Abweichungen	Bestimmung des Alters und Wichtung der Meßwerte	Auswahl der besten Nachführdatensätze	Überprüfung der Adäquatheit des Modelles	Neuschätzung der Koeffizienten
Rechenzeit pro Abarbeitung		0,6	420	1800	1	1800	1	7000 bis 10000
Speicherplatz im Kernspeicher		600 (ständig)	5000	20000	1000	20000	2000	29000
Speicherplatz auf Plattenspeicher	Zahlen	200000*)	1500**)	1000**)	200	1000**)	1000**)	1000**)
	Programm	—	5000	10000	500	10000	1000	10000

**) Die in diesen Sektoren abgespeicherten Daten wurden noch von einigen anderen Programmen genutzt.
*) Dieser Speicherplatz wird von allen Algorithmen zur Modellnachführung gemeinsam genutzt.

Die Koeffizienten $\psi_{i,r}$ der Polynome für die Berechnung der Sollwerte sind das Ergebnis der Approximation *APPR* der Abhängigkeit $\overset{*}{X}(C)$ der optimalen Sollwerte vom Störgrößenvektor C mit Hilfe eines Programmes für Regressionsanalyse (siehe auch Abschnitt 5.3.4.). Einzelne Realisierungen der Abhängigkeit $\overset{*}{X}(C)$ werden für die durch den Versuchsplan K_{i75} (Abschnitt 5.3.1.) ausgewählten Störgrößenvektoren $C^{(i)}$ mit Hilfe des

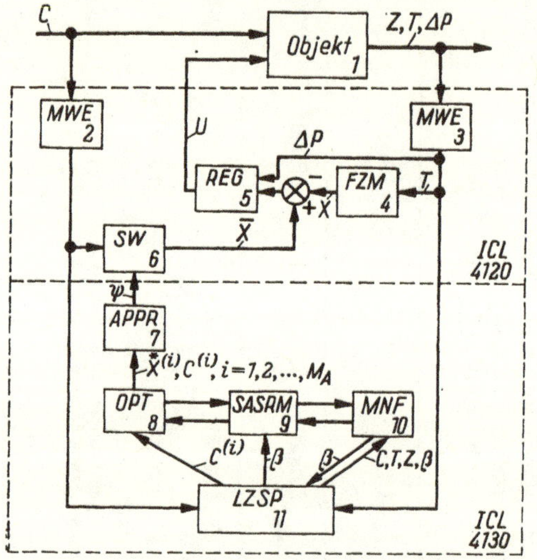

Abb. 10. Gesamtalgorithmus der statischen Optimierung

Suchschrittverfahrens nach POWELL (Abschnitt 5.3.2.5.) im Programmteil Optimierung OPT ermittelt. Der Versuchsplan und alle übrigen Daten befinden sich auf den für die Langzeitspeicherung (*LZSP*) reservierten Sektoren eines Wechselplattenspeichers.

Für die Bestimmung der optimalen Sollwerte $\overset{*}{X}$ wird das statische *ASR*-Modell *SASRM* benötigt. Die Aktualität der Modellkoeffizienten β wird durch die Modellnachführung *MNF* (Abschnitt 5.3.5.) garantiert.

Die auf dem ICL 4120 realisierten Algorithmen sind in der Assemblersprache NEAT geschrieben, alle anderen in FORTRAN und ALGOL (die Verwendung von ALGOL-Teilen war notwendig, weil das Betriebssystem des ICL 4130 nur von ALGOL-Programmen aus einen Zugriff zu den vom Satellitenrechner auf einen Wechselplattenspeicher übertragenen Meßwerten hat, während alle übrigen Daten sowohl von ALGOL- als auch von FORTRAN-Programmen aus gelesen und geschrieben werden können).

Ein Hindernis bei der Inbetriebnahme und beim Betrieb des beschriebenen Steueralgorithmus war die Unvollkommenheit des Betriebssystems des

ICL 4130, die sich in erster Linie in einer häufigen Zerstörung der abgespeicherten Daten und Programme sowie in Fehlern in der Datenübertragung zwischen Zentral- und Satellitenrechner äußerte. Diese Schwierigkeiten wurden im wesentlichen durch eine vollständige Überarbeitung des Betriebssystems durch Mitarbeiter des PCK Schwedt überwunden. Durch die Möglichkeit des autonomen Betriebes der auf dem ICL 4120 realisierten Algorithmen wurde außerdem die Arbeitsfähigkeit (für einen bestimmten Zeitraum) des Steuerungssystems auch im Falle von Störungen in der Datenübertragung und bei Versagen des ICL 4130 garantiert (die Modellnachführung erfolgt bekanntlich in relativ großen Zeitabständen, etwa ein- bis zweimal im Monat).

Der Gesamtalgorithmus zur Bestimmung der optimalen Sollwerte für das Temperaturregelsystem befindet sich z. Z. in industrieller Erprobung.

6. Bestimmung der Gewichtsmatrix für die Formierung der Zustandmaße

Im Abschnitt 4.3. wurde auf der Grundlage der Prozeßanalyse (Abschnitt 2.), bei der die Quasistationarität der meisten Störungen für den betrachteten Reaktor festgestellt wurde, die Aufgabe formuliert, die Gewichtsmatrix G nach einem statischen Kriterium zu bestimmen.

Es wird vorgeschlagen, die Matrix G so zu bestimmen, daß die durch die Differenzen zwischen den tatsächlichen Sollwerten $\overline{X}$ des Temperaturregelsystems und den optimalen $\overset{*}{X}$

$$\Delta X = \overset{*}{X} - \overline{X} \tag{49}$$

entstehenden Verluste an Ammoniakproduktion minimiert werden.

Hauptursachen für das Entstehen der Differenzen ΔX sind Fehler von Meßwertgebern und -wandlern und dynamische Meßfehler, die durch Totzeiten und zeitliche Diskretisierung bei der Messung des Eingangsvektors C hervorgerufen werden.

Die Schwierigkeit bei der Lösung der gestellten Aufgabe besteht einerseits darin, daß die Differenzen ΔX zufälligen Charakter haben und die Verluste

$$\Delta z = \overset{*}{z}(\overset{*}{X}) - z(\overline{X}) \tag{50}$$

auf komplizierte Art und Weise von ΔX abhängen und andererseits in der großen Dimension der zu bestimmenden Matrix G (14×2). Für die Lösung der Aufgabe wird folgender Zugang vorgeschlagen: Es wird vorausgesetzt, daß für die nominellen Störgrößenvektoren $C^{(0)}$ die Sollwerte ohne Fehler bekannt sind:

$$\overline{X}^{(0)} = \overset{*}{X}^{(0)}. \tag{51}$$

Wenn am Reaktoreingang ein von $C^{(0)}$ verschiedener Störvektor $C^{(i)}$ wirkt und die Sollwerte $\overline{X}^{(0)}$ erhalten bleiben, dann stellt sich als Ergebnis der Arbeit des Temperaturregelsystems mit PID-Reglern im Reaktor ein neues Temperaturprofil $T^{(i)}$ mit einem Zustandsmaßvektor $X^{(0)}$ ein. Dieses Temperaturprofil $T^{(i)}$ kann sich jedoch vom für den Vektor $C^{(i)}$ optimalen $\overset{*}{T}{}^{(i)}$ unterscheiden. Das Profil $T^{(i)}$ hängt ab vom Sollwertvektor $\overline{X}^{(0)}$, vom Störgrößenvektor $C^{(i)}$ und, das ist wichtig für die zu lösende Aufgabe, von der Matrix G. Es ist damit möglich, durch die Auswahl der Matrix G auf die Abweichung des tatsächlichen Temperaturprofils vom optimalen, d. h. auf die Differenzen

$$\Delta T_j^{(i)} = \overset{*}{T}_j^{(i)} - T_j^{(i)}, \qquad j = 1, 2, \ldots, N \tag{52}$$

und damit natürlich auch auf die Differenz

$$\Delta Z^{(i)} = \overset{*}{Z}{}^{(i)} - Z^{(i)} \tag{53}$$

Einfluß zu nehmen. ($Z^{(i)}$ — Ammoniakaustrittskonzentration, die den Vektoren $C^{(i)}$ und $T^{(i)}$ entspricht, $\overset{*}{Z}{}^{(i)}$ — optimale Austrittskonzentration für $C^{(i)}$.)

Es wird vorgeschlagen, die Matrix G so auszuwählen, daß die mathematische Erwartung $E\{\Delta Z\}$ minimiert wird.

6.1. *Endgültige Formulierung der Aufgabe „Bestimmung der Gewichtsmatrix“*

Die oben gegebene Formulierung (Abschnitt 4.3.) kann im wesentlichen beibehalten werden. Einer Veränderung bedarf lediglich Punkt 1., d. h., die bei der Bestimmung der Matrix G zu berücksichtigenden Störungen sind zu konkretisieren. Die wichtigsten Ursachen für die Meßfehler

$$\Delta C^{(i)} = C^{(0)} - C^{(i)} \tag{54}$$

sind folgende ($\Delta C^{(i)}$ — Vektor der Meßfehler; $C^{(i)}$ — tatsächlicher (unbekannter) Wert des Vektors C; $C^{(0)}$ — gemessener (und bei der Sollwertberechnung benutzter) Wert des Vektors C):

a) Fehler bei der Messung einzelner Komponenten des Vektors C, die von den Meßwertgebern, Systemumformern und durch die primäre Meßwertverarbeitung hervorgerufen werden. Fehler dieses Typs werden gewöhnlich als normalverteilte Zufallsgrößen betrachtet (auf dieser Annahme basiert die gesamte Regressionsanalyse [82]). Da die Information über die Werte einzelner Komponenten des Vektors C unabhängig voneinander gewonnen werden, wird angenommen, daß die Meßfehler für die einzelnen Komponenten von C nicht miteinander korreliert sind und ihre Kovarianzmatrix cov $\{\Delta_1 C\}$ eine Diagonalmatrix ist. Die Werte für cov $\{\Delta_1 C\}$ werden auf Basis der in den technischen Beschreibungen der Meßgeräte angegebenen Maximalfehler ΔC_j^{MAX} nach der Formel [48]

$$\sigma_j \approx \frac{\Delta C_j^{\text{MAX}}}{3}, \quad j = 1, 2, \ldots, 5 \tag{55}$$

ermittelt (σ_j — mittlerer quadratischer Fehler).

Es ergeben sich folgende Diagonalelemente der Matrix $\operatorname{cov}\{\Delta_1 C\}$:

$$\operatorname{cov}_{i,i}\{\Delta_1 C\} = (4;\ 6{,}7;\ 10^{-6};\ 10^{-2};\ 4 \cdot 10^{-6}).$$

b) Fehler, die durch die zeitdiskrete Meßwertgewinnung und durch Totzeiten bei der Messung einiger Komponenten des Störgrößenvektors C entstehen (z. B. bei der chromatographischen Analyse der Gaszusammensetzung am Reaktoreingang). Fehler dieses Typs werden auch als dynamische Meßfehler bezeichnet (da sie ein Ergebnis der dynamischen Eigenschaften der Meßkanäle sind). Für die Abschätzung der Kovarianzmatrix $\operatorname{cov}\{\Delta_2 C\}$ der dynamischen Meßfehler werden die Kanäle für die Messung der Komponenten C_j untersucht (Abb. 11).

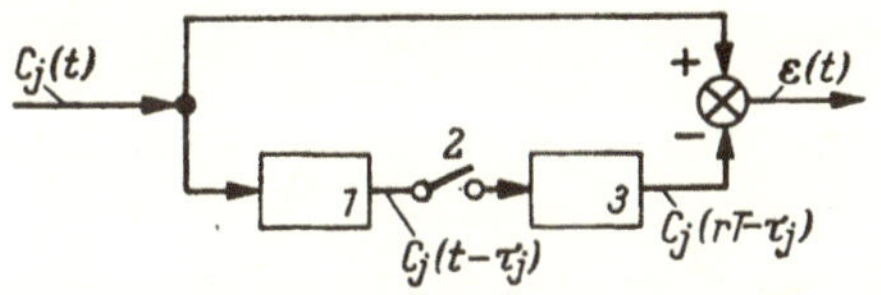

Abb. 11. Ersatzschaltbild zur Abschätzung der dynamischen Meßfehler

Diese Kanäle können als Reihenschaltung eines Totzeitgliedes mit der Totzeit τ_j, eines idealen Impulsgliedes mit der Taktzeit T und eines Haltegliedes nullter Ordnung betrachtet werden [45]. Der dynamische Meßfehler $\Delta_2 C_j$ ist gleich der Differenz ε_j der Signale an Ein- und Ausgang des Meßkanales. Wie im Anhang 1 gezeigt wird, können die Elemente von $\operatorname{cov}\{\Delta_2 C\}$ nach folgender Gleichung bestimmt werden:

$$\operatorname{cov}_{j,i}\{\Delta_2 C\} = R_{j,i}(0) + R_{j,i}(\tau_j - \tau_i) - \frac{1}{T}\int_0^T R_{j,i}(\tau_j - \Delta) + R_{i,j}(\tau_i + \Delta)\, d\Delta. \tag{56}$$

Hier sind: $R_{j,i}(\tau)$ — die Korrelationsfunktionen der Störgrößen; τ_i — die Totzeiten in den Meßkanälen; T — die Taktzeit der Meßkanäle (gleich für alle fünf Kanäle); Δ — die laufende Zeit innerhalb eines Taktes ($0 \leqq \Delta \leqq T$).

Unter Berücksichtigung der konkreten Eigenschaften der Meßkanäle ($\tau_1 = \tau_2 = 0$; $\tau_3 = \tau_4 = \tau_5 = 0{,}25$ h; $T = 0{,}5$ h) und der Störgrößen (siehe Abschnitt 2.) wurde die Kovarianzmatrix der dynamischen Meßfehler ermittelt (wegen der Symmetrie der Matrix werden die Elemente unterhalb der Hauptdiagonalen weggelassen):

$$\operatorname{cov}\{\Delta_2 C\} = \begin{pmatrix} 60\,244 & 0{,}016 & 0 & 0{,}06 \\ & 4000 & 0{,}067 & 0{,}73 & 0{,}097 \\ & & 1{,}4 \cdot 10^{-4} & 0 & 0 \\ & & & 6{,}6 \cdot 10^{-3} & 6 \cdot 10^{-5} \\ & & & & 4 \cdot 10^{-6} \end{pmatrix}. \tag{57}$$

Die Meßfehler beider Typen sind voneinander unabhängig, deshalb ergibt sich die resultierende Kovarianzmatrix als Summe

$$\operatorname{cov}\{\Delta C\} = \operatorname{cov}\{\Delta_1 C\} + \operatorname{cov}\{\Delta_2 C\}$$

$$= \begin{pmatrix} 60\,248 & 0{,}016 & 0 & 0{,}06 \\ & 4007 & 0{,}067 & 0{,}73 & 0{,}097 \\ & & 1{,}41 \cdot 10^{-4} & 0 & 0 \\ & & & 1{,}66 \cdot 10^{-2} & 6 \cdot 10^{-5} \\ & & & & 8 \cdot 10^{-6} \end{pmatrix}. \tag{58}$$

Die Matrix $\operatorname{cov}\{\Delta C\}$ enthält die zur Konkretisierung des Punktes 1. der Aufgabenstellung notwendige Information. Dieser Punkt nimmt damit folgende Form an:

1. Gegeben ist die Vektorfunktion der Störgrößen $C(t)$, deren statistische Charakteristiken bekannt sind. Die Komponenten von $C(t)$ werden mit bestimmten Fehlern gemessen, deren Kovarianzmatrix $\operatorname{cov}\{\Delta C\}$ bekannt ist.

6.2. *Berechnung der optimalen Gewichtsmatrix*

Die Bestimmung der Matrix G zur Formierung der Zustandsmaße ist im Prinzip eine Aufgabe der nichtlinearen Optimierung, eine Aufgabe zur Bestimmung des bedingten Minimums einer Funktion mehrerer Variablen. Die Schwierigkeit der Aufgabe besteht darin, daß erstens ihre Dimension sehr hoch ist (die Anzahl der zu bestimmenden Parameter ist gleich $2 \cdot N = 28$), und daß zweitens die Berechnung des Zielfunktionswertes äußerst aufwendig ist.

Bei der Darlegung des Lösungsweges wird auf folgende Probleme ausführlicher eingegangen:

1. Berechnung des Zielfunktionswertes;
2. Eindeutigkeit der Abhängigkeit der Zustandsmaße vom Prozeßzustand und Nebenbedingungen für die Zustandsmatrix;
3. Suche der optimalen Gewichtsmatrix.

6.2.1. Berechnung des Zielfunktionswertes

Die Aufgabe der Zielfunktionsberechnung besteht in der Ermittlung der mathematischen Erwartung

$$E_Z = E\left\{\overset{*}{Z} - Z\right\} = E\{\Delta Z\} \tag{59}$$

bei vorgegebener Gewichtsmatrix G. In der Arbeit [164] wurde vorgeschlagen, dafür die Monte-Carlo-Methode anzuwenden. Ein derartiges Vorgehen würde jedoch die Lösung der Gleichungen des statischen Modells des Temperaturregelsystems für eine sehr große Anzahl von Realisierungen $C^{(i)}$ erfordern, wie dies für die Simulation eines fünfdimensionalen Zufallsprozesses erforderlich ist.

Deshalb wurde der Versuch unternommen, ein anderes Verfahren zur Bestimmung von E_Z zu erstellen. Es erwies sich, daß bei Anwendung folgender zwei Vereinfachungen der Rechenzeitaufwand pro Zielfunktionswertberechnung im Vergleich zur Monte-Carlo-Methode um einige Größenordnungen verringert werden kann:

1. Die mathematische Erwartung einer Funktion mehrerer Variablen kann leicht berechnet werden, wenn die Funktion die Form eines Polynoms hat

$$E\{Y(t)\} = A_0(t) + \sum_{l_1=1}^{M} A_{l_1}(t)\, E\{C_{l_1}\} + \frac{1}{2} \sum_{l_1=1}^{M} \sum_{l_2=2}^{M} A_{l_1,l_2}(t) \cdot E\{C_{l_1} \cdot C_{l_2}\}. \tag{60}$$

Hier sind:

$y(t)$ — eine Funktion der Variablen C_i, $i = 1, 2, \ldots, M_i$;
A_0, A_{l_1}, A_{l_2} — Koeffizienten der Zerlegung der Funktion $y(t)$ in eine MacLaurin-Reihe (die Reihe wird nach den Gliedern zweiter Ordnung abgebrochen).

Unter der Voraussetzung, daß die Meßfehler ΔC einen zentrierten Zufallsprozeß bilden und daß $\Delta Z = 0$ bei $\Delta C = 0$, ergibt sich aus (60):

$$E_Z = E\{\Delta Z\} = \frac{1}{2} \sum_{j=1}^{5} \sum_{i=1}^{5} A_{j,i} \operatorname{cov} \{\Delta C\}. \tag{61}$$

Zur Bestimmung der Koeffizienten $A_{j,i}$ ist die Abhängigkeit der Ammoniakaustrittskonzentration von den Störgrößen (bei Betrieb des Temperaturregelsystems) in Form eines Polynoms zweiter Ordnung zu approximieren. Um die Werte $A_{j,i}$ nach der Methode der kleinsten Quadrate zu berechnen, ist es zunächst erforderlich, eine bestimmte Anzahl von Realisierungen $Z^{(i)}(C^{(i)})$ zu gewinnen. Dazu werden die Gleichungen der Statik des Temperaturregelsystems für die Punkte eines Versuchsplanes $K_{i\,75}$ (siehe Abschnitt 5.3.1.) im Raum der Störgrößen mit dem Zentrum $C^{(0)}$ und mit Schulterlängen von $3\sqrt{\mathrm{cov}_{c,i}\{\Delta C_i\}}$ gelöst.
Die Koeffizienten $A_{j,i}$ hängen von der Matrix G ab; die erwähnte Approximation muß für jede Zielfunktionswertberechnung durchgeführt werden.

2. Die zweite Möglichkeit zur Rechenzeiteinsparung besteht im Übergang zum linearisierten Modell der Statik des Temperaturregelsystems. Es ist bekannt, daß statische Regime linearer Regelsysteme durch Lösung linearer Gleichungssysteme ermittelt werden, während die Berechnung der Statik eines Systems mit nichtlinearem Objekt auf die Lösung eines nichtlinearen Gleichungssystems hinausläuft. Normalerweise erfordert das die Anwendung iterativer Prozeduren und ist im Falle des *ASR* mit einer mehrfachen Lösung der Gleichungen des statischen Reaktormodells verbunden (siehe auch Abschnitt 4. in [193]). Die Linearisierung der ausgeprägt nichtlinearen Charakteristiken des *ASR* (siehe Abschnitt 3.) erfordert Vorsicht und Aufmerksamkeit. Es erweist sich, daß die Linearisierung nur für einen kleinen Bereich der Stör- und Steuergrößen möglich ist, innerhalb dessen die Temperaturveränderungen in der Reaktionszone 10 bis 15 Grad nicht überschreiten. Eine ausreichende Genauigkeit der linearen Approximation (mit Differenzen zwischen linearisiertem und nichtlinearem Modell unter 0,5 °C) wurde durch Verwendung linearer Modelle mit veränderlichen Koeffizienten erreicht, d. h. durch getrennte Bestimmung der Verstärkungskoeffizienten der Kanäle $U_r - T_j$ für jeden Punkt des oben erwähnten Versuchsplanes. Als Arbeitspunkte für die Steuergrößen U_1 und U_2 werden dabei die optimalen Werte $\overset{*}{U}_1{}^{(i)}$ und $\overset{*}{U}_2{}^{(i)}$ verwendet.

Die Linearisierung und die Berechnung der Werte $\overset{*}{Z}{}^{(i)} - Z^{(i)}$ sind im Anhang 2 ausführlicher dargelegt.

Die aufgezählten Vereinfachungen gestatteten, ein ausreichend effektives Unterprogramm zur Berechnung des Zielfunktionswertes E_Z auszuarbeiten, dessen Anwendung in Algorithmen für nichtlineare Optimierung möglich ist. Die Struktur dieses Unterprogrammes wird in Abb. 12 gezeigt. Es sei darauf hingewiesen, daß der rechte Zweig dieses Unterprogrammes, dessen Abarbeitung auf dem ICL 4130 etwa 3 Stunden dauert, nur bei der ersten Berechnung durchlaufen wird. Bei allen anderen Berechnungen von E_Z werden die Verstärkungskoeffizienten verwendet, die beim ersten Unterprogrammaufruf gewonnen wurden. Die letzten drei Blöcke des Algorithmus enthalten keine einzige Iteration, ihre Abarbeitung auf dem ICL 4130 dauert etwa 1 s.

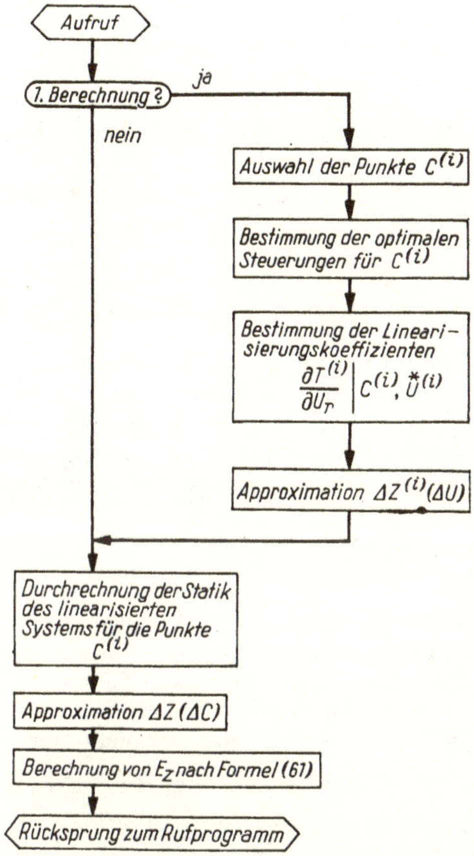

Abb. 12. Struktur des Algorithmus zur Zielfunktionswertbestimmung (Ez)

6.2.2. *Zur Eindeutigkeit der Zustandsmaße. Nebenbedingungen für die Gewichtsmatrix*

Eindeutigkeit der Zustandsschätzung bedeutet, daß einem vorgegebenen Wert des Vektors der Zustandsmaße X bei konstantem Störgrößenvektor C und konstanter Gewichtsmatrix G ein und nur ein Temperaturprofil T_j entspricht und damit auch nur ein Steuergrößenvektor U und eine Ammoniakaustrittskonzentration Z. Eine solche eindeutige Abhängigkeit wird sowohl bei der Bestimmung der optimalen Sollwerte im Abschnitt 5.3.2. als auch bei der Bestimmung der Matrix G in diesem Abschnitt vorausgesetzt.

Gleichung (1) für die Formierung der Zustandsmaße garantiert von sich aus nur die Eindeutigkeit bei der Bestimmung der X, d. h. vorgegebenen C, G, T_j entspricht nur ein Vektor X; das Umgekehrte kann selbst bei bekannten C und G nicht behauptet werden. Die Charakteristiken des *ASR* gestatten jedoch die Formulierung von Nebenbedingungen für die Matrix G, bei deren Einhaltung auch die Eindeutigkeit der Abhängigkeit der T_j von X bei vorgegebenen C und G garantiert wird.

Die Untersuchung der Abhängigkeit der T_j von U bei verschiedenen C zeigte, daß die partiellen Ableitungen $\frac{\partial T_j}{\partial U_r}$, $j = 1, 2, \ldots, N$; $r = 1, 2$ vorzeichenkonstant sind, sich in einem weiten Wertebereich der Störgrößen C nur wenig ändern und monoton bei Annäherung an die Autothermiegrenze anwachsen.

Wenn das Temperaturprofil als Punkt mit den Koordinaten T_j, $j = 1, 2, \ldots, N$ im N-dimensionalen Raum dargestellt wird, dann laufen bei vorgegebenem Vektor C alle durch Veränderung der Steuergrößen U_r hervorgerufenen Regimeänderungen in Richtung von zwei Vektoren ab, deren Richtungen wiederum durch die Vektoren der partiellen Ableitungen

$$\nabla T_r = \left(\frac{\partial T_1}{\partial U_r}, \frac{\partial T_2}{\partial U_r}, \ldots, \frac{\partial T_N}{\partial U_r}\right), \quad r = 1, 2 \tag{62}$$

bestimmt sind. Die die Matrix G bildenden Spaltenvektoren G_1 und G_2 können im N-dimensionalen Raum ebenfalls dargestellt werden.

Die Eindeutigkeit des Zusammenhanges zwischen X_r und T_j bei konstanten G und C ist garantiert, wenn die Projektionen der Vektoren $\nabla T_r \cdot \Delta U_r$ auf die Vektoren G_r (definiert als Skalarprodukt der Vektoren) eindeutig von ΔU_r abhängt. Wegen der Vorzeichenkonstanz der Ableitungen $\frac{\partial T_j}{\partial U_r}$ wird ein eindeutiger Zusammenhang zwischen X_r und T_j bei konstanten G und C dann garantiert, wenn die Vektoren G_r und T_r nicht orthogonal zueinander sind.

Daraus ergibt sich folgende Nebenbedingung für die Bestimmung der Gewichtsmatrix G:

Es ist gefordert, daß die Vektoren G_r nicht orthogonal zu den Vektoren ∇T_r werden.

Dank der relativ schwachen Abhängigkeit der Richtung der Vektoren ∇T_r von den Eingangsgrößen des Reaktors ist es möglich, die Forderung wie folgt zu formulieren:

$$V_{8+r} \leqq 0, \qquad r = 1, 2 \tag{63}$$

Hier ist

$$V_{8+r} = \begin{cases} 0 \text{ für } |D_1| \geqq D_1^{\text{MIN}} \\ \left(\dfrac{D_1^{\text{MIN}} - |D_r|}{|D_r|}\right)^2 \text{ für } |D_1| < D_1^{\text{MIN}}, \quad r = 1, 2 \end{cases} \tag{64}$$

$D_r = \langle \nabla \overset{*}{T}_r, G_r \rangle$ — das Skalarprodukt des Vektors G_r und des Vektors der partiellen Ableitungen $\dfrac{\partial T_j}{\partial U_r}$ bei nominellem Störgrößenvektor $C^{(0)}$ und bei optimaler Steuerung $\overset{*}{U}$; D_1^{MIN} — ein vorzugebender kleiner Wert, der die zulässige Annäherung an die Orthogonalität zwischen den Vektoren ∇T_r und G_r bestimmt. Bei der Auswahl von D_1^{MIN} wird berücksichtigt, daß die Richtung der Vektoren ∇T_r schwach von C und U abhängt (bei den durchgeführten Berechnungen wurden ∇T_r und G_r so normiert, daß ihre maximalen Absolutwerte gleich eins waren; D_1^{MIN} wurde gleich 0,05 vorgegeben).

Eine weitere Nebenbedingung wurde von *D.* Balzer [5] aus der Forderung nach der Definiertheit der Übertragungsmatrix des Objektes eines mehrdimensionalen Regelsystems abgeleitet. Das zweidimensionale Regelsystem des *ASR*-Temperaturregimes ist nur arbeitsfähig, wenn die beiden Regelgrößen voneinander nicht linear abhängig sind. Daraus folgt die Forderung nach der linearen Unabhängigkeit der Vektoren G_1 und G_2 die formal folgende Form hat:

$$G_{i,1} \neq k \cdot G_{i,2}, \qquad i = 1, 2, \ldots, N \tag{65}$$

Hier ist k eine beliebige Konstante kleiner Unendlich. Aus (65) ergibt sich die Nebenbedingung in Ungleichungsform

$$V_{11} \leqq 0, \tag{66}$$

die wie folgt definiert ist:

$$V_{11} = \begin{cases} 0 \text{ für } |D_W| \geqq D_2^{\text{MIN}} \\ \left(\dfrac{D_W - D_2^{\text{MIN}}}{D_W}\right)^2 \text{ für } D_W < D_2^{MIN}. \end{cases} \tag{67}$$

Dabei ist

$$D_W = |G^T G| = \sum_{i=1}^{N} G_{i,1}^2 \sum_{j=1}^{N} G_{j,2}^2 - \left(\sum_{i=1}^{N} G_{i,1} \cdot G_{i,2}\right)^2 \tag{68}$$

— eine Größe, die im Falle linearer Abhängigkeit zwischen G_1 und G_2 zu Null wird;

D_2^{MIN} — eine vorzugebende kleine Zahl, die gleich 10^{-6} gewählt wurde, um numerische Schwierigkeiten bei der Lösung des linearen algebraischen Gleichungssystems für die Zielfunktionswertberechnung zu vermeiden.

6.2.3. *Probleme bei der Bestimmung der optimalen Gewichtsmatrix*

Wie oben (Abschnitt 5.3.2.3.) wird ein bedingtes Optimierungsproblem in eine Aufgabe zur Bestimmung des unbedingten (freien) Optimums einer modifizierten Zielfunktion umgewandelt:

$$Q_8 = \min_G \left(E_Z + \sum_{j=1}^{N_0} S_j\right)! \tag{69}$$

Hier sind

$N_0 = 11$ — die Gesamtanzahl der Nebenbedingungen;
S = der Vektor der Straffunktion $S_j = a_{v,j} \cdot V_j$, $j = 1, 2, \ldots, N_0$

Die Werte der Koeffizienten $a_{v,j}$, $j = 9, 10, 11$ wurden gleich eins angenommen, alle übrigen bleiben unverändert (siehe Abschnitt 5.3.2.3.). Es erwies sich, daß bei den Optimierungsrechnungen Verletzungen der Nebenbedingungen nur selten auftreten, so daß die Straffunktionen nur selten wirksam werden.

Für die Suche der optimalen Gewichtsmatrix wurde sowohl das Verfahren nach Powell [97] als auch das Rosenbrock-Verfahren [75] erprobt. Die Rechenzeiten erwiesen sich trotz der Maßnahmen zur Senkung des Rechenaufwandes als äußerst groß (4 bis 6 h auf dem ICL 4130). Hervorgerufen wird das in erster Linie durch die schwache Abhängigkeit der Zielfunktion von der Gewichtsmatrix und durch die hohe Dimension des Optimierungsproblems, d. h. die große Anzahl der zu bestimmenden Parameter.

Mit dem Ziele einer Verkürzung der Rechenzeit wurden folgende Maßnahmen getroffen:

a) für jeden Vektor G_r werden nur zwei bis vier Gewichtskoeffizienten bestimmt, die Reaktionszone wird in zwei bis vier Abschnitte mit jeweils konstanten Gewichtskoeffizienten zerlegt;
b) bestimmt werden nicht die Gewichtskoeffizienten selbst, sondern die Parameter von Gewichtsfunktionen vorzugebender Struktur (im konkreten Fall eines Polynoms dritten Grades):

$$G_r = G_r(l_1, \varphi_{j,r}), \qquad r = 1, 2 \qquad j = 1, 2, 3, 4 \tag{70}$$

6.3. *Diskussion der Ergebnisse der Bestimmung der Gewichtsmatrix*

Die Berechnungen zur Bestimmung der Gewichtsmatrix nach dem Kriterium (28) führten nicht zu einer Gewichtsmatrix, die im Vergleich zu anderen Matrizen G sehr große Verbesserungen des Zielfunktionswertes ergibt. Bei allen Berechnungen zeigte sich eine bestimmte Abhängigkeit des Optimierungsresultates, d. h. der gefundenen Gewichtsmatrix G, vom Anfangswert. Dieser Umstand weist auf die Existenz von lokalen Minima im Gütegebirge $E_Z(G)$ hin. Wichtigstes Resultat der durchgeführten Berechnungen zur Bestimmung der Gewichtsmatrix ist der Fakt, daß E_Z nur relativ schwach von der konkreten Form der Gewichtsmatrix G abhängt. In Tab. 4 sind einige der erhaltenen Matrizen G und die ihnen entsprechenden Werte E_Z aufgeführt.

Im Vergleich ist auch die z. Z. realisierte Gewichtsmatrix $G^{(5)}$ mit aufgenommen (das Steuerungssystem wurde im April 1971 zur Nutzung übergeben, d. h. noch vor der Ausarbeitung der Methodik zur Bestimmung der Gewichtsmatrix). Gegeben werden auch die Werte für die Matrix $G^{(1)}$, die der Stabilisierung der Temperatur in einem Punkt der Reaktionszone entspricht (konventionelles Regelsystem).

Während sich die Zielfunktionswerte E_Z für verschiedene Gewichtsmatrizen bei verteilter Kontrolle nicht stark unterscheiden, führt der Verzicht auf die verteilte Kontrolle zu einer beträchtlichen Verringerung der mathematischen Erwartung der Ammoniakaustrittskonzentration. Das wird gut durch den Vergleich der E_Z-Werte für $G^{(1)}$ und $G^{(6)}$ demonstriert, d. h. für Regelung des Reaktors mit nur einem Bypaß.

Die in Tab. 4 aufgeführten Berechnungsergebnisse weisen auf die Kleinheit der Verluste hin, die durch weitere Vervollkommnung des Steuerungssystems noch beseitigt bzw. verringert werden könnten. Der Autor ist der Meinung, daß die Anwendung komplizierter Algorithmen für die Zustandsschätzung mit dem Ziel einer Verbesserung der statischen Charakteristiken (z. B. nichtlineare Operationen anstelle der linearen Transformation (1) oder die Berücksichtigung der Reaktordynamik bei der Berechnung von $\operatorname{cov}\{\Delta C\}$ usw.) für den hier betrachteten Apparat nicht gerechtfertigt ist, da die vorhandenen Effektivitätsreserven durch das vorgeschlagene Steuerungssystem weitgehend ausgeschöpft werden.

Die Ergebnisse zeigen, daß die Verluste in einem weiten Wertebereich der Gewichtskoeffizienten $G_{j,r}$ klein bleiben. Deshalb besteht keine Notwendigkeit, diese bei Veränderungen der Parameter des *ASR* neu zu bestimmen (nachzuführen), d. h. außer einer einmaligen, recht aufwendigen Bestimmung der Gewichtsmatrix entstehen keine weiten Aufwendungen an Rechenzeit.

Tabelle 4: Gewichtsmatrizen und ihnen entsprechende Werte für E_z

Nr. des Meßpunktes	$G_1^{(1)}$	$G_2^{(1)}$	$G_1^{(2)}$	$G_2^{(2)}$	$G_1^{(3)}$	$G_2^{(3)}$	$G_1^{(4)}$	$G_2^{(4)}$	$G_1^{(5)}$	$G_1^{(5)}$	$G_1^{(6)}$	$G_1^{(6)}$
1	1,0	0	0,70	0,62	1,0	0	1,0	0	0,36	0	0,36	0
2	0	0	0,88	0,83	0,67	0	0,94	0,06	0	0	0	0
3	0	0	1,0	0,98	0,67	0	0,88	0,12	0,28	0	0,28	0
4	0	0	0,81	1,0	0	0,11	0,82	0,18	0	0	0	0
5	0	0	0,55	0,62	0,44	0	0,76	0,24	0	0,04	0	0
6	0	0	0,35	0,45	0,33	0,33	0,70	0,30	0,20	0	0,20	0
7	0	0	0,23	0,36	0,33	0,33	0,64	0,36	0,12	0,12	0,12	0
8	0	0	0,17	0,34	0,11	0,44	0,58	0,42	0	0	0	0
9	0	0	0,13	0,34	0,11	0,44	0,52	0,48	0,04	0,20	0,04	0
10	0	0	0,10	0,36	0,11	0,44	0,44	0,56	0	0	0	0
11	0	0	0,08	0,38	0,11	0,44	0,33	0,67	0	0,28	0	0
12	0	0	0,07	0,41	0	0,67	0,22	0,78	0	0	0	0
13	0	0	0,06	0,45	0	0,67	0,11	0,89	0	0,36	0	0
14	0	0	0,05	0,48	0	1,0	0	1,00	0	0	0	0
E_Z	0,00205		0,000063		0,000087		0,000051		0,000093		0,000586	

Die tatsächlich realisierten Gewichtsfunktionen sind so normiert, daß ihre Summe gleich eins ist. Das war günstig bei der Überführung des Systems in industrielle Nutzung, da die Zustandsmaße in diesem Falle Werte annehmen, die etwa den, den Anlagenfahrern vertrauten, mittleren Reaktortemperaturen entsprechen. Auf die Wirkung der verteilten Kontrolle hat diese Normierung keinen Einfluß.

7. Einschätzung der Effektivität des realisierten Steuerungssystems

Das Steuerungssystem mit der in Abb. 6 dargestellten Struktur wurde auf dem ICL 4100 Rechnersystem realisiert und im April 1971 zur industriellen Dauernutzung übergeben. Zur Formierung der Zustandsmaße wurde zunächst die Gewichtsmatrix $G^{(5)}$ (Tab. 4) verwendet. Das Temperaturregelsystem arbeitet seit 1971 on-line closed-loop, d. h. die vom Rechner ermittelten Stellgrößenwerte werden automatisch am Objekt realisiert. Die statische Optimierung erfolgt vorläufig on-line open-loop (die automatische Übernahme der Sollwerte des Temperaturregelsystems wird z. Z. erprobt). Bereits überprüft wurde auch der Algorithmus zur Nachführung der Modellkoeffizienten im Echtzeitbetrieb.

Die Gesamtbetriebszeit des Steuerungssystems betrug 1972 1700 h (von 5900 Kalenderstunden). Nur ein kleiner Teil (rund 3%) der gesamten Betriebszeitverluste wurde durch Rechnerausfälle oder durch die Notwendigkeit von Änderungen im Steueralgorithmus hervorgerufen. Der größte Teil der Zeitverluste (rund 60%) ist die Folge von technisch-technologischen Störungen, Katalysatorwechsel, Bruch der Bypaßventile, Rekonstruktion der Anlage usw.). Etwa 20% der Betriebszeitverluste sind die Folge von Außerbetriebnahmen des Steuerungssystems, die notwendig wurden, weil auf demselben Rechnersystem Algorithmen für die Lösung weiterer Steuerungsaufgaben getestet und eingefahren wurden. In der restlichen Zeit war das System betriebsbereit, wurde jedoch aus verschiedenen Gründen nicht genutzt. Das war teilweise in kritischen Betriebssituationen der Fall und hatte besonders in der ersten Zeit noch mangelndes Vertrauen der Anlagenfahrer zum neuen System zur Ursache (die Entscheidung über Betrieb oder Nichtbetrieb des Steuerungssystems trifft der Schichtleiter).

Die zur Sicherung der Anlage getroffenen Maßnahmen erwiesen sich als ausreichend, so daß kein einziger Rechnerausfall zu einer gefährlichen Produktionssituation führte. Die automatische Einhaltung der Begrenzung des Druckabfalles am Verteiler der Bypaßgasströme erleichtert die Arbeit der Anlagenfahrer wesentlich und erhöht die Betriebssicherheit der Anlage. Die Signalisierung und objektive Protokollierung aller Veränderungen und Verletzungen der technologischen Regime und vor allem die neu geschaffene Möglichkeit einer sehr ausführlichen Analyse der Information über die jeweils acht letzten Betriebsstunden erhöht die „Produktionskultur" wesentlich. Die dafür erarbeiteten Programme wurden mehrfach von der Produktionsleitung der Ammoniakanlage zur Analyse von Havarien und zur Einleitung entsprechender Maßnahmen angewendet.

Jedoch gelingt es nicht, diese indirekten Effekte des Steuerungssystems in ökonomischen Einheiten auszudrücken.

Der direkte Effekt des Systems — die Erhöhung der Ammoniakaustrittskonzentration — wurde nach der in [171, 196] gegebenen Methodik abgeschätzt.

Da sich während des größten Teils der Betriebszeit des Systems ($\approx 85\%$) im Reaktor alter, stark vergifteter Katalysator befand (nach 2 1/2 Jahren Standzeit wurde dieser schließlich im Herbst 1972 ausgewechselt), diente der untere (Wärmetauscher-) Bypaß im wesentlichen nur der automatischen Einhaltung der Begrenzung des Druckabfalles ΔP_{MAX} und nicht zur Steuerung des Temperaturregimes*). Das wurde bei der Effektivitätsabschätzung berücksichtigt, d. h. die entsprechenden Berechnungen wurden für nur eine Steuergröße $m = 1$ durchgeführt. Entsprechend der in [171] vorgeschlagenen Methodik wird der Effektivitätszuwachs durch Betrieb des Steuerungssystems ΔQ abgeschätzt als Differenz der Verluste Q, die bei Verzicht auf das Steuerungssystem entstehen und deren Wert im Abschnitt 4.1. abgeschätzt wurde, und der Verluste Q_R bei Realisierung des Systems.

Für die Berechnung von Q_R wurde dasselbe experimentelle Material und die vereinfachte Darstellung der Reaktordynamik wie im Abschnitt 4.1 verwendet. Der Vektor B mit den Koeffizienten der linearen Approximation von $\overset{*}{X} = \overset{*}{X}(C)$ hatte (bei Verwendung der Gewichtsmatrix $G^{(5)}$) den Wert

$$B = (-2{,}80 \cdot 10^{-4}; 1{,}05 \cdot 10^{-5}; 0{,}60; 1{,}33 \cdot 10^{-3}; 0{,}23),$$

während der Koeffizient $a_{6,6}$ gleich $-0{,}779$ war (der Koeffizient $a_{6,6}$ steht vor dem Glied X_1^2 in der quadratischen Approximation von

$$Z = Z(X_1, C_1, C_2, \ldots, C_5)).$$

Die Verluste Q_R wurden für zwei Fälle ermittelt:

a) für konstante Sollwerte $X_1 = \text{const.} = \overset{*}{X}_1^{(0)}$, d. h. für Regelung nach dem Temperaturfeld ohne laufende Berechnung optimaler Sollwerte, Q_R^1;
b) für das vollständige System, Q_R^2.

Bei dem oben erwähnten Ausgangsmaterial ergaben die Berechnungen mit Hilfe des Programmes EFFEKT folgende Ergebnisse:

$$Q_R^1 = -0{,}44 \cdot 10^{-4} \qquad Q_R^2 = -0{,}16 \cdot 10^{-4}.$$

Daraus folgen die Schätzwerte für die Effektivitätserhöhung durch Einführung des Steuerungssystems bei Benutzung nur des oberen Bypasses als Steuergröße zu

$$Q^1 = -(\Delta Q - Q_R^1) = 0{,}00128 - 0{,}000044 = 0{,}00124$$

*) Im Abschnitt 3.4.1 von [194] wurde gezeigt, daß sich das optimale Temperaturregime im Falle eines stark vergifteten Katalysators am Schnittpunkt der Grenzen für die Prozeßautothermie und für den Druckabfall ΔP befinden kann.

bei konstantem Sollwert $\bar{X}_1 = \text{const.}$ und

$$Q^2 = -(\Delta Q - Q_R{}^2) = 0{,}00128 - 0{,}000016 = 0{,}00126$$

Molteile Ammoniak bei halbstündlicher Neubestimmung des Sollwertes $\bar{X}_1 = \bar{X}_1(C)$.

Unter der Voraussetzung, daß die gesamte Erhöhung des Umsatzes im *ASR* zur Kapazitätserhöhung der Anlage ausgenutzt werden kann, ergibt sich für Q^1 ein Kapazitätszuwachs m_{NH_3} (bei einer mittleren Produktion von 20 t/h Ammoniak und einer mittleren Austrittskonzentration von $Z = 0{,}196$):

$$m_{NH_3} = \frac{0{,}00124 \cdot 20}{0{,}196} = 0{,}127 \text{ t/h}.$$

Die Kapazitätserhöhung von 127 kg Ammoniak pro Stunde wurde von der Leitung der Ammoniakanlage bestätigt. Auf ihrer Grundlage und unter Berücksichtigung der 1700 Betriebsstunden ermittelten die Ökonomen der Ammoniakanlage für 1972 einen ökonomischen Effekt von 125000 Mark.

Auf Basis der erfolgreichen Austestung des Steuerungssystems plante die Produktionsleitung für 1973 (und für die folgenden Jahre) einen ökonomischen Effekt in Höhe von 600000 M/Jahr. Zum Abschluß sei bemerkt, daß das Steuerungssystem für den ASR im VEB PCK Schwedt eines der Objekte war, die im Mai 1972 von der internationalen Spezialistenbrigade des Wissenschaftlich-Technischen Rates zum Thema 12 des RGW untersucht wurde. Im Abschlußbericht der Brigade [71] wird das *ASR* Steuerungssystem im VEB PCK Schwedt als ein „hervorragendes Beispiel für die Schaffung von Produktionssteuerungssystemen in den RGW-Ländern" bezeichnet.

8. Resümee

1. Gegeben wird die mathematische Formulierung für die Aufgabe der optimalen Steuerung eines *ASR* in der Statik und in der Dynamik (Optimierung der Ammoniakproduktion über die gesamte Standzeit einer Katalysatorfüllung), deren Lösung sich jedoch als unzweckmäßig und nicht realisierbar erweist. Unter Berücksichtigung der Objekt- und Störgrößeneigenschaften werden partielle Steuerungsaufgaben formuliert:

a) Bestimmung optimaler Sollwerte für das Temperaturregelsystem (statische Optimierung);

b) Bestimmung von Gewichtskoeffizienten für die Formierung von Zustandsmaßen.

Das durch Lösung dieser Aufgaben zu erreichende Hauptziel ist Maximierung der Ammoniakaustrittskonzentration im gegebenen Moment (a) und im Mittel (b).

2. Es wurde ein Algorithmus zur periodischen Neubestimmung der optimalen Sollwerte für das Temperaturregelsystem mit Anwendung eines mathematischen Modells geschaffen; aus Gründen einer effektiven Rechnernutzung wird die sogenannte Voroptimierung angewendet, die vorsieht, daß im Echtzeitbetrieb die optimalen Sollwerte nach im voraus aufgestellten Polynomen berechnet werden, die die Abhängigkeit der optimalen Sollwerte von den äußeren Störgrößen approximieren.
3. Es wurde ein Algorithmus zur Nachführung der Koeffizienten des statischen Reaktormodells in Echtzeit geschaffen, der automatisch folgende Funktionen ausführt: Erfassung, Auswahl und Speicherung der experimentellen Daten für die Koeffizientennachführung, periodische Kontrolle der Adäquatheit des Modelles und Bestimmung neuer Koeffizienten im Falle einer Verletzung der Adäquatheit.
4. Es wurden Gewichtskoeffizienten für die Formierung der Zustandsmaße (notwendig für eine verteilte Kontrolle des Temperaturprofils) bestimmt, wobei die mittleren Verluste der Ammoniakaustrittskonzentration minimiert werden, die dadurch entstehen, daß die tatsächlichen und die optimalen Sollwerte für das Temperaturregelsystem nicht genau übereinstimmen. Im Verlaufe der Lösung dieser Aufgabe wurde die Frage der effektiven Berechnung des Durchganges eines mehrdimensionalen Zufallsprozesses in einem nichtlinearen Objekt betrachtet und gelöst.
5. Formuliert wurden die notwendigen Bedingungen, denen die Gewichtsmatrix genügen muß, um eine eindeutige Zustandsschätzung des Prozesses und die Arbeitsfähigkeit des zweidimensionalen Temperaturregelsystems zu garantieren. Es wurde festgestellt, daß die Verluste an Ammoniakaustrittskonzentration nur schwach von den konkreten Werten der Gewichtskoeffizienten abhängen (im Gegensatz zur starken Verringerung dieser Verluste beim Übergang von der Einpunkt- zur verteilten Kontrolle des Temperaturfeldes in der Reaktionszone).
6. Das entworfene Steuerungssystem mit Anwendung eines Prozeßrechners wurde am *ASR* des VEB PCK Schwedt realisiert. Mit diesem System wurde erstmalig die Steuerung eines großen chemischen Reaktors nach dem Temperaturfeld unter industriellen Bedingungen verwirklicht.
7. Die Erprobung des Steuerungssystems bewies die Arbeitsfähigkeit und die Effektivität der gewählten Struktur von Steuerungssystemen und -algorithmen.
8. Im Verlaufe einer 1700-stündigen industriellen Nutzung des Systems wurde ein ökonomischer Effekt in Höhe von 125000 M erzielt. Der geplante (und von der Produktionsleitung bestätigte) Jahresnutzen beträgt 600000 M.

ANHANG 1

Berechnung der Kovarianzmatrix der dynamischen Fehler bei Messung der Störgrößen

Bei der Berechnung der Kovarianzmatrix cov $\{\Delta_2 C\}$ der dynamischen Meßfehler wird vom Ersatzschaltbild der Meßkanäle (siehe Abb. 11) ausgegangen. Die Taktzeit T ist für alle Kanäle gleich, die Totzeiten haben die Werte τ_i, $i = 1, 2, \ldots, 5$. Zu bestimmen ist der über die Taktzeit gemittelte Wert der Kovarianzmatrix cov $\{\varepsilon^2\}$ = cov $\{\Delta_2 C\}$.

Das Differenzsignal $\varepsilon(t)$ hängt ab von den Werten des Eingangssignals $C(t)$, von der Taktzeit T und von der Zeit Δ innerhalb jedes Arbeitstaktes des Impulsgliedes ($0 \leqq \Delta \leqq T$). Damit ist ein Element der über T gemittelten Kovarianzmatrix wie folgt bestimmt:

$$\mathrm{cov}_{j,i}\,\{\Delta_2 C\} = \int_0^T E\{\varepsilon_j(t, \Delta) \cdot \varepsilon_i(t, \Delta)\}\, d\Delta \tag{1}$$

Der Kern des Integrals (1) hat den Sinn einer Korrelationsfunktion $R_{j,i}^{(\varepsilon)}(\tau)$ der Differenzsignale ε_j und ε_i für $\tau = 0$.

Da die Größe $\varepsilon_i(t, \Delta)$ entsprechend dem Ersatzschaltbild des Meßkanals nach Formel

$$\varepsilon_i(t, \Delta) = C_i(t) - C_i(t - \tau_i - \Delta) \tag{2}$$

bestimmt wird, ergibt sich für das Element der Kovarianzmatrix:

$$R_{j,i}^{(\varepsilon)}(\tau, \Delta) \frac{1}{2T_R} \int_{-T_R}^{T_R} \{[C_j(t) - C_j(t - \tau_j - \Delta)]\,[C_i(t + \tau) - C_i(t + \tau - \tau_i - \Delta)]\}\, dt$$

$$= \frac{1}{2T_R} \int_{-T_R}^{T_R} [C_j(t) \cdot C_i(t) + C_j(t - \tau_j - \Delta) \cdot C_i(t + \tau - \tau_i - \Delta)$$

$$- C_j(t) \cdot C_i(t + \tau - \tau_i - \Delta) - C_j(t - \tau_j - \Delta)\, C_i(t + \tau)]\, dt. \tag{3}$$

Hier ist T_R — die Realisierungszeit, die für die Berechnung der Korrelationsfunktion zugrunde gelegt wird.

Da hier nur der Wert von (3) bei $\tau = 0$ interessiert, wird (3) umgeformt zu

$$R_{j,i}^{(\varepsilon)}(\tau = 0, \Delta) = R_{j,i}(0) + R_{j,i}(\tau_j - \tau_i) - R_{j,i}(-\tau_i - \Delta) - R_{j,i}(\tau_j + \Delta). \tag{4}$$

Hier ist $R_{j,i}(\tau)$ — ein Element der Störgrößenkorrelationsmatrix. Unter Berücksichtigung dessen, daß die zwei ersten Glieder in (4) nicht von Δ abhängen, ergibt sich aus (1), (2) und (4):

$$\operatorname{cov}_{j,i}\{\Delta_2 C\} = R_{j,i}(0) + R_{j,i}(\tau_j - \tau_i) - \frac{1}{T}\int_0^T [R_{j,i}(\tau_j + \Delta) + R_{i,j}(\tau_i + \Delta)]\, d\Delta. \tag{5}$$

Gleichung (5) wird im Abschnitt 6.1. zur Berechnung der Kovarianzmatrix der dynamischen Fehler bei Messung des Vektors $C(t)$ benutzt.

ANHANG 2

Berechnung der Statik des Temperaturregelsystems mit dem linearisierten Modell

Eine der Möglichkeiten zur Beschleunigung der Zielfunktionswertberechnung bei der Bestimmung der Gewichtsmatrix G ist die Linearisierung der Reaktorcharakteristiken (Abschnitt 6.2.1.), die die Durchrechnung der Statik des Regelsystems auf die Lösung eines linearen algebraischen Gleichungssystems zurückführt.

Es erwies sich als unmöglich, eine ausreichend genaue Linearisierung der Reaktorcharakteristiken für alle möglichen Werte des Störgrößenvektors C mit konstanten Linearisierungskoeffizienten (Verstärkungsfaktoren) zu erhalten.

Aus diesem Grunde und unter Berücksichtigung dessen, daß entsprechend der Aufgabenstellung (Abschnitt 6.2.1.) die Statik nur für eine begrenzte Anzahl von Störgrößenvektoren $C^{(i)}$, $i = 1, 2, \ldots, M_A$ erforderlich ist, wird für jeden Vektor $C^{(i)}$ die Linearisierung getrennt durchgeführt:

$$T_j^{(i)} = \overset{*}{T}_j^{(i)}\Big|_{C^{(i)}, \overset{*}{U}^{(i)}} + \frac{\partial T^{(i)}}{\partial U_1}\Big|_{C^{(i)}, \overset{*}{U}^{(i)}} \cdot \Delta U_1 + \frac{\partial T^{(i)}}{\partial U_2}\Big|_{C^{(i)}, \overset{*}{U}^{(i)}} \cdot \Delta U_2;$$

$$j = 1, 2, \ldots, N; \qquad i = 1, 2, \ldots, M_A. \tag{1}$$

Hier sind

$\Delta U_r = U_r - \overset{*}{U}_r^{(i)}$, $r = 1, 2$ die Abweichung der Steuergrößen von den für $C^{(i)}$ optimalen;

$T_j^{(i)}$ und $\overset{*}{T}_j^{(i)}$ – die sich bei U_r einstellenden und die optimalen Temperaturprofile für $C^{(i)}$.

Da das Steuerungsziel implizit in einer Annäherung des Temperaturprofiles $T^{(i)}$ an das optimale $\overset{*}{T}^{(i)}$ besteht, ist es nur natürlich, die Linearisierung in der Umgebung des optimalen Regimes durchzuführen. Es sei an dieser Stelle noch einmal darauf hingewiesen, daß die Abhängigkeit $T_j(U)$ in allen realen Regimen monotonen Charakter hat und daß die Abhängigkeit $Z(U)$ im Gegensatz dazu ein Extremum (Maximum) besitzt.

Nach Einführung der Bezeichnung

$$T_{U_r}^{(i)} = \frac{\partial T_j^{(i)}}{\partial U_r}\Big|_{C^{(i)}, \overset{*}{U}^{(i)}}$$

nimmt Gleichung (1) in Matrizenschreibweise folgende Form an:

$$T^{(i)} = \overset{*}{T}^{(i)} + T^{(i)}_{U_1} \cdot \Delta U_1^{(i)} + T^{(i)}_{U_2} \cdot \Delta U_2^{(i)}. \tag{2}$$

Die Verwendung von Reglern mit I-Anteil garantiert, daß in der Statik die Bedingung

$$\left\langle G_r, \left(\overset{*}{T}^{(0)} - T^{(i)}\right)\right\rangle = 0; \qquad r = 1, 2 \tag{3}$$

erfüllt wird. Dabei sind

$T^{(i)}$ — das Temperaturprofil, das sich im geschlossenen Regelkreis einstellt, wenn der Störgrößenvektor $C^{(i)}$ wirkt und der Sollwert des Regelsystems gleich $\overset{*}{X}^{(0)}$ ist, dem optimalen Sollwert für den von $C^{(i)}$ verschiedenen Vektor $C^{(0)}$;

G_r — der Spaltenvektor der Gewichtsmatrix G.

Durch Einsetzen von $T^{(i)}$ aus (2) in (3) ergibt sich:

$$\left\langle G_r, \left(\overset{*}{T}^{(0)} - T^{(i)}\right)\right\rangle = \left\langle G_r, \left(\overset{*}{T}^{(0)} - T^{(i)}\right)\right\rangle - \left\langle G_r, T^{(i)}_{U_1}\right\rangle \cdot \Delta U_1^{(i)} - \left\langle G_r, T^{(i)}_{U_2}\right\rangle \cdot \Delta U_2^{(i)} = 0. \tag{4}$$

Gleichung (4) stellt ein lineares algebraisches Gleichungssystem für die Bestimmung der Abweichung der Steuergrößen $\Delta U_r^{(i)}$ von den optimalen Werten bei Wirkung des Vektors $C^{(i)}$ dar.

Die durch Lösung des Systems (4) ermittelten Werte $\Delta U_r^{(i)}$ gestatten einerseits die Berechnung der Temperaturen in verschiedenen Punkten des Ammoniakreaktors nach Gleichung (2). Andererseits, und das ist wichtig für das hier beschriebene Verfahren zur Zielfunktionswertberechnung, können die Werte $\Delta U_r^{(i)}$ zur Berechnung der Differenzen $\Delta Z^{(i)}$ verwendet werden. In dieser Absicht wird an jedem Punkt $C^{(i)}$ die Abhängigkeit der Differenz

$$\Delta Z^{(i)} = Z^{(i)} - \overset{*}{Z}^{(i)}$$

der faktischen und der optimalen Ammoniakaustrittskonzentration von der Abweichung der Steuergrößen von den optimalen, d. h. von $\Delta U_r^{(i)}$, approximiert (durch Polynome dritten Grades). Ausgangsinformation für diese Approximationen sind die Ergebnisse der Durchrechnung des Modells der Statik des *ASR* für einen kleinen Versuchsplan im Raum der Steuergrößen $U_1 - U_2$, dessen Zentrum im optimalen Regime $\overset{*}{U}_r^{(i)}$ liegt. Die Schulterbreite dieses Planes ist gleich 0,001. Auf diese Weise besteht die Berechnung der $Z^{(i)}$-Werte für den Störgrößenvektor $C^{(i)}$ in der Lösung des Gleichungssystems (3) und der nachfolgenden Berechnung eines Polynoms dritten Grades. Im voraus sind jedoch einmal die Linearisierungskoeffizienten $T^{(i)}_{U_r}$ zu bestimmen und die Abhängigkeiten $\Delta Z^{(i)}$ von ΔU_r zu approximieren.

9. Literatur

[1] Абезгауз, Д. Д., и др., „*Справочник по вероятностным расчетам*", Москва, 1970

[2] Арис, Р., *Анализ процессов в химических реакторах*", Химия, 1967

[3] Аэров, М. Э., Тодес, О. М., *Гидравлические и тепловые основы работы аппаратов*", Ленинград, 1968

[4] Балясный, Л. А., Матрос, Ю. Ш., Слинько, М. Г. ,,*Устойчивость реактора с внешним теплообменником*", ТОХТ, № 5, стр. 735—741, 1968

[5] Бальцер, Д., Кандидатская диссертация, ЛТИ, 1968

[6] Бендат, Дж., ,,*Основы теории случайных шумов и ее применения*", ,,Наука". М. 1965

[7] Бесков, В. С., Кандидатская диссертация, СО АН СССР, Новосибирск, 1964

[8] Бесков, В.С., и др., „*Моделирование процесса синтеза аммиака*". Доклад на П Всесоюзной конференции по химическим реакторам. Новосибирск, 1965

[9] Бидка, К., Кандидатская диссертация, ЛТИ, 1971

[10] Бутковский, А. Г., „*Теория оптимального управления системами с распределенными параметрами*", Москва, 1965

[11] Бутковскии, А. Г., Егоров, А. И., Лурье, К. А., „*Оптимальное управление системами с распеределенными параметрами* (*Обзор советских публикации*)", SIAM J. Control, Vol. 6, pp. 437—476, 1968

[12] Волин, Ю. М., Островский, Г. М., „*Методы оптимизации сложных химикотехнологических схем*", Москва, 1970

[13] Вольтер, Б. В., „*Автоматизация процесса синтеза аммиака*", Приборостроение, № 2, стр. 7—9, 1959

[14] Волтер, Б. В., Сальников, И. Е., *Устойчивость режимов работы химических реакторов*", Москва, 1972

[15] Галицкин А. Я., „*Нелинейный метод наименьших квадратов, краткое описание к АЛГОЛ — программе*", ГИАП Москва, 1970

[16] Гимельшейн, Ф. Я., Девятов, Б. Н., „*Задача оптимальной оценки состояния управлеяемых химико-технологических процессов*", ДАН СССР, т. 165, № 2, 1965

[17] Гимельшейн, Ф. Я., Девятов, Б. Н., „*Определение оптимальных критериев состояния распределенных технологических процессов*", Доклад на Ш Всесоюзном совещании по автоматическому управлению, Одесса, 1965

[18] Гимельшейн, Ф. Я., „*О синтезе оптимальной весовой функции распределенного контроля в системах управления технологическими процессами*", Автометрия, т. 11, № 1, 1966

[19] Гимельшейн, Ф. Я., „*Оптимальные оценки состояния противоточных технологических аппаратов*", Автометрия, № 1, 1967

[20] Горский, В. Г. и Бродский, В. З., в книге: „*Новые идеи в планировании эксперимента*", под редакцией В. В. Налимова, Москва, 1969

[21] Девятов, Б. Н., Докл. АН СССР, 90, № 5, 1953

[22] Девятов, Б. Н., Докл. АН СССР, 130, № 3, 1960

[23] Девятов, Б. Н., „*Теория переходных процессов е технологических аппаратах с точки зрения управления*", СОАН СССР, Новосибирск, 1964

[24] Дегтярев, Г. Л., Сиразетдиков, Т. К., „*Об оптимальном управлении одномерными процессами с распределенными параметрами*“, Автоматика и телемаханика, № 11, 1967
[25] Демидович, Б. Р., Марон, И. А., Шувалов, Е. С., „*Численные методы анализа*“, Москва, 1963
[26] Доррер, Г. А. и Гимельшейн, Ф. Я., „*Задача оптимального сбора информации в системах управления распределенными технологическими процессамц при случайных воздействиях*“, Известия Сиб. отд. АН СССР, вып. 3, № 13, Серия Техн. наук, стр. 89—97, 1968
[27] Доррер, Г. А., Автореферат к кандидатской диссертации СО АН СССР, Новособирск, 1969
[28] Живоглядов, В. П., „*Дуальное управление в системах с распределенными параметрами в сборнике: Методы оптимизации автоматических систем*“, Москва, 1972
[29] Живоглядов, В. П. „*Автоматические системы с накоплением информации*“, Фрунзе, 1966
[30] Засмолин, А. В., Бесков, В. С., „*Поля температур и концентрации в слое катализатора в межтрубном пространстве*“, Теоретические основы химической технологии, № 3, 1968
[31] Заярный, Н. С., Кандидатская диссертация, МХТИ, 1964
[32] Заярный, Н. С., „*Моделировочные статики реакторов синтеза аммиака на ЦВМ*“, Дом научно-техн. пропаганды, Москва, 1960
[33] Зельцер, А. Г., Кандидатская диссертация. СКБ АНН, Москва, 1970
[34] Ивахненко, А. Г., „*Самонастраивающиеся системы*“, Киев, 1969
[35] Кактовник, В. Я., „*Метод наименьших квадратов в задаче оценки параметров нелинейной модели*“, Кибернетики и вычислительная техника, выпуск 5, 1970
[36] Кафаров, В. В., „*Методы кибернетики в химической технологии*“, Москва, 1971
[37] Кафаров, В. В., Бояринов, А. И., „*Методы оптимизации в химической технологии*“, Москва, 1969
[38] Конторович, Л. В., „*Приближенные методы высшего анализа*“, Москва Ленинград, 1962
[39] Чинский, А. В. Кандидатская диссертация, МИХМ, 1964
[40] Корчинский, А. В., „*Автоматизация процесса синтеза аммиака с предкатализом*“, Приборостроение, № 7, 1960
[41] Корчинский, А. Б., „*Автоматизация производства аммиака*“, Механизация и автоматизация производства, № 3, 1961
[42] Корчинский, А. В., „*Динамические характеристики установок синтеза аммиака*“, Труды ЦНИИКА вып. 6, стр. 143—159, 1963
[43] Крайнов, В. Н., Глузман, С. С., „*Исследование динамических свойств системы прямого цифрового регулирования процесса синтеза аммиака*“, Хим. пром. № 3, 1966
[44] Леннинг, Дж. Х., Беттин, Р. Г., „*Случайные процессы в задачах автоматического управления*“, Москва, 1958
[45] Лернди, С. Т., „*Современная теория систем*“, Москва, 1970
[46] Лецкий, Э. К., Ермуратский, П. В., ,,*Планирование экспериемнша в автоматических системах обработки информации*'', нформационные

материалы АН СССР, научный совет по комплексной проблеме „Кибернетика" 8 (45) Москва, 1970

[47] Лецкий, Э. К., Бородюк, В. П., „*Статистическое описание промышленных объектов*", Москва, 1971

[48] Лецкий, Э. К., Фомин, Г. Н., „*Отчет по вопрасам идентификации в случае нелинейных моделей*", НХК Шведт, 1972

[49] Лившиц, Н. А., Пугачев, В. Н., „*Вероятностный анализ САУ*", том П, Москва, 1963

[50] Маслов, Е. П., „*Применение теории статистических решений при идентцфикации параметров объекта*", Автоматика и телемеханка, том 24, № 10

[51] Маслов, Е. П., Осовский, Л. М., „*Самонастраивающиеся системы управления с моделью*", Автоматика и телемеханика, № 10, 1965

[52] Матрос, Ю. Ш., Бесков, В. С., „*Расчет контактного аппарата с внутренним теплообменом как объекта регулирования. Исслевобание динамических характеристик*", Хим. пром, № 5, 1965

[53] Мукосей, В. И., „*Некоторые вопросы оптимизации и устойчивости колонн синтеза аммиака с внутренним теплообменом*", Теоретические основы химической технологии, № 2, стр. 286—293, 1968

[54] Налимов, В. В., Чернова, „*Статистические методы планирования экстремальных экспериментов*", Москва, 1965

[55] Нетушил, А. В., и др., „*Теория автоматического управления*", Часть П, Москва, 1972

[56] Никитин, А. И., „*О выборе частоты опроса непрерыных датчиков*", Семинар: Алгоритмизация производственных процессов. Киев, 1964

[57] Норкин, К. Б., Сагалов, Ю. Э,, „*Точность определения параметров объекта и оптимальное управление*", Автоматика и телемеханика, № 4, 1971, стр. 115—119

[58] Павлов, К. Ф., Романков, П. Г., „*Примеры и задачи по курсу процессов и аппаратов хим. технологии*", Ленинград, 1964

[59] Пиьмен, Л. М., „*Существование и устойчивость стационарных режимов трубчатых реакторов с внутренним теплообменником*", Физика горения и взрыва, № 2, стр. 239, 1969

[60] Письмен, Л. М., Харкац, Ю. И., Мукосей В. И., Инженерно-физический журнал, № 6, 1967

[61] Петровский, И. Б., „*Лекции по дифферентциальным уравнениям в частных производных*", Москва, 1963

[62] Раскин, А. Я., „*Продольное перемешивание в радиальном аппарате синтеза аммиака большой производительности*", Хим. пром., № 3, 1968

[63] Румянцев, О. В., „*Оборудование цехов синтеза высокого давления*", Москва, 1970

[64] Русов, М. Т., и др., Труды ГИАП, вып. П, 1953

[65] Сиразетдинов, Т. К., „*К теории оптимальных процессов с распределенными параметрами*", Автоматика и Телемеханика, № 4, 1961

[66] Слинько, М. Г., Мулер, А. Л., Кинетика и катализ, стр. 467—473, 1961

[67] Слинько, М. Г., Бесков, В. С., Скомороков, В. Б., Хим. пром., № 9, 1963

[68] Слинько, М. Г., „*Математическое моделирование химических реакторов*" Доклад на 1 Всесоюзной конференции по моделированою и онтимизации каталитических процессов, Новосибирск, 1963

[69] Слинько, М. Г., „*Этапы моделирования химических реакторов*", Доклад на Всесоюзной конференции по химическим реакторам, Новосибирск, 1965

[70] Соколинский, Ю. А., Кандидатская диссертация, МИХМ, 1963

[71] Совет экономической взаимопомощи. Отчет работы международной бригады научно-технического совета (тема 12) СЭВа по исследованию АСУ в странах СЭВа, София, 1972

[72] Темкин, М. И., Пыжов, В. М., Журнал физхимии, том 13, стр. 851, 1939

[73] Темкин, М. И., Химическая наука и промышленность, № 2, стр. 219, 1957

[74] Темкин, М. И., Журнал физхимии, том 24, стр. 1312, 1950

[75] Уайлд, Д., „*Методы поиска экстремума*", Москва, 1967

[76] Федоров, В. В., „*Теория оптимального эксперимента*", Москва, 1971

[77] Фельдбаум, А.А., „*Основы теории оптимальных автоматических систем*", Москва, 1966

[78] Фихтенгольц, Г. М., „*Курс дифференциального и интерального исчисления.*", Москва-Ленинград, 1966

[79] Хан, Г., Шапиро, С., „*Статистические модели в инженерных задачах*", Москва, 1969

[80] Харкац, Ю. И., Иисьмен, Л. М., Мукосей В. И., „*Устойчивость реакторов с внешним теплообменником*", ДАН СССР том 174, № 6, стр. 1385, 1967

[81] Харькова, Г. С., Автореферат к кандидатской диссертации, СО АН ССР, Новосибирск, 1968

[82] Херсон, Д., „*Статистика для физиков*", Москва, 1970

[83] Цыпкин, Я. З., „*Адаптация и обучение в автоматических системах*", Москва, 1968

[84] Шольц, Ф., Кандидатская диссертация, ЛТИ, 1973

[85] Adler, J., Vortmeyer, D., „*Stabilität exothermer chemischer Reaktionen im Strömungsrohr*", Chem. Ing. Technik, V. 40, N.17, S. 869, 1968

[86] Bakemeier, H., „*Optimale Auslegung eines* NH_3-Ofens", Chem. Ing. Technik, Vol. 37, Nr. 4, S. 429–433, 1965

[87] Balzer, D., Iljin, B. W., „*Dynamisches Modell eines* NH_3-*Reaktors*", Vortrag auf der Diskussionstagung über technische Reaktionsführung, Magdeburg, 1967

[88] Balzer, D., Raasch, E., „*Entwurf einer Strategie zur Steuerung von Ammoniakanlagen mittels Prozessrechner*", Messen-Steuern-Regeln, Nr. 6, 1971

[89] Bellmann, E. R., Kalaba, E. R., „*Quasilinearisition and nonlinear boundary imbedding*", New York, 1969

[90] Bendel, U., u. a., „*Methoden der statischen Optimierung industrieller Prozesse*", Messen-Steuern-Regeln, Nr. 3, 1971

[91] Beveridge, G. S. G., Schlechter, R. S., „*Optimisation: Theory and Practice*", Mc Graw Hill, 1970

[92] Box, M. J., „*A Comparison of Several Current Optimization Methods and the Use of Transformation on Constrained Problems*", The Computer Journal, Vol. 9, p. 67–76, 1966

[93] BADDOUR, R. F., BRIAN, P. L. Z., LOGEAIS, B. A., EYMERY, J. P., „*Steady-state simulation of an ammonia synthesis converter*", Chem. Eng. Science, vol. 20, pp. 297–310, 1965

[94] BRIAN, P. L. T., BADDOUR, R. F., EYMERY, J. P., „*Transient behavior of an ammonia synthesis reactor*", Chem. Eng. Science, Vol. 20, pp. 281–292, 1965

[95] BEALE, E. N. L., „*Confidence regions in nonlinear estimation.* J. Roy. Stat. Soc., Ser. B, Vol. 22, pp. 41–76, 1960

[96] COURANT, R., ISSACSON, E., REES, M., Commun. Pure Appl. Math. Vol. 5, p. 243, 1952

[97] DAMERT, K., „*NLOPT 2 — Dokumentation zum FORTRAN-Programm für nichtlineare Optimierung nach* POWELL", VEB PCK Schwedt, 1970

[98] DAMERT, K., „*NLOPT 4 — Dokumentation zum FORTAN-Programm für nichtlineare Regression nach* D. MARQUART" VEB PCK Schwedt, 1970

[99] DEUTSCH, R., „*Estimation Theory*", Englwood Cliffs, 1965

[100] DORATA, P., „*On sensitivity of optimal control systems*". IEEE Trans. Autom. Control, Vol. AC-8, Nr. 3 1963

[101] DYSON, D. C., SIMON, I., Industrial and Engineering Chemistry, Fundamentals, Vol. 7, Nr. 4, 1968

[102] EFROYMSON, M. A., „*Regression Analysis*", Im Buch: RALSTON, A., WILF, H. S., „*Mathematische Methoden für Digitalrechner*", München-Wien, 1967

[103] EYKHOFF, P. „*Process Parameter and State Estimation*", IFAC — Symposium on Identification, Prague, 1967

[104] EYMERY, J. P., Chem. Engng. Sc. D. Thesis, M. I. T., 1964

[105] FANGEL, P. B., „*A closed loop computer control system of an ammonia plant in Kuwait*", Information of the Haldor Topsoe Company, 1970

[106] GELBIN, D., Chemische Technik, Nr. 4, 1965

[107] GILLESPIE, L. J., Beattie J. A., Phys. Rev. Vol. 36, p. 743, 1930

[108] GILLES, E. D., „*Die chemischen Reaktoren als Regelstrecke und ihre Dynamik*", Regelungstechnik, Nr. 8–10, 1966

[109] GILLES, E. D., „*Zur Theorie der Regelung von Systemen mit verteilten Parametern*", Regelunstechnik, Nr. 10, 1967

[110] GOULD, L. A., MURRAY-LASSO, M. A., „*On the Modal Control of Distributed Systems*", IEEE Trans. Aut. Control, Vol. AC-11, Nr. 4 pp. 729–737, 1966

[111] GREESKE, H., „*VERAUS — Dokumentation zum ALGOL-Programm für numerische* LAPLACE-*Transformation*", VEB PCK Schwedt, 1971

[112] HARTLEY, H. O., „*Modified* GAUSS-NEWTON *method for the fitting of nonlinear regression functions*", Technometrics, Vol. 3, p. 269, 1961

[113] HEERDEN VAN., „*Chemical Reaction Engineering*", New York, 1957

[114] HERBRICH, D., „*Anwendung der Quasilinearisierung*", Im Buch: „*Analyse und Steuerung von Prozessen der Stoffwirtschaft. Berlin,* 1971

[115] HESSELBARTH, M., *ENTCP, VIWA — Dokumentation zu ALGOL-Unterprogrammen zur Berechnung von Stoffwerten für Ammoniaksynthesegasgemische*", VEB PCK Schwedt. 1969

[116] *IZ* — Böhlen: *Studie zum Prozessrechnereinsatz in der Ammoniakanlage des VEB PCK Schwedt*", 1967

[117] ICI: „*Steamreforming-Technologie zur Produktion von Synthesegas für die Ammoniakproduktion*", Betriebshandbuch im VEB PCK Schwedt

[118] Kjaer, J., „*Measurements and Calculation of Temperature and Conversion in Fixed Bed Catalytic Reactors*", Copenhagen, 1958

[119] Kjaer, J., „*Calculation of Ammonia Converters on an Electronic Digital Computer*", Copenhagen, 1963

[120] Kuboto, H., Shindo, M., Chem. Eng. (Japan), Vol. 23, p. 1312, 1950

[121] Lee, E. S., Chem. Engng. Science, Vol. 21, pp. 143—157, 183—194, 1966

[122] Lee, R. S. K., „*Optimal Estimation. Identification and Control.* Cambridge, 1964

[123] Logeais, B., M. s. Thesis, Dept, of Chem. Eng., M. I. T., 1959

[124] Marquardt, D. W., „*An Algorithm for Least-Squares Estimation of Nonlinear Parameters*", Journal of the Soc. for Industrial and Applied Mathematics, Vol. 11, Nr. 2, 1963

[125] Marquardt, K., „*NAGL — Dokumentation zum FORTRAN-Programm zur Lösung nichtlinearer algebraischer Gleichungssysteme nach Broyden*". VEB PCK Schwedt, 1970

[126] Murase, A., Roberts, H. L., Converse, A. O., „*Optimal Design of an Autothermal Ammonia Synthesis Reactor*", Ind. Eng. Chem., Proc. Des. Develop., Vol. 9, Nr. 4, 1970

[127] Nielsen, A., „*Investigation on Promoted Iron Catalyst for the Synthesis of Ammonia*", Copenhagen, 1965

[128] Paradis, W. O., Perlmutter, D. D., „*Control of an Non-isothermal Tubular Reactor*", AIChEJ, p. 883, 1966

[129] Pawlak, P., „*MODAPE-Dokumentation zum Programmsystem zur Nachführung von nivhtlinearen Modellen im Echtzeitbetrieb*", VEB PCK Schwedt, 1971

[130] Peckham, P., „*A new method of minimizing a sum of squares without calculating gradients*", The Computer Journal, Vol. 13, pp. 418—420, 1970

[131] Powell, M. J. D., „*A method for minimizing a sum of squares of nonlinear functions without calculating derivates*", The Computer Journal, Vol. 7, p. 303, 1964

[132] Robinson, A. C., „*Optimal control of distributed parameter Systems (Review)*", Automatica, Vol. 7, pp. 371— 388, 1971

[133] Rosenbrock, H. H., Storey, C., „*Computational Technique for Chemical Engineering*", Oxford-London, 1966

[134] Sage, A. P., Cuenod, M., „*Comparison of some methods used for process identification*", IFAC-Symposium on Identification, Prague, 1967

[135] Savas, E.S., Computer „*Control of Industrial Processes*", New York, 1965

[136] Seinfeld, J. H., Lapidus L., „*Computational aspects of the optimal control of distributed-parameter systems*", Chem. Eng. Science, Vol. 23, pp. 1461—1483, 1968

[137] Seinfeld, J. H., „*Identification of parameters in partial differential equations*", Chem. Eng. Science, Vol. 24, pp. 65—83, 1969

[138] Shah, M. J., „*Control and Simulation in Ammonia Production*", Ind. Eng. Chem., Vol. 59, Nr. 1, pp. 72—83, 1967

[139] Shah, M. J., Weisenfelder, A. J., „*Control and Optimization of a Large Ammonia Plant with a Digital Computer*", Automatica, Vol. 5, Nr. 3, 1969

[140] Thompson, W. G., Weisenfelder, A. J., Fritz, J. C., „*Real Time Optimization of Ammonia Synthesis Loop with a Digital Control System*", 21. Annual ISA Conference and Exhibition, Oct. 1966, Preprint Nr. 3, 3-3-66, ISA

[141] Soldan, P., „*KORRELDM — Dokumentation zum Programmsystem zur Berechnung von Korrelationsfunktionen im Echtzeitbetrieb*", VEB PCK Schwedt, 1972

[142] SOLDAN, P., „*NORMHYPO — Dokumentation zum ALGOL-Programm für die Überprüfung der Normalverteilungshypothese*", VEB PCK Schwedt, 1971

[143] STURM, F., „*STATEX — Dokumentation zum ALGOL-Programm für die Gewinnung stationärer Betriebsdatensätze*", VEB PCK Schwedt, 1972

[144] Toyo-Engineering, „*Advanced Computer Control for Ammonia Plant by TEC*", Tokyo, 1971

[145] WANG, P. K. C., „*Control of distributed parameter systems. Advances in Control Systems: Theory and Applications*", Academic Press, New York, vol. 1, pp. 75 bis 172, 1964

[146] WANG, P. K. C., „*Theory of stability and control for distributed parameter systems (A bibliography).*" Int. J. Control, Vol. 17, pp. 101— 116, Nr. 2, 1968

[147] WOLBERG, J. R., „*Prediction Analysis*", Princeton, 1967

[148] БАЛЬЦЕР, Д., Ильин, Б. В., РАЙНИГ, Г., „*Моделирование и оптимальное управление трубчатым реактором с внутренним теплообменом. Труды* Ш Всесоюзной конференции по химическим реакторам." Часть 1, Киев, 1968

[149] БАЛЬЦЕР, Д., Ильин, Б. В., РАЙНИГ, Г., „*К вопросу оптимального управления трубчатым реактором по температурному полю*," Доклад на П Всесоюзной межвузовской конференции по проблеме автоматизации химических производств, Москва, 1968

[150] БАЛЬЦЕР, Д., Ильин, Б. В., Райниг, Г., „*Моделирование.статики процесса синтеза аммиака*", Научно-техническая конференция ЛТИ им. Ленсовета. Краткие сообщения. 1968

[151] БАЛЬЦЕР, Д., Ильин, Б. В., РАЙНИГ, Г., „*К расчету сисмемы оптимального регулирования трубчатого реактора по температурному полю.*" Научно-техническая конференция ЛТИ им. Ленсовета. Краткие сообщения. 1963

[152] БАЛЬЦЕР, Д., Ильин, Б. В., КАШМЕТ, В. В., РАЙНИГ, Г., „*ЦВМ в системе управления реакторным блоком*", Доклад на У Всесоюзном совещании по проблемам управления, Москва, 1971

[153] РАЙНИГ, Г., „*Дипломная работа*". ЛТИ им. Ленсовета, 1968

[154] Ильин, Б. В., РАЙНИГ, Г., Шольц, Ф., „*О параметрическом синтезе нелинейных многосвязных САР с цифровыми регуляторами*", Научно-техн. конференция ЛТИ им. Ленсовета. Краткие сообщения. 1970

[155] БАЛЬЦЕР, Д., Ильин, Б. В., РАЙНИГ, Г., ГЕРБРИХ, Д., „*Численное решение уравнений динамики трудчатого реактора*", Научно- техн. конференция ЛТИ им. Ленсовета, Краткие сообщения. 1970

[156] БАЛЬЦЕР, Д., Ильин, Б. В., РАЙНИГ, Г., „*Управление трубчатым реактором по температурному профилю*", Конференция научно-техн. совета по теме 8 СЭВа, Дрезден, 1969

[157] Ильин, Б. В., Бальцер, Д., РАЙНИГ, Г., Авторское свидетельство № 295321

[158] БАЛЬЦЕР, Д., Ильин, Б. В., Шольц, Ф., РАЙНИГ, Г., Авторское свидетельство № 306869

[159] BALZER, D., ILJIN, B. W., REINIG, G., „Zur *Berechnung der dynamischen Charakteristiken eines Ammoniakreaktors*", Wissenschaftliche Zeitschrift der TH Chemie Merseburg, Nr. 4, 1968

[160] BALZER, D., ILJIN, B. W., REINIG, G., SCHOLZ, V., „*Optimierende Steuerung eines NH_3-Reaktors*", Vortrag auf dem Verfahrenstechnischem Seminar, Magdeburg, 1970

[161] Autorenkollektiv unter Leitung von K. HARTMANN: „*Analyse und Steuerung von Prozessen der Stoffwirtschaft*", Berlin, 1971

[162] BALZER, D., ILJIN, B. W., REINIG, G., SCHOLZ, V., „*Praktische Erfahrungen bei der Steuerung eines* NH_3-*Reaktors*", Chemische Technik, Nr. 9, 1971

[163] LEZKI, E. K., FOMIN, G. A., WEIGELT, W., REINIG, G., „*Analyse und Approximation theoretischer Modelle*", Vortrag auf der Diskussionstagung „Prozess- und Systemtechnik, Magdeburg, 1971

[164] BALZER, D., ILJIN, B. W., REINIG, G., SCHOLZ, V., „*Feedback Control of an Ammonia Synthesis Converter via Temperature Field Estimation*", Preprints of the IFAC-Symposium on Digital Simulation of Continious Processes, Györ, Hungary, 1971

[165] FOMIN, G. A., LEZKI, E. R., REINIG, G., „*Die Anwendung von Klassifikationsverfahren bei experimentellen Untersuchungen,*" Vortrag auf der 3. Informationstechnischen Tagung, Dresden, 1972

[166] BALZER, D., HARTMANN, K., KUSIN, R. E., LEZKI, E. K., REINIG, G., „*Praktische Erfahrungen und Ergebnisse des Einsatzes von Digitalrechnern zur Analyse, Modellierung und Steuerung verfahrenstechnischer Prozesse*", Messen-Steuern-Regeln, Nr. 9, 1972

[167] BALZER, D., LEZKI, E. K., PAWLAK, P., REINIG, G., „*Nachführung theoretischer Modelle von technologischen Prozessen*", Vortrag auf der Internationalen Tagung über Automatisierung in der chemischen und erdölverarbeitenden Industrie, Budapest, 1972

[168] BALZER, C., ILJIN, B. W., REINIG, G., SCHOLZ, V., „*Automatische Steuerung von Rohrreaktoren*", Vortrag auf dem Verfahrenstechnischen Seminar über Objekte mit verteilten Parametern, Merseburg, 1972

[169] FOMIN, G. A., LEZKI, E. K., REINIG, G., „*Anwendung von Klassifizierungsmethoden bei experimentellen Untersuchungen*", Messen-Steuern-Regeln, Nr. 11, 1972

[170] BALZER, D., HARTMANN, K., REINIG, G., „*Informationssystem zur Steuerung der Produktion in einem Erdölverarbeitungswerk*", Chemische Technik, Nr. 8, 1973

[171] LEZKI, E. K., REINIG, G., „*Zur Effektivitätsabschätzung von optimierenden Steuerungen*", Messen-Steuern-Regeln, Nr. 3, 1973

[172] REINIG, G., „*FOURIER — Dokumentation zum ALGOL-Programm für* FOURIER-*zerlegung nach vorgegebenen Frequenzen.* VEB PCK Schwedt, 1971

[173] REINIG, G., „*NLKQ — Dokumentation zum ALGOL-Programm für nichtlineare Regression nach* HARTLEY. VEB PCK Schwedt, 1969

[174] REINIG, G., „*KUREI — Dokumentation zum ALGOL-Programm zum Zeichnen von Niveaulinien mit Hilfe eines Paralleldruckers*", VEB PCK Schwedt, 1969

[175] HERBRICH, D., REINIG, G., „*PDGLS — Dokumentation zum FORTRAN-Programm für die Lösung hyperbolischer Differentialgleichungssysteme*", VEB PCK Schwedt, 1969

[176] REINIG, G., „*ANGLSIM — Dokumentation zum FORTRAN-Programm zur Koeffizientenbestimmung des mathematischen NH_3-Reaktormodells*", VEB PCK Schwedt, 1972

[177] REINIG, G., „*EFFEKT — Dokumentation zum FORTRAN-Programm zur Effektivitätsabschätzung von optimierenden Steuerungen*", VEB PCK Schwedt, 1972

[178] Reinig, G., „*STATOPT — Dokumentation zum FORTRAN-Programm zur Bestimmung optimaler Regime des NH_3-Reaktors*“, VEB PCK Schwedt, 1971
[179] Balzer, D., Iljin, B. W., Reinig, G., DDR-Patent, Nr. 80432
[180] Balzer, D., Iljin, B. W., Reinig, G., Scholz, V., DDR-Patent, Nr. 86383
[181] Balzer, D., Iljin, B. W., Reinig, G., DDR-Patent, Nr. 86384
[182] Слинько, М. Г., „*Доклад на IУВсесоюзном совещании по химическим реакторам,*“ Новосибирск, 1971
[183] Damert, K., „*PREDAN — Dokumentation zum FORTRAN-Programm für Prediction-Analysis nach* Wolberg. VEB PCK Schwedt, 1970
[184] Свешников, А. А., „*Прикладные методы теории случайных функций*“. Москва, 1968
[185] Андрукович, П. Ф., Голикова, Т. И., Костин, С. П., в книге: „*Новые идеи в планировании эксперимента*“, Под редакцией Налимова, В. В., Москва, 1969
[186] Корн, Г., Корн, Т., „*Справочник по математике*“, Москва, 1971
[187] Stone, H. L., Brian, P. L. T., AIChEJ, Vol. 9, p. 681, 1963
[188] Reinig, G., *SIMSTA — Dokumentation zum FORTRAN-Programm zur Simulation der Statik des temperaturgeregelten NH_3-Reaktors*“, VEB PCK Schwedt, 1972
[189] Frohn, W., Diskussionsbeitrag auf dem VIII. Parteitag der SED. Materialien des VIII. Parteitages der SED, Berlin 1971
[190] Фомин, Г. А., „*Алгоритмы нахождения разделяющих поверхностей с использованием симплекского метода*“, Труды МЭИ, выпуск 76, Москва, 1970
[191] Лецкий, Э. К., Фомин, Г. А., „*Последовательное планирование эксперимента в задачах разпоснавания образов,* “Известия АН СССР, Техническая кибернетика, № 1, стр. 122—126, 1972
[192] Рубекин, Н. Ф., Ильин, Б. В., „*Система оптимального управления установкой каталитического реформинга.*“ Научно-техн. Конференция ЛТИ им. Ленсовета, Краткие сообщения. 1966
[193] Balzer, D., Iljin, B. W., Reinig, G., „*Modellierung eines industriellen Rohrreaktors für die Ammoniaksynthese zum Zwecke der Analyse und Steuerung*“, (im vorliegenden Sammelband)
[194] Reinig, G., Dissertation, Leningrader Technologisches Institut, 1973
[195] Balzer, D., Lezki, E. K., Pawlak, P., Reinig, G., „*Echtzeit-Modellkoeffizientennachführung für theoretische Modelle*“ (im vorliegenden Sammelband)
[196] Balzer, D., Kusin, R. E. Lezki, E. K., Reinig, G., „*Effektivitätsabschätzung für optimierende Steuerungen*“ (im vorliegenden Sammelband)
[197] Powell, M. J. D., The Computer Journal 7, Nr. 2, (1963), S. 163—168

Zur Transformation von Systemen mit verteilten Parametern in Systeme mit konzentrierten Parametern

(K. Biedka)

Summary:

In this paper author considered methods for approximation of some distributed parameter systems by usual differential systems. The methods attain the approximation in following way: The distributed state and control vectors are taken as a bilinear form in which one part depends only on time and the other only on space-coordinate length. By some appropriate chosen transformations it occurs possible to split the problem in a time problem and in a space one. The independent solution of the space problem leads to sought usual differential equations system.

1. Problemstellung

Das Bestreben für Systeme mit verteilten Parametern dieselben Analyse- und Synthesemethoden anzuwenden wie für Systeme mit konzentrierten Parametern führte zu den Methoden der Transformation von partiellen Differentialgleichungssystemen (*PDS*) zu gewöhnlichen Differentialgleichungssystemen (*GDS*). Im vorliegenden Beitrag werden zwei Methoden beschrieben, die auf einer orthogonalen Zerlegung des als linearisierbar vorausgesetzten *PDS* beruhen. Das Problem besteht in der n-Dimensionalität des *PDS* und im Vorhandensein von Steuergrößen, die an verschiedenen Rändern des *PDS* gegeben sein können:

$$q_t(x,t) = Aq_x(x,t) + Bq(x,t) + Cu(x,t)$$

$$x \in (0,1), \qquad t \in [0, \infty) \tag{1 a}$$

$$q_i(0,t) = v_i, \qquad i = 1, \ldots, s \tag{1 b}$$

$$q_j(1,t) = v_j, \qquad j = s+1, \ldots, n \tag{1 c}$$

$$q(x,0) = q_0(x) \tag{1 d}$$

Hier bezeichnet $q(x,t)$ den n-dimensionalen in x verteilten Zustandsvektor, die Indizes t und x die partiellen Ableitungen, $u(x,t)$ den m-dimensionalen in x verteilten Steuervektor, A, B, C entsprechende beliebige Matrizen und $v(t)$ den n-dimensionalen Randsteuervektor.

Es ist ein *GDS* zu finden, welches eine möglichst genaue Approximation von (1) darstellt.

Diese Aufgabe wurde in [1] gelöst. Dort ist auch ein Vergleich der Lösungsmethode zu ähnlichen Methoden angeführt.

2. Zerlegungsmethode A

Der in x verteilte Zustandsvektor wird in der Form

$$q(x, t) = D(t)\, \varphi(x) \tag{2}$$

gesucht, wobei D eine $(n \times N)$-Matrix und φ ein N-dimensionaler Vektor ist, welcher der Orthogonalitätsbedingung

$$\int_0^1 \varphi(x)\, \varphi^T(x)\, dx = I \tag{3}$$

genügen soll. Mit (2) nimmt (1a) die Gestalt

$$D_t \varphi = A D \varphi_x + B D \varphi + C u \tag{4}$$

an. Wenn (4) von rechts mit φ^T multipliziert und anschließend über x integriert wird, ergibt sich wegen (3)

$$D_t = \int_0^1 (A D \varphi_x \varphi^T + B D \varphi \varphi^T + C u \varphi^T)\, dx. \tag{5}$$

Die ersten s Zeilen von D wollen wir in D_1, die restlichen in D_2 zusammenfassen. Nach partieller Integration von (5) ergibt sich

$$D_t = A D \varphi \varphi^T |_0^1 + \int_0^1 [(B - A_x)\, D \varphi^T - A D \varphi \varphi_x{}^T + C u \varphi^T]\, dx. \tag{6}$$

Der erste Term auf der rechten Seite hat die Form

$$A(1) \begin{bmatrix} D_1 \\ D_2 \end{bmatrix} \varphi(1) \varphi^T(1) - A(0) \begin{bmatrix} D_1 \\ D_2 \end{bmatrix} \varphi(0) \varphi(0)^T. \tag{7}$$

Unter Berücksichtigung von (1b), (1c) und (2) erhält man aus (7)

$$\begin{bmatrix} A_1(1)\, D_1 \varphi(1)\, \varphi^T(1) \\ \hdashline A_2(1)\, v_2 \varphi^T(1) \end{bmatrix} - \begin{bmatrix} A_1(0)\, v_1 \varphi^T(0) \\ \hdashline A_2(0) D_2 \varphi(0)\, \varphi^T(0) \end{bmatrix}$$

und daraus wiederum

$$\left[\frac{-A_1(0)\, v_1\varphi^T(0)}{A_2(1)\, v_2\varphi^T(1)}\right] + \left[\frac{A_1(1)\, D_1\varphi(1)\, \varphi^T(1)}{-A_2(0)\, D_2\varphi(0)\, \varphi^T(0)}\right]. \tag{8}$$

Um aus (6) und (8) ein *GDS* für die Elemente von D zu bekommen in welchem v als Steuergröße wirkt, muß eine Umstellung der Größen v und D aus der Mitte an den rechten Rand der entsprechenden Matrizenprodukte vorgenommen werden.

Wenn

$$\underset{(n\times m)}{P} = \underset{(n\times N)}{A}\ \underset{(N\times M)}{D}\ \underset{(M\times m)}{B} \tag{9}$$

ein Matrizenprodukt ist, so gilt für die Elemente von P

$$p_{ij} = \sum_k^N a_{ik} \sum_l^M d_{kl} b_{lj} = \sum_k^N \sum_l^M a_{ik} b_{lj} d_{kl}. \tag{10}$$

Nach entsprechender Bezeichnung

$$c^*_{ij(kl)} = a_{ik} b_{lj} \tag{11}$$

kann anstelle von 10 geschrieben werden

$$p_{ij} = \sum_k^N \sum_l^M c^*_{ij(kl)} d_{kl}.$$

Damit läßt sich (9) wie folgt darstellen

$$P = ADB = (A * B) \circ D = C \circ D$$

wobei die Matrix $C = [c_{ij}]$ die Elemente

$$c_{ij} = [c^*_{ij(11)}, c^*_{ij(12)}, \ldots, c^*_{ij(1M)}, c^*_{ij(21)}, \ldots, c^*_{ij(NM)}] \tag{12}$$

hat. Um nach der Berechnung der c_{ij} nach (12) und (11) die unbequeme Operation „o" zu vermeiden, formen wir die Matrizen P, C und D durch Vektorisierung um

$$\begin{aligned} \hat{p} &= \text{vek}\, P \\ \hat{C} &= \text{vek}\, C \\ \hat{d} &= \text{vek}\, D \end{aligned} \tag{13}$$

indem die Elemente p_{ij}, C_{ij} und d_{kl} in eine Spalte geschrieben werden. Dann gilt

$$\text{vek}\, P = \text{vek}\, (C \circ D) = \text{vek}\, C\ \text{vek}\, D$$

$$\underset{(nm\times 1)}{\hat{p}} = \underset{(nm\times NM)}{\hat{C}}\ \underset{(NM\times 1)}{\hat{d}}. \tag{14}$$

Die Anwendung dieser Umstellung auf (6) und (8) führt zu

$$D_t = \begin{bmatrix} \left(-A_1(0) * \varphi^T(0)\right) \circ v_1 \\ \hdashline \left(A_2(1) * \varphi^T(1)\right) \circ v_2 \end{bmatrix} + \begin{bmatrix} \left(A_1(1) * \varphi(1)\, \varphi^T(1)\right) \circ D_1 \\ \hdashline \left(-A_2(0) * \varphi(0)\, \varphi^T(0)\right) \circ D_2 \end{bmatrix}$$

$$+ \left(\int_0^1 \{[(B - A_x) * \varphi\varphi^T] - [A * \varphi\varphi_x{}^T]\}\, dx\right) \circ D + \int_0^1 Cu\varphi^T dx. \tag{15}$$

Nach Einführung entsprechender Bezeichnungen nimmt (15) die Form an

$$D_t = \begin{bmatrix} H_1 \circ v_1 \\ \hdashline H_2 \circ v_2 \end{bmatrix} + \begin{bmatrix} G_{11} \circ D_1 \\ \hdashline G_{21} \circ D_2 \end{bmatrix} + G_2 \circ D + \hat{u}. \tag{16}$$

Nach der Vektorisierung erhalten wir daraus

$$\hat{d}_t = G\hat{d} + Hv + \hat{u} \tag{17}$$

wobei $\hat{v} = v$ gilt, denn v ist ein Vektor. Aus (2), (3) und (13) ist ersichtlich, daß

$$\hat{d}(t) = \text{vek} \left\{ \int_0^1 q(x,t)\, \varphi^T(x) dx \right\} \tag{18}$$

gilt. Folglich ergibt sich die Anfangsbedingung $\hat{d}(0)$ aus (18) bei $t = 0$. Um aus der Lösung von (17) $q(x, t)$ aus (2) zu erhalten, benötigen wir $D(t)$. Von $\hat{d}(t)$ erhält man $D(t)$ nach folgender Regel

$$\underset{(n \times N)}{D} = \underset{(nN \times 1)}{\text{vek}^{-1} \hat{d}}, \quad D = [d_{kl}] \quad d_{kl} = \hat{d}_j$$

$$k = \text{entier}\,(j/N) + 1 \tag{19}$$

$$l = j - (k - 1)\, N$$

3. Zerlegungsmethode B

Der in x verteilte Zustandsvektor wird in der Form

$$q(x, t) = \Phi(x)\, d(t) \tag{20}$$

gesucht, wobei d ein N-dimensionaler Vektor ist und Φ eine $(n \times N)$-Matrix, welche die Orthogonalitätsbedingung

$$\int_0^1 \Phi^T(x)\, \Phi(x)\, dx = I \tag{21}$$

erfüllt. Nach dem Einsetzen von

$$q_t = \Phi d_t, \quad q_x = \Phi_x d$$

in (1a) und nach Multiplikation von links mit Φ^T und anschließender Integration erhalten wir

$$d_t = \int_0^1 (\Phi^T A \Phi_x + \Phi^T B \Phi)\, dx \cdot d + \int_0^1 \Phi^T C u\, dx$$

$$= \Phi^T A \Phi \,|_0^1\, d + \left\{ \int_0^1 [-(\Phi^T A)_x + \Phi^T B]\, \Phi\, dx \right\} d + \int_0^1 \Phi^T C u\, dx \cdot \tag{22}$$

In Anbetracht von (1b) und (1c) läßt sich der erste Term auf der rechten Seite von (22) als

$$\Phi^T(1) A(1) \begin{bmatrix} \Phi(1)\, d \\ \hdashline v_2 \end{bmatrix} - \Phi^T(0)\, A(0) \begin{bmatrix} v_1 \\ \hdashline \Phi_2(0)\, d \end{bmatrix}$$

$$= \begin{bmatrix} -\Phi^T(0)\, A(0)\, v_1 \\ \hdashline \Phi^T(1)\, A(1)\, v_2 \end{bmatrix} + \begin{bmatrix} \Phi^T(1)\, A(1)\, \Phi_1(1)\, d \\ \hdashline -\Phi^T(0)\, A(0)\, \Phi_2(0)\, d \end{bmatrix}$$

$$= \begin{bmatrix} -\Phi^T(0)\, A(0) & 0 \\ \hdashline 0 & \Phi^T(1)\, A(1) \end{bmatrix} v + \begin{bmatrix} \Phi^T(1)\, A(1)\, \Phi_1(1) \\ \hdashline -\Phi^T(0)\, A(0)\, \Phi_2(0) \end{bmatrix} d. \tag{23}$$

schreiben.

Nach entsprechender Bezeichnung kann daher anstelle von (22) geschrieben werden

$$\begin{aligned} d_t &= Hv + G_1 d + G_2 d + \hat{u} \\ d_t &= Hv + Gd + \hat{u} \\ d_t &= Gd + Hv + \hat{u}. \end{aligned} \tag{24}$$

Die Anfangsbedingung für das *GDS* (24) ergibt sich aus

$$d(t) = \int_0^1 \Phi^T(x)\, q(x, t)\, dx \tag{25}$$

bei $t = 0$. Der Übergang von d zu q erfolgt entsprechend (20).

4. Anwendung der Zerlegungsmethoden

Die hier dargestellten Zerlegungsmethoden können zur Approximation linearer *PDS* durch lineare *GDS* angewendet werden. Das Hauptproblem bei der Anwendung dieser Methoden ist die Bestimmung von $\varphi(x)$ oder $\Phi(x)$. Sind diese Größen sinnvoll gewählt, so ist der Approximationsfehler klein.

Bei der Zerlegung *A* können keine besonderen Regeln dazu angegeben werden.

Hier ist es nur möglich solche Funktionswerte $\varphi(x)$ auszusuchen, die dem Charakter der Übergangsprozesse des *PDS* annähernd entsprechen. Für Schwingungsprozesse sind trigonometrische Funktionen sinnvoll, für asymptotische Prozesse Exponentialfunktionen.

Für die Zerlegung B dagegen kann die im Sinne der Approximation beste Funktionsmatrix $\Phi(x)$ aus der Lösung des Eigenwertproblems

$$\begin{aligned} &-(\Phi^T A)_x + \Phi^T B = -\Lambda\Phi^T \qquad \Lambda = \mathrm{diag}\,(\lambda_1, \ldots, \lambda_N) \\ &\Phi_1(1) = 0 \\ &\Phi_2(0) = 0 \end{aligned} \tag{25}$$

erhalten werden.

Damit formt sich der zweite Term auf der rechten Seite von (22) zu

$$-\Lambda d$$

und der zweite Term in (23) verschwindet. Der Vektor d ist dann der zu den Eigenwerten in gehörende Vektor der Harmonischen.

Ein für beide Zerlegungsmethoden gangbarer Weg ist in der experimentellen Überprüfung der Approximationseigenschaften einer Reihe von vorgegebenen Funktionen $\varphi(x)$ und $\Phi(x)$ zu sehen. Dazu sind die zu verschiedenen Zeitpunkten während eines Übergangsprozesses im betrachteten System mit verteilten Parametern zu beobachtende Profile $q(x, t)$ mittels (18) bzw. (25) in $\hat{d}(t)$ bzw. $d(t)$ zu transformieren. Durch Einsetzen dieser Größen in (2) bzw. (20) wird die Apprxoimation $\hat{q}(x, t)$ erhalten. Durch Vergleich von q und $\hat{q}$ wird eine Einschätzung der Approximationsgüte von φ bzw. Φ möglich. Auf diese Weise kann auch der Einfluß der Anzahl der Approximationsglieder N in φ bzw. Φ auf die Approximationsgüte festgestellt werden.

Nach dem φ bzw. Φ und N bestimmt sind, kann die Lösung der *GDL* (17) bzw. (24) zur Approximation des durch (1) beschriebenen Systems mit verteilten Parametern im Parallelbetrieb benutzt werden. Da sich der Approximationsfehler mit der Zeit vergrößert, muß im bestimmten Abstand das *GDL* mit neuen Anfangsbedingungen gestartet werden, die sich aus der tatsächlichen Lösung $q(x,t)$ errechnen. Da es möglich ist das *GDL* im verkürzten Zeitmaßstab zu lösen, können die Lösungen $d(t)$ bzw. $d(t)$ zur Vorhersage benutzt werden. Das ist besonders für solche Systeme wichtig, deren Zustandsvektor nicht kontinuierlich gemessen werden kann.

Eine weitere Anwendung können diese Zerlegungsmethoden bei der Stabilitätsanalyse von Systemen mit verteilten Parametern finden.

In [1] sind verschiedene Anwendungen der hier dargelegten Zerlegungsmethoden auf praktische Beispiele und ein FORTRAN-Programm zur Zerlegungsmethode A enthalten.

5. Literatur

[1] Biedka, K., Dissertation, Leningrader Technologisches Institut, 1971 (russ.)

Methoden zur Reglerkonstruktion für träge Regelstrecken

(K. Biedka)

Summary:

The paper deals with some design methods for feedbackcontrol systems with inert object based on eigenvalue development of the linear object operator and on simple matrix calculus. The first method considered permits to obtain an integral controller which provides any desired dynamic in special form for the control system. For the second method the knownledge of the object operator is not nessasary. Under assumption of an dominant eigendynamic the parameters to be known for controller design may be obtained from experiment.

1. Problemstellung

Für die Regelstrecken (Objekte) in der chemischen Technologie ist nach wie vor folgende Betrachtungsweise allgemein üblich: Die Regelstrecke wird als Kombination von nichtlinearen statischen und linearen dynamischen Gliedern aufgefaßt und die gesuchten Reglerparameter aus der Analyse dieser Glieder bestimmt [1]. Im vorliegenden Beitrag wird von dieser Konzeption ausgegangen: Die dynamischen Glieder werden im interessierenden Bereich als linearisierbar angesehen.

Die Reaktion eines mehrdimensionalen linearen Gliedes auf ein beliebiges Steuer- oder Störsignal besteht aus der Überlagerung aller Eigenschwingungen des Gliedes. Jede dieser Eigenschwingungen hat eine bestimmte Dynamik, die durch die Eigenwerte des Gliedes gegeben ist. In diesem Artikel werden zwei Aufgaben behandelt: Die erste Aufgabe besteht darin, für ein vorgegebenes lineares Differentialgleichungssystem

$$\dot{x} = Ax + Bu + d \tag{1}$$

wobei x den n-dimensionalen Zustandsvektor, A eine $(n \times n)$-Matrix, B eine $(n \times m)$-Matrix, u den m-dimensionalen Steuervektor und d den n-dimensionalen Störungsvektor bezeichnet, ein solches Reglergesetz

$$u = D(x, d) \tag{2}$$

zu finden, welches die Eigenwerte der Matrix A derart verändert, daß das Glied in vorgegebener Weise auf Steuerung und Störung reagiert.

Die zweite Aufgabe hat zum Inhalt, durch Versuche an einer unbekannten Regelstrecke die am meisten träge Eigenschwingung herauszufinden und diese dominierende Eigenschwingung durch einen geeigneten Regler zu beeinflussen und damit die Dynamik der Regelstrecke wesentlich zu verbessern.

2. Methode der Solldynamik

Für das Objekt (1) ist ein linearer Operator $D(2)$ derart zu bestimmen, daß der geschlossene Regelkreis das durch den linearen Differentialoperator

$$D_0(x) = C_l x^{(l)} + \cdots + C_1 x^{(1)} + C_0 x^{(0)} = 0, \quad l = \text{entier}\,(n/m) + 1$$

$$x^{(k)} = d^k x/dt^k, \quad k = 0, 1, \ldots, l, \quad C_k - (n \times n)\,\text{Matrizen} \tag{3}$$

vorgegebene dynamische Verhalten (Solldynamik) aufweist. Hierbei sei bemerkt, daß die Beziehung (3) als eine Extremale aufgefaßt werden kann, die ein entsprechendes Regelkriterium minimiert.

Mit Hilfe von (1) lassen sich folgende $l + 1$ Gleichungen erzeugen

$$\begin{aligned} x^{(0)} &= x \\ x^{(1)} &= Ax + Bu + d \\ &\vdots \\ x^{(l)} &= A^l x + A^{l-1}Bu + A^{l-2}Bu^{(1)} + \cdots + A^0 Bu^{(l-1)} \\ &\quad + A^{l-1}d + A^{l-2}d^{(1)} + \cdots + A^0 d^{(l-1)}, \quad A^0 = I. \end{aligned}$$

Wenn jede dieser Gleichungen mit der entsprechenden Matrix C_k von links multipliziert wird und anschließend die erhaltenen $l - 1$ Produkte aufaddiert werden, so ergibt die Summe der linken Seiten $D_0(x)$. Damit erhält man

$$\begin{aligned} D_0(x) = {} & (C_l A^l + \cdots + C_1 A + C_0)\, x \\ & + (C_l A^{l-1} + \cdots + C_2 A + C_1)\, Bu + (C_l A^{l-1} + \cdots \\ & + C_2 A + C_1)\, d + (C_l A^{l-2} + \cdots + C_3 A + C_2)\, Bu^{(1)} \\ & + (C_l A^{l-2} + \cdots + C_3 A + C_2)\, d^{(1)} + \cdots \\ & \vdots \\ & + C_l Bu^{(l-1)} + C_l d^{(l-1)} = 0. \end{aligned}$$

Nach der Einführung entsprechender Bezeichnungen läßt sich diese Gleichung folgendermaßen darstellen:

$$\begin{aligned} D_0 = {} & F_0 x + G_0 u + G_1 u^{(1)} + \cdots + G_{l-1} u^{(l-1)} \\ & + H_0 d + H_1 d^{(1)} + \cdots + H_{l-1} d^{(l-1)} = 0 \end{aligned} \tag{4}$$

wobei F_0 und H_k $(n \times n)$-Matrizen und G_k $(n \times m)$-Matrizen bezeichnen.

Um aus (4) den gesuchten Operator (2) zu bestimmen, müssen die Matrizen und Vektoren G_k, $u^{(k)}$, $k = 0, \ldots, l-1$ zu den Größen G_l und v_l zusammengefaßt werden

$$G_l = [G_0, G_1, \ldots, G_{l-1}] \quad (5)$$

$$u_l = [u, u^{(1)}, \ldots, u^{(l-1)}]^T$$

die die Dimension $(n \times ml)$ bzw. $(ml \times 1)$ haben. Durch Wegstreichen der Zeilen und Spalten mit dem Index größer als n erhalten wir aus (5) die Größen G und u. Dann kann für den Fall $n \geqq m$ anstelle von (4) geschrieben werden

$$u = -G^{-1}(F_0x + H_0d + H_1d^{(1)} + \cdots + H_{l-1}d^{(l-1)}). \quad (6)$$

Bei $n < m$ ist anders zu verfahren. Auf diesen Fall wird im zweiten Abschnitt eingegangen.

Die Vektorgleichung (6) bestimmt die Anfangswerte $u^{(k)}$, $k = 0, \ldots, l-2$ für $l-1$ in Reihe geschalteten Integratoren und das Eingangssignal $u^{(l-1)}$ in den ersten Integrator als Funktion von x und d. Damit ist (6) der gesuchte Regler, der dem Objekt (1) das durch (3) vorgegebene dynamische Verhalten vermittelt. Weitere Einzelheiten und Anwendungsbeispiele sind in [2] zu finden. Mit der beschriebenen Methode läßt sich das Übergangsverhalten von dynamischen Gliedern sowohl beschleunigen als auch verlangsamen, je nach Wahl der C_k in (3). Damit können Stabilisierungs- und Steuerungsaufgaben gleichermaßen mit Hilfe der herkömmlichen Analogtechnik erfolgreich gelöst werden.

3. Steuerung der Dominanten

Als Dominante wollen wir diejenige Eigenschwingung eines Objektes bezeichnen, welche den größten Anteil am dynamischen Verhalten des Objekts hat. Wir wollen annehmen, daß im betrachteten Bereich die Dynamik des Objekts durch

$$\dot{x} = Ax + Bu \quad (6)$$

beschrieben werden kann, wobei A und B unbekannte Matrizen, x und u den n-dimensionalen Zustandsvektor bzw. den m-dimensionalen Steuervektor bezeichnen. Dann gibt es eine entsprechende Modaltransformation

$$z = N^T x, \quad x = Mz, \quad MN^T = N^T M = I$$

$$\Lambda = N^T A M = \operatorname{diag}(\lambda_1, \ldots, \lambda_n),$$

wobei N, M und Λ durch die Eigenwertaufgabe

$$AM = M\Lambda$$
$$N^T A = \Lambda N^T$$

bestimmt sind. Mittels dieser Modal-Transformation kann (6) in die kanonische Form

$$\dot{z} = \Lambda z + Ru, \qquad R = N^T B \tag{7}$$

überführt werden, welche das Bewegungsgesetz für die voneinander unabhängigen Modi z_i, $i = 1, \ldots, n$, darstellt.

Wenn die Eigenwerte λ_i derart umgruppiert werden, daß sie der Beziehung

$$\operatorname{Re} \lambda_1 \geqq \operatorname{Re} \lambda_2 \geqq \cdots \geqq \operatorname{Re} \lambda_n$$

genügen, wobei

$$\operatorname{Re} \lambda_i < 0, \quad i = 1, \ldots, n, \quad \operatorname{Im} \lambda_1 = 0$$

vorausgesetzt ist, und außerdem

$$\lambda_1 \gg \operatorname{Re} \lambda_2$$

gilt, so ist z_1 die Dominante. Für die Dominante hat (7) die Gestalt

$$\dot{z}_1 = \lambda_1 z_1 + r_1{}^T u, \quad r_1{}^T = \psi_1{}^T B, \tag{8}$$

wobei r_1 und ψ_1 die ersten Spalten von R^T bzw. N sind. Die Anwendung der Methode der Solldynamik erlaubt es, die Dynamik der Dominante z_1 und damit das dynamische Verhalten des Objekts zu verändern. Wenn wir verlangen, daß die Dynamik von z_1 durch

$$D_0(z_1) = c_1 z_1{}^{(1)} + c_0 z_1{}^{(0)} = 0 \tag{9}$$

bestimmt sein soll, wobei c_1 und c_0 beliebige positive Größen sind, so ergibt sich mit $n = 1$ und m beliebig

$$z_1{}^{(0)} = z_1$$
$$z_1{}^{(1)} = \lambda_1 z_1 + r_1{}^T u$$
$$D_0(z_1) = (c_1 \lambda_1 + c_0)\, z_1 + v_1 r_1{}^T u = 0$$
$$r_1{}^T u = -(\lambda_1 + c_0/c_1)\, z_1. \tag{10}$$

Die in (10) für die Bestimmung von u eventuell verbleibenden Freiheitsgrade (bei $m > n$ verbleiben immer Freiheitsgrade) können durch die Forderung

$$u^T Q u = \min, \tag{11}$$

wobei Q eine beliebige positiv bestimmte $(m \times m)$-Matrix ist, gebunden werden. Die Lösung von (10) und (11) kann mit der bekannten Methode der LANGRANGE Multiplikatoren [3] gefunden werden:

$$u = -\frac{(\lambda_1 + c_0/c_1)\, z_1}{r_1^T \hat{Q}^{-1} r_1} \hat{Q}^{-1} r_1 \tag{12}$$

$$\hat{Q} = Q + Q^T.$$

Damit ergibt sich u als lineare Funktion von z_1.

Um der Dominante z_1 die Dynamik (9) durch (12) zu vermitteln, müssen die Größen λ_1 und r_1 bekannt sein.

Wenn A und B aus (6) zahlenmäßig gegeben sind, können diese Größen analytisch ermittelt werden. Hier wird eine Versuchsmethode dargelegt, die es gestattet, die Größen λ_1 und r_1 experimentell zu bestimmen. Zur Ableitung dieser Methode siehe [2].

Der Versuch besteht aus zwei Teilen. Im ersten Teil wird das Einschwingen des Objektes aus dem angeregten Zustand in die Ruhelage beobachtet. Zu den Zeitpunkten t und $t + \Delta t$ werden die Komponenten $x_i(t)$ und $x_i(t + \Delta t)$, $i = 1, \ldots, n$, des Zustandsvektors gemessen. Daraus werden

$$\lambda_1^i = -\frac{1}{\Delta t} \left(\ln x_i(t) - \ln x_i(t + \Delta t)\right), \quad i = 1, \ldots, n \tag{13}$$

bestimmt, woraus

$$\lambda_1 = \frac{1}{n} \sum_i \lambda_1^i \tag{14}$$

berechnet wird. Die Versuchsparameter $t, \Delta t$ werden aus folgenden Überlegungen heraus gewählt.

Der Zeitpunkt t soll als möglichst am Ende des Übergangsprozesses liegend festgelegt werden, an dem die anderen Modi schon abgeklungen sind und praktisch nur die Dominante wirkt. Die Wahl von Δt richtet sich nach der Meßgenauigkeit für x_i, um gesicherte Differenzen in (13) zu erhalten.

Die Parameter können auch aus dem Optimierungsproblem

$$\min_{t, \Delta t} \left\{ S = \sum_i (\lambda_1 - \lambda_1^i)^2 \;\middle|\; \lambda_1^i \text{ aus } (13),\ \lambda_1 \text{ aus } (14) \right\} \tag{15}$$

bestimmt werden.

Als nächstes soll der Vektor r_1 ermittelt werden. Dazu ist folgender Versuch durchzuführen. Wenn u ein m-dimensionaler Vektor ist, so wird ein beliebiger Zeitabschnitt $0 \leqq t \leqq T$ in m Teilabschnitte mit den Punkten $0 = t_0, t_1, t_2, \ldots, t_m = T$ zerlegt. Am Objekt wird jetzt so ein Steuervektor

$u(t) = [u_1(t), \ldots, u_m(t)]^T$ realisiert, daß die j-te Komponente von u im Teilabschnitt $t_{j-1} \leqq t < t_j$ einen beliebigen konstanten Wert u_j annimmt, alle anderen Komponenten aber gleich Null sind. Dann ergeben sich die Komponenten r_{1j} des Vektors r_1 aus

$$r_{1j} = \frac{\psi_1{}^T[x(t_j) - e^{\lambda_1(t_j - t_{j-1})} x(t_{j-1})]}{-\frac{1}{\lambda_1}[1 - e^{\lambda_1(t_j - t_{j-1})}] u_j} \tag{16}$$

$$j = 1, \ldots, m$$

wobei sich die n Komponenten des Vektors ψ_1 aus den Werten $x_i(t)$ des ersten Versuches zur Bestimmung von λ_1 errechnet werden.

$$\psi_{1i} = \frac{x_1(t)}{x_i(t)}, \qquad i = 1, \ldots, n \tag{17}$$

Damit sind die Größen λ_1 und r_1 experimentell bestimmt, und können für die Konstruktion des Reglers (12) benutzt werden.

Eine wertvolle Eigenschaft der experimentellen Bestimmung von λ_1 und r_1 besteht darin, daß die Größe S in (15) zur Beurteilung der Zweckmäßigkeit der Regelung nach der Dominanten herangezogen werden kann. Wenn der minimale Wert von S groß ist gegen die Meßgenauigkeit der Größen X_i, so bedeutet das, daß die Eigenwerte λ_i dicht zusammenliegen und von einer Dominante nicht gesprochen werden kann. Für viele praktische Probleme der chemischen Technologie existiert aber eine Dominante, da sich hier Prozesse überlagern, die mit sehr unterschiedlicher Geschwindigkeit ablaufen [4].

Mit der hier dargestellten Methode können die dynamischen Eigenschaften des Objektes wesentlich beeinflußt werden.

Anwendungsbeispiele sind in [2] aufgeführt.

4. Literatur

[1] Olejnikow, W. A., u. a., „*Osnowy optimalnogo u ekstremalnogo uprawlenija*", Isd-wo „Wysschaja schkola" Moskwa 1969

[2] Biedka, K., Dissertation Leningrader Technologisches Institut, 1971 (russ.).

[3] Bojarinow, A. I., Kafarow, W. W., „*Optimierungsmethode in der chemischen Technologie*", Akademie-Verlag Berlin 1972

[4] Seinfeld, I. H., Lapidus L., I & EC Fund. 9 1970, 2

Anwendung einer neuen Variante der Quasilinearisierung zur Identifikation von Steuerungsobjekten

(K. Damert)

Summary:

Quasilinearization was applied to determining numerical values of parameters in dynamical models with multiple input and multiple output. It can be used to identify dead times along with other parameters such as time constants and gains. The region in parameter space from which convergence will occur was increased by incorporating the spiralagorithmus of Jones and by using the technique of data perturbation. The performance index to be minimized may be some of the sum of least squares or the maximal deviation (Tchebychev approximation).

Zur mathematischen Beschreibung des nichtstationären Verhaltens von chemischen und anderen Prozessen verwendet man häufig Systeme von gewöhnlichen Differentialgleichungen erster Ordnung:

$$\dot{x} = f\big(x(t), u(t), p, t\big). \tag{1}$$

Dabei gilt:

$x(t)$ — n-dimensionaler Zustandsvektor
$u(t)$ — m-dimensionaler Eingangs- oder Kontrollvektor
p — kp-dimensionaler Vektor der unbekannten Parameter.

Wir gehen davon aus, daß die Form der rechten Seite von (1), also die Funktionen f_i, vorgegeben ist. Wir beschränken uns damit auf Systeme mit vorgegebener a-priori-Struktur. Das Problem der Identifikation reduziert sich dann auf die reine Parameterbestimmung. Es kommt jedoch oft vor, daß die a-priori-Struktur nicht sicher vorgegeben werden kann. Mit der hier beschriebenen Methode gibt es dann nur die Möglichkeit, Parameterbestimmung mit mehreren verschiedenen Modellen durchzuführen. Von diesen Modellen ist dann das auszuwählen, welches die Meßwerte am besten angleicht.

Aufgabe der Parameterbestimmung ist es, die Werte der Parameter p so zu bestimmen, daß das Modell „möglichst gut" die experimentellen Daten $\bar{x}(t)$ nach einem gewählten Kriterium angleicht. Die experimentellen Werte $\bar{x}(t)$ liegen gewöhnlich als Meßreihen an diskreten Zeitpunkten vor. Gleiches gilt für die Eingangsgröße $u(t)$.

In den meisten Fällen betrachtet man nicht allgemeine Systeme der

Gestalt (1), sondern beschränkt sich auf lineare Systeme, wobei sich die Linearität auf die Zustandsgrößen bezieht.

$$\dot{x}(t) = Ax(t) + Bu(t - \Theta). \tag{2}$$

Das Parameterbestimmungsproblem ist trotzdem nichtlinear. Θ steht für die im System möglicherweise existierenden Totzeiten. Durch die Parameterbestimmung sollen bestimmt werden:

$$A_{ij},\ B_{ij} \text{ und } \Theta_j.$$

Es gibt eine ganze Reihe von Identifikationsmethoden, mit denen Systeme der Gestalt (2) identifiziert werden können. Man vergleiche etwa [1—2]. Eine Diskussion der einzelnen Verfahren soll deshalb hier nicht durchgeführt werden. Um jedoch eine gewisse Wertung der im folgenden beschriebenen Methode zu ermöglichen, untersuchen wir, wie sich die neue Methode in die von Niemann u. a. [2] angegebenen charakteristischen Merkmale der Parameterbestimmungsverfahren einordnet.

a) A-priori-Struktur

Es gibt drei Möglichkeiten. Erstens kann die Struktur völlig unbekannt sein (black box). Zweitens kann die Struktur teilweise bekannt sein. Unsere Methode gehört zur dritten Kategorie. Die Struktur, also die rechten Seiten der Differentialgleichungen (1), müssen vollständig bekannt sein. Die Identifikation reduziert sich dann auf ein reines Parameteroptimierungsproblem.

b) Linearität bezüglich des Zustandsvektors

Viele Methoden setzen die Linearität der Gleichungen voraus. Diese Voraussetzung brauchen wir nicht zu treffen. f in (1) kann beliebig von den Parametern und den Zustandsgrößen abhängen. Die Verwendung linearer Systeme bringt auch für den Algorithmus keine wesentlichen Vorteile. Selbstverständlich gibt es Vorteile bezüglich der Programmierung und der Rechenzeit.

c) Dimension

Einige Methoden sind auf eine Eingangs- und eine Ausgangsgröße beschränkt. Mit der Quasilinearisierung lassen sich Probleme mit mehreren Eingangs- und mehreren Ausgangsgrößen behandeln.

d) Diskret/kontinuierlich

Die Aufgabenstellung (1) führt auf ein kontinuierliches Problem. Prinzipiell lassen sich auch kontinuierliche Probleme der mit Quasilinearisierung lösen, jedoch ist eine numerische Integration erforderlich, so daß praktisch immer diskrete Probleme gelöst werden. Die Meßwerte fallen in den meisten Fällen sowieso diskret an.

e) Parameter konstant/variabel

Die Parameter werden als zeitinvariant angesehen.

f) Totzeit

Mit Hilfe der Quasilinearisierung können Systeme mit oder ohne Totzeiten identifiziert werden.

g) Nebenbedingungen

In vielen Fällen gibt es Nebenbedingungen an die zu bestimmenden Parameter. So dürfen gewisse Parameter nicht negativ werden. Solche Nebenbedingungen lassen sich prinzipiell mit der Quasilinearisierung berücksichtigen.

h) Signalabhängigkeit

Einige Identifikationsmethoden fordern die Verwendung spezieller Signale. Mit der Quasilinearisierung ist das nicht der Fall. Die Rechenzeit liegt deshalb auch höher als bei Verfahren, die auf ganz bestimmten Signalen aufbauen.

Prinzipiell ist der Frage der Eingangssignale große Aufmerksamkeit zu schenken. Letztlich kann auch die beste Auswertungsmethode nur soviel an Informationen liefern, wie in den Eingangsdaten vorhanden ist.

i) Empfindlichkeit gegenüber Störungen

Störungen können sowohl auf die Eingangsgrößen u als auch auf die Ausgangsgrößen x wirken. Signalabhängige Identifikationsmethoden reagieren im allgemeinen sehr empfindlich auf Streuungen der Eingangsgrößen. Die Quasilinearisierung ist relativ stabil gegenüber Datenstreuungen, jedoch ist die Empfindlichkeit gegenüber Streuungen der Eingangsgrößen natürlich größer als gegenüber Streuungen der Ausgangsgrößen, da letztere ausgeglichen werden.

j) Verfügbarkeit aller Zustandsvariablen

Bei Systemen höherer Ordnung sind einige Zustandsvariable Ableitungen von Zustandsvariablen. Solche Ableitungen lassen sich meistens nicht messen. Während einige Identifikationsmethoden die Messung aller Zustandsgrößen fordern, existiert bei der Quasilinearisierung eine solche Einschränkung nicht.

k) Verarbeitung der Daten

Die Daten können entweder alle zusammen verarbeitet werden oder es ist eine sequentielle Verarbeitung möglich, d. h., die Daten, die nach einem Zeitintervall anfallen, werden sofort verwendet, um die Parameter zu verbessern. Für die Quasilinearisierung sind die Daten vorher alle zu sammeln und dann zusammen zu verarbeiten.

l) Datensätze

Die Quasilinearisierung gestattet die gleichzeitige Auswertung mehrerer verschiedener Datensätze, die unter unterschiedlichen, aber bekannten Bedingungen gewonnen wurden.

Um den Algorithmus für die Identifikation abzuleiten, gehen wir von dem System (1) aus. Zur Abkürzung lassen wir das Argument t weg. Auf die explizite Angabe von u verzichten wir ebenfalls.

$$\frac{dx}{dt} = f(x, p, t). \tag{3}$$

Zur Bestimmung der Parameter p gehen wir von der Leeschen Quasilinearisierung [3] aus. Aus dem Anfangswertproblem (3) wird ein überbestimmtes Randwertproblem. Zu (3) fügt man das Differentialgleichungssystem (4)

$$\frac{dp}{dt} = 0 \tag{4}$$

hinzu, das ein Ausdruck für die Zeitinvarianz der Parameter p ist. Wenn das gekoppelte System (3)—(4) gelöst ist, sind die Parameter p bekannt. Zur Lösung des Randwertproblems wird iterativ linearisiert. Der hochgestellte Index i soll die Ergebnisse der vergangenen Iteration kennzeichnen, der Index $i + 1$ dagegen die Ergebnisse der aktuellen Iteration. Die Linearisierung wird sowohl bezüglich x als auch bezüglich p durchgeführt:

$$\frac{dx^{i+1}}{dt} = f^i + J(x^i, p^i) \begin{pmatrix} x^{i+1} - x^i \\ p^{i+1} - p^i \end{pmatrix} \tag{5}$$

$$\frac{dp^{i+1}}{dt} = 0.$$

Es gilt

$$f^i = f(x^i, p^i, t)$$

und

$$J(x^i, p^i) = \left(\frac{\partial f^i}{\partial x} \frac{\partial f^i}{\partial p}\right).$$

$J(x^i, p^i)$ ist die JACOBI-Matrix von f. Zu beachten ist, daß diese Matrix zeitlich veränderlich ist und mit den Profilwerten der alten Iteration zu berechnen ist.

Das Differentialgleichungssystem (5) ist bezüglich der unbekannten Größen x^{i+1} und p^{i+1} linear. Die Lösung kann deshalb mit Hilfe des Superpositionsprinzips gefunden werden. Formal läßt sich (5) als

$$\frac{dY}{dt} = AY + B \tag{6}$$

mit

$$Y = \begin{pmatrix} x^{i+1} \\ p^{i+1} \end{pmatrix}$$

schreiben.

Nach dem Superpositionsprinzip erhält man für Y eine Lösung, in der noch freie Koeffizienten auftreten. Die Wahl in der Festlegung dieser Koeffizienten wird so genutzt, daß sie aus der Forderung bestimmt werden, daß das zugrunde gelegte Kriterium (Methode der kleinsten Quadrate oder TSCHEBYSCHEFF-Approximation) minimiert wird. Im ersten Fall führt das auf die Lösung eines linearen Gleichungssystems, im letzten Fall hat man ein lineares Optimierungsproblem zu lösen. Mit den so berechneten Koeffizienten wird der Wert des Kriteriums berechnet. Ist der Wert niedriger als in der vorangegangenen Iteration, wird die nächste Iteration begonnen. Im anderen Fall ist die Parameterbestimmung entweder beendet oder der Gültigkeitsbereich der linearen Näherung wurde überschritten. Hier muß man versuchen, durch nur teilweise Ausnutzung des Schrittes oder ähnliches einen besseren Funktionswert zu finden.

Die Nachteile des hier bewußt nur kurz skizzierten Verfahrens sind wesentlich zwei. Um den Algorithmus in der Form (5) durchführen zu können, müssen die x^i gespeichert sein. Eine direkte Berechnung der x^i ist nicht möglich. Für diese Profile wird viel Speicherplatz benötigt. Bei drei Differentialgleichungen und 500 Stützstellen der Integration sind das schon 1500 Speicherplätze. Sind mehrere Meßreihen gleichzeitig auszuwerten, multipliziert sich diese Zahl noch mit der Anzahl dieser Meßreihen. Noch mehr Speicherplatz wird jedoch für die Y benötigt. Hier sind die inhomogenen und alle homogenen Lösungen zu speichern. Bei 6 Parametern (andere Daten wie oben) sind das pro Meßreihe $500 \times (6 + 3 + 1) \times 3 = 15000$ Speicherplätze. Es ist deshalb unumgänglich, leistungsfähige externe Speicher zu verwenden. Auf die Laufzeit des Programms wirkt sich das jedoch negativ aus, denn der Transport von der Zentraleinheit zum externen Speicher und zurück ist relativ langsam. Zusätzlich ist es von Nachteil, daß bei vorzeitigem Abbruch der Rechnung diese später nur dann direkt weitergeführt werden kann, wenn die alten Profile x^i noch gespeichert sind. Es ist jedoch festzustellen, daß das Speicherplatzproblem keine prinzipiellen

Schwierigkeiten bringt, mit genügendem Aufwand kann man das Problem lösen.

Das Konvergenzproblem ist schwieriger zu lösen. Bei praktischen Problemen kommt es häufig vor, daß der einfache Iterationsalgorithmus (5) nicht konvergiert. Das bedeutet, daß die lineare Näherung nicht mehr gültig ist. Um im Gültigkeitsbereich der linearen Näherung zu bleiben, wurden verschiedene Änderungen am Grundalgorithmus vorgenommen. So lassen sich sowohl die Profile als auch die Parameter nach oben und unten beschränken. Manchmal genügt es, nicht die volle Änderung, die in einer Iteration berechnet wird, auszunutzen. Mit solchen Maßnahmen kommt man manchmal zum Ziel. Theoretisch ist diese Vorgehensweise aber nicht befriedigend, und der Erfolg bleibt auch oft genug aus.

Um zu einer praktikablen und vor allem möglichst sicheren Variante der Quasilinearisierung zu kommen, sind zwei Probleme zu lösen: das Speicherplatzproblem und das Konvergenzproblem. Einen guten Ansatz dazu findet man in [4]. Dort wird zur Verbesserung der Konvergenz die MARQUARDT-Modifikation [5] angewendet. Allerdings sind die sonstigen Ableitungen nicht exakt. Daß durch die Einführung der Differenzen von Profilen und Parametern die inhomogene Lösung gespart werden kann, beruht auf einem Trugschluß. Im folgenden wird gezeigt, daß man mit einer Modifikation der Quasilinearisierung auf ähnliche Ergebnisse kommen kann.

Die Eigenart der Iterationsvorschrift (5) ist es, daß man die Profile x^i innerhalb der i-ten Iteration praktisch nicht berechnen kann. Es bleibt nur die direkte Speicherung der Profile. Eine Berechnung ist zumindest dann theoretisch möglich, wenn von Anfangsprofilen x^0 ausgegangen wird, die durch Integration des Originalsystems mit den Parametern p^0 entstehen. Die Berechnung von x^i läßt sich dann durch Integration erreichen, allerdings würde das zu integrierende Differentialgleichungssystem von Iteration zu Iteration größer werden. Zur Berechnung von x^i in der dritten Iteration wäre beispielsweise folgendes System zu integrieren:

$$\frac{dx^0}{dt} = f(x^0, p^0)$$

$$\frac{dx^1}{dt} = f^0 + J(x^0, p^0) \begin{pmatrix} x^1 - x^0 \\ p^1 - p^0 \end{pmatrix}$$

$$\frac{dx^2}{dt} = f^1 + J(x^1, p^1) \begin{pmatrix} x^2 - x^1 \\ p^2 - p^1 \end{pmatrix}.$$

Dabei hätte man sich noch die Parameter und Anfangswerte der vorangegangenen Iterationen zu merken. Das ist kein praktikabler Weg.

Statt von (5) wollen wir von folgender Iterationsvorschrift ausgehen:

$$\frac{dx^i}{dt} = f(x^i, p^i)$$

$$\frac{dx^{i+1}}{dt} = f(x^i, p^i) + J(x^i, p^i) \begin{pmatrix} x^{i+1} - x^i \\ p^{i+1} - p^i \end{pmatrix} \tag{7}$$

$$\frac{dp^{i+1}}{dt} = 0.$$

Der Unterschied zu (5) liegt in der Wahl der Profile x^i. In der Nähe der Lösung des Problems fallen die Iterationsvorschrift (5) und (7) praktisch zusammen, da dann der Term mir der Jacobimatrix verschwindet.

(7) läßt sich in gewissem Sinne als Spezialfall von (5) interpretieren. Dazu berechnet man die Profile x^i durch Integration des Originalsystems und führt immer nur eine Iteration von (5) aus.

Durch die Berechnung der Profile x^i in (7) aus dem Originalsystem wird ein System mit verteilten Parametern (die Profile x^i) auf ein System mit konzentrierten Parametern zurückgeführt. Eine Iteration ist jetzt vollständig bestimmt durch die Anfangswerte von x^i und die Parameterwerte p^i. Bisher waren die gesamten Profile x^i und die Parameterwerte p^i notwendig.

Durch die Formulierung (7) ist das Speicherplatzproblem gelöst. Profile brauchen überhaupt nicht mehr gespeichert zu werden. Doch auch bezüglich der Konvergenz bietet (7) Vorteile. Dabei wollen wir uns zuerst auf den Fall beschränken, daß der Angleich an Meßwerte nach der Methode der kleinsten Quadrate erfolgen soll. Hier lassen sich dann Verfahren wie das von MARQUARDT [5] oder JONES [6] in die Quasilinearisierung einbauen. Um das zu zeigen, betrachten wir eingehender die Analogie zwischen einem beliebigen Problem, das mit der Methode der kleinsten Quadrate gelöst werden soll und unserem Problem.

Es sei $F(p)$ eine vorgegebene Funktion von Parametern p. Außerdem kann F von anderen Größen abhängen, z. B. von der Zeit.

Es sollen Meßwerte $\bar{F}_i$ vorliegen, und die Parameter sollen nach der Methode der kleinsten Quadrate bestimmt werden:

$$\sum_i \left(\bar{F}_i - F_i(p)\right)^2 = \underset{p}{\mathrm{Min}}! \tag{8}$$

Diese Minimierung wird iterativ durchgeführt. Viele Verfahren bedienen sich dazu der Linearisierung von F bezüglich p:

$$F_i(p) = F_i(p_0) + \sum_j \frac{\partial F_i}{\partial p_j} \delta p_j. \tag{9}$$

Setzt man diese Näherung in (8) ein, erhält man zur Bestimmung der Parameterveränderung innerhalb einer Iteration letztlich ein lineares Gleichungssystem für δp:

$$\sum_{i,j} \frac{\partial F_i}{\partial p_k} \frac{\partial F_i}{\partial p_j} \delta p_j = \sum_i \left(\bar{F}_i - F_i(p_0)\right) \frac{\partial F_i}{\partial p_k}. \tag{10}$$

Da der Gültigkeitsbereich der linearen Näherung oft überschritten wird, wurde dieser einfache Algorithmus mehrfach modifiziert. Die Marquardt-Modifikation besteht darin, in der Hauptdiagonalen der Matrix des linearen Gleichungssystems (10) eine positive Größe λ zu addieren. Durch den Zahlenwert von λ wird festgelegt, ob der Schritt δp mehr in Richtung des Taylorschrittes oder in Richtung des negativen Gradienten ausgeführt wird. Die Einführung des λ ist jedoch nur sinnvoll, wenn die Matrix vorher normiert wird. Für unser Problem ist das, wie wir später sehen werden, ein Nachteil, da für die Normierung eine Matrix der Dimension (*Anzahl der Meßwerte*) $\times$ (*Anzahl der Parameter*) gespeichert werden muß. Vorteilhafter ist die Spiralmethode von Jones [6]. Im Prinzip macht er etwas ähnliches wie Marquardt, er interpoliert zwischen Taylor-Schritt und der Richtung des negativen Gradienten. Allerdings erreicht er das durch einfache Vektoralgebra. Eine Normierung der Matrix ist nicht notwendig.

Sowohl das Marquardt-Verfahren als auch das Spiralverfahren zeigen auch bei schwierigen Problemen gute Konvergenz. Es erscheint deshalb attraktiv, eins dieser Verfahren in die Quasilinearisierung einzubauen.

Das ist möglich, wenn man gewisse Analogien beachtet. Bei der Quasilinearisierung steht an Stelle der Forderung (8)

$$\sum_i \left(\bar{x}_i - x_i(p, x_{\text{anf}})\right)^2 = \underset{p, x_{\text{anf}}}{\text{Min!}} \tag{11}$$

Dabei ist schon die Form (7) der Quasilinearisierung eingearbeitet. Faßt man die Anfangs- und Parameterwerte x_{anf} und p zu einem Vektor px zusammen, erhält (11) die Fassung

$$\sum_i \left(\bar{x}_i - x_i(px)\right)^2 = \underset{px}{\text{Min!}} \tag{12}$$

Durch (7) wird die Aufgabe der Parameterbestimmung ähnlich wie in (9) linearisiert. Das bezüglich x^{i+1} und p^{i+1} lineare System wird mittels des Superpositionsprinzips gelöst. Es ergibt sich für x^{i+1}

$$x^{i+1} = x^{\text{inh}} + \sum_i \mu_i x_i^{\text{hom}}. \tag{13}$$

x^{inh} kennzeichnet die inhomogene Lösung des Systems (7), bei geeigneter Wahl der Anfangsbedingungen fällt x^{inh} mit x^i zusammen. Die x_i^{hom} sind die linear unabhängigen homogenen Lösungen von (7). (13) ist die exakte

Lösung des linearisierten Systems (7). Man kann (13) deshalb auch als Näherungslösung des nichtlinearen Systems in der Umgebung von (x^i_{anf}, p^i) betrachten. Setzt man für x^{inh} noch x^i ein, folgt

$$x^{i+1} = x^i + \sum_i \mu_i x_i^{\text{hom}}. \tag{14}$$

Die Multiplikatoren μ_i sind frei wählbar. Sie werden aus der Forderung bestimmt, daß die Zielfunktion (12) einen möglichst kleinen Wert annimmt. Damit gilt die Analogie zwischen (8) und (9) und (12) bis (14). Die Matrix $\partial F/\partial p$ in (10) entspricht x^{hom}, δp entspricht μ.

Die Überlegenheit des Spiralverfahrens bei der Anwendung auf die Quasilinearisierung beruht auf einer rechentechnischen Besonderheit. Bei den üblichen Problemen der nichtlinearen Regression werden die Ableitungen $\partial F_i/\partial p_k$ durch Differenzenbildung gewonnen. Dazu werden die F_i-Werte für p_k und $p_k + \Delta p_k$ berechnet. Um die Matrix

$$A_{kj} = \sum_i \frac{\partial F_i}{\partial p_k} \frac{\partial F_i}{\partial p_j}$$

berechnen zu können, müssen alle diese Ableitungen gespeichert werden. Dazu ist ein Feld der Größe (*Anzahl der Meßwerte*) $\times$ (*Anzahl der Parameter*) notwendig. Dieses Feld würde nicht benötigt, wenn die Elemente $\partial F_i/\partial p_k$ meßpunktweise anfallen würden. Dann würde man die Matrix A zuerst Null setzen, um dann die Beiträge der einzelnen Summanden aufzusummieren. Bei der Quasilinearisierung ist das tatsächlich möglich. Die den $\partial F_i/\partial p_k$ entsprechenden homogenen Lösungen werden durch Integration gewonnen. Da man zweckmäßig alle Differentialgleichungen in einem einzigen System integriert, fallen die homogenen Lösungen meßpunktweise an.

Bei der Anwendung der Marquardt-Methode ist zuerst natürlich die gleiche Matrix zu berechnen. Es kommt jedoch die Normierung hinzu. Da hierfür die homogenen Lösungen gespeichert werden müßten, verwenden wir nicht das Marquardt-Verfahren, sondern das Spiralverfahren.

Bisher haben wir stillschweigend angenommen, daß nur eine Meßreihe und damit ein Satz von Anfangswerten vorliegt. Ein Vorteil der Quasilinearisierung ist jedoch, daß mehrere Datensätze gleichzeitig ausgewertet werden können.

Es gebe nv Datensätze, also nv Sätze von Anfangswerten. Damit gibt es $nv \times nd$ Differentialgleichungen

$$\frac{d\overset{j}{x}_i}{dt} = f_i\left(\overset{j}{x}, p, t\right) \qquad (i = 1, nd), \quad (j = 1, nv). \tag{15}$$

Das hochgestellte j soll den j-ten Datensatz kennzeichnen, ein solcher Satz wird als Variante bezeichnet.

Das System (7) erweitert sich damit zu

$$\frac{d\overset{j}{x}{}^{i}}{dt} = f\left(\overset{j}{x}{}^{i}, p^{i}\right)$$

$$\frac{d\overset{j}{x}{}^{i+1}}{dt} = f\left(\overset{j}{x}{}^{i}, p^{i}\right) + J\left(\overset{j}{x}{}^{i}, p^{i}\right)\begin{pmatrix}\overset{j}{x}{}^{i+1} - \overset{j}{x}{}^{i}\\ p^{i+1} - p^{i}\end{pmatrix} \tag{16}$$

$$\frac{dp^{i+1}}{dt} = 0$$

mit ($j = 1, nv$). i ist wie bisher die Iterationszahl.

Führt man die Abkürzungen

$$Y = \begin{Bmatrix}\overset{1}{x}{}^{i+1}\\ \overset{2}{x}{}^{i+2}\\ \cdot\\ \cdot\\ \overset{nv}{x}{}^{i+1}\\ p^{i+1}\end{Bmatrix}, \qquad A = \begin{Bmatrix}J\left(\overset{1}{x}{}^{i}, p^{i}\right)\\ J\left(\overset{2}{x}{}^{i}, p^{i}\right)\\ \cdot\\ \cdot\\ J\left(\overset{nv}{x}{}^{i}, p^{i}\right)\end{Bmatrix}$$

und

$$B = \begin{Bmatrix}\overset{1}{f}{}^{i} - J\left(\overset{1}{x}{}^{i}, p^{i}\right)\begin{pmatrix}\overset{1}{x}{}^{i}\\ p^{i}\end{pmatrix}\\ \overset{2}{f}{}^{i} - J\left(\overset{2}{x}{}^{i}, p^{i}\right)\begin{pmatrix}\overset{2}{x}{}^{i}\\ p^{i}\end{pmatrix}\\ \cdot\\ \cdot\\ \overset{nv}{f}{}^{i} - J\left(\overset{nv}{x}{}^{i}, p^{i}\right)\begin{pmatrix}\overset{nv}{x}{}^{i}\\ p^{i}\end{pmatrix}\end{Bmatrix}$$

ein, läßt sich (16) als lineares Differentialgleichungssystem schreiben:

$$\frac{dY}{dt} = AY + B. \tag{17}$$

Parallel dazu ist natürlich immer das erste Teilsystem von (16) zur Berechnung der alten Profile x^i zu integrieren.

Als Anfangswerte für die inhomogene Integration wählen wir

$$Y_{\text{anf}}^{\text{inh}} = \begin{pmatrix} \overset{1}{x}{}^i \\ \overset{2}{x}{}^i \\ \cdot \\ \cdot \\ \overset{nv}{x}{}^i \\ p^i \end{pmatrix}$$

Damit reduziert sich das zweite System von (16) auf das erste, da der zweite Summand Null wird. Die inhomogene Integration braucht deshalb nicht extra durchgeführt zu werden, da die alten Profile x^i sowieso berechnet werden müssen.

Die Matrix der Anfangswerte $Y_{\text{anf}}^{\text{hom}}$ wird wie folgt gewählt:

$$Y_{\text{anf}}^{\text{hom}} = \begin{pmatrix} \overbrace{E_1 \; O_2}^{\overset{1}{x}} & \overbrace{O_1 \; O_2}^{\overset{2}{x}} & \cdots & \overbrace{O_1 \; O_2}^{\overset{nv}{x}} \\ O_1 \; O_2 & E_1 \; O_2 & \cdots & O_1 \; O_2 \\ \cdot \;\; \cdot & \cdot \;\; \cdot & \cdot & \cdot \;\; \cdot \\ \cdot \;\; \cdot & \cdot \;\; \cdot & \cdot & \cdot \;\; \cdot \\ O_1 \; O_2 & O_1 \; O_2 & \cdots & E_1 \; O_2 \\ O_2 \; E_2 & O_2 \; E_2 & \cdots & O_2 \; E_2 \end{pmatrix}$$

E_1 ist die $nd \times nd$-Einheitsmatrix, E_2 die $np \times np$-Einheitsmatrix. O_1 und O_2 sind die entsprechenden Nullmatrizen. Für die entsprechenden Anfangsbedingungen von $Y_{\text{anf}}^{\text{hom}}$ sind die zugehörigen $\overset{i}{x}$ zu wählen, das wird durch die erste Zeile symbolisiert.

Durch diese Wahl der Anfangswerte ist garantiert, daß die homogenen Lösungen voneinander unabhängig sind.

Die allgemeine Lösung von (17) ist nach dem Superpositionsprinzip

$$Y = Y^{\text{inh}} + \sum \mu_i Y_i^{\text{hom}}. \tag{18}$$

Durch die spezielle Wahl der Anfangswerte gibt Y direkt die neuen Anfangswerte aller Varianten und die neuen Parameterwerte an.

Die Koeffizienten μ in (18) sind frei wählbar und werden im Falle der Methode der kleinsten Quadrate aus der Forderung (12) mit Hilfe des Spiralalgorithmus bestimmt.

Es besteht aber auch die Möglichkeit, die Identifikation mit Hilfe der TSCHEBYSCHEFF-Approximation durchzuführen. Die Aufgabe der TSCHEBYSCHEFF-Approximation besteht darin, die maximale Abweichung zwischen berechneten und gemessenen Werten zu minimieren. Das ist gerade bei Identifikationsproblemen recht attraktiv. Falls das vorgegebene Modell überhaupt einen guten Angleich zuläßt, wird es durch die TSCHEBYSCHEFF-Approximation gezwungen, den Verlauf an allen Zeitpunkten möglichst gleich gut wiederzugeben. Dagegen kann es bei der Methode der kleinsten Quadrate passieren, daß der Verlauf in einem großen Bereich gut, in einem kleinen Bereich dagegen extrem schlecht wiedergegeben wird. Der Grund liegt darin, daß hier nur die mittlere quadratische Abweichung minimiert wird.

Allerdings hat die TSCHEBYSCHEFF-Approximation einen Nachteil. Es muß ausgeschlossen werden, daß einzelne Meßwerte extreme Fehler aufweisen. Schon ein einziger grob falscher Meßwert führt dazu, daß die TSCHEBYSCHEFF-Approximation sinnlose Resultate liefert. Hier ist die Methode der kleinsten Quadrate im Vorteil. Einzelne falsche Messungen werden bei genügend vielen richtigen Messungen herausgemittelt. Deshalb ist bei der Anwendung der TSCHEBYSCHEFF-Approximation eine strenge Kontrolle der Meßwerte vor der Auswertung nötig. Grobe Fehlmessungen sind vorher von der Auswertung auszuschließen.

Die TSCHEBYSCHEFF-Approximation führt auf ein lineares Optimierungsproblem. In jeder Iteration ist zu lösen:

$$\delta = \text{Min!}$$

$$|Y_i - \bar{x}_i| \leqq \delta .$$

Durch das Auflösen der Betragsstriche und Einsetzen von (18) ergibt sich

$$\delta = \text{Min!}$$

$$(\bar{x}_i - Y_i^{\text{inh}}) + \delta - \sum_i \mu_j Y_j^{\text{hom}} \geqq 0 \tag{19}$$

$$-(\bar{x}_i - Y_i^{\text{inh}}) + \delta + \sum_i \mu_j Y_j^{\text{hom}} \geqq 0 .$$

Selbstverständlich sind von den Y_i die letzten np Elemente, die den Parametern entsprechen, auszuschließen.

Das lineare Optimierungsproblem (19) hat doppelt soviel Nebenbedingungen wie es Meßwerte gibt. Die Anzahl der Variablen ist gleich $nv \times nd + np + 1$.

Wenn Konvergenz vorliegt, darf sich δ von Iteration zu Iteration nicht erhöhen. Leider ist das nicht der Normalfall. Der Grund für eine Verschlechterung von δ liegt in der Nichtadäquatheit der linearen Näherung in (16). Hier gibt es nur die Möglichkeit, die Veränderung der Anfangswerte und der Parameterwerte so stark einzuschränken, daß man sich noch innerhalb des Gültigkeitsbereiches der linearen Näherung befindet. Aus Sicherheitsgründen verwenden wir zum Test nicht das δ, das in der linearen Optimierung berechnet wird. Vielmehr berechnen wir mit den Ergebnissen der linearen Optimierung die maximale Abweichung durch Integration des Originalsystems.

Um Konvergenz zu erreichen, gehen wir praktisch wie folgt vor. Es wird vorgeschrieben, daß sich alle Anfangswerte und Parameterwerte innerhalb einer Iteration nur um eine vorgegebene relative oder absolute Größe ändern dürfen. Wird mit diesen Begrenzungen die maximale Abweichung kleiner, wird zur nächsten Iteration übergegangen. Ansonsten wird die zulässige Änderung noch weiter eingeschränkt usw.

Die Einführung dieser Nebenbedingungen stellt keine echte Begrenzung der Parameter und Anfangswerte dar, da sie nur innerhalb einer Iteration wirken. Sie dienen nur als Hilfe, um Konvergenz zu erzielen und haben normalerweise keinen Einfluß auf das Endergebnis.

Echte Nebenbedingungen an die Parameter, z. B. Nichtnegativitätsforderungen, lassen sich leicht erfüllen, indem zu (19) entsprechende Nebenbedingungen hinzugefügt werden.

Die lineare Optimierung (19) führt in manchen Fällen zu beträchtlichen Schwierigkeiten. Diese Schwierigkeiten sind leider um so größer, je mehr Meßwerte vorliegen. Die Matrix der Nebenbedingungen hat mindestens die Dimension

$$(2 \times nm) \times (nv \times nd + np + 1).$$

Hinzu kommt, daß die Matrix nahezu voll besetzt ist. In unseren Rechnungen wurde das duale Simplexverfahren verwendet. Es scheint jedoch durchaus wünschenswert, ein dem Problem (19) speziell angepaßtes Verfahren zu schaffen.

Für die Parameterbestimmung aus Differentialgleichungen mit Hilfe der neuen Quasilinearisierungsvariante wurden zwei FORTRAN-IV-Programmsysteme entwickelt, eins für die Methode der kleinsten Quadrate, eins für die TSCHEBYSCHEFF-Approximation.

Die Programme sind so konzipiert, daß beliebige rechte Seiten der Differentialgleichungen (1) verwendet werden können. Sie sind vom Nutzer in einem gesonderten Unterprogramm zu programmieren.

Um dem Nutzer die Handhabung der Programme zu erleichtern, wurde die lineare Form (2) der Differentialgleichungen für Identifikationsprobleme fest programmiert. Vom Nutzer ist dann nur noch die Eingabe vorzugeben. Dazu gehören, um die Struktur von (2) festzulegen, die Anzahl der Ein- und Ausgangsgrößen (= Dimension von u und x) und die Belegung der Matrizen A und B und die Angabe, welche Elemente von A und B und welche Totzeiten bestimmt werden sollen. Für die gesuchten Parameter sind Schätzwerte einzulesen.

Als Hilfe bei der Auswertung der Ergebnisse ist ein Plotterprogramm für den Lineprinter eingebaut worden. Mit dessen Hilfe können wahlweise die Eingangsgrößen und die Ausgangsgrößen, berechnet mit Schätzwerten oder mit optimalen Parametern, ausgedruckt werden. Solche Bilder sind außerordentlich instruktiv, weil man sehr schnell feststellen kann, wie die Ausgangsgrößen auf die Eingangsgrößen reagieren. Für eine Einschätzung der Ergebnisse sind diese Bilder manchmal wichtiger als die Werte der ermittelten Parameter selbst.

Die Berechnung der inhomogenen und der homogenen Lösungen ist so organisiert, daß für eine Variante gleichzeitig alle diese Lösungen bestimmt werden. Das hat den Vorzug, daß das Originalsystem (3) dabei nur ein einziges Mal integriert zu werden braucht. Da die Profile nicht abgespeichert werden, kann das Integrationsprogramm ausgetauscht werden. Bei den bisherigen Rechnungen wurde ein RUNGE-KUTTA-Verfahren 4. Ordnung verwendet.

Ein gewisses Problem stellen Begrenzungen an die Parameter dar. Oft sind das Nichtnegativitätsbeschränkungen. Mit Hilfe der TSCHEBYSCHEFF-Approximation bietet das keine Schwierigkeiten. Bei der Methode der kleinsten Quadrate gibt das Probleme im Spiralalgorithmus. Hier wäre die Spirale so zu modifizieren, daß die Nebenbedingungen immer erfüllt bleiben.

Nebenbedingungen an Parametern spielen vor allem dann eine Rolle, wenn eine Strecke identifiziert werden soll, deren Struktur nur vermutet wird, nicht aber sicher bekannt ist. Dann kann es ohne weiteres passieren, daß ein Parameter, der von Natur aus eine reziproke Zeitkonstante sein soll, negativ wird. Das bedeutet dann, daß die Modellstruktur nicht richtig gewählt war. In solchen Fällen sind Parameterbeschränkungen sehr nützlich.

In den beiden Programmsystemen wurde nicht von der Aufgabenstellung (12) ausgegangen, sondern es wurde eine allgemeinere Aufgabe zugrunde gelegt:

$$\sum_i W_i \times (\bar{x}_i - x_i(px))^2 = \underset{px}{\text{Min!}}$$

Die einzelnen Meßwerte können also ihrer Zuverlässigkeit oder Größenordnung entsprechend gewichtet werden. Sind einzelne Meßwerte nicht vorhanden, werden die entsprechenden Gewichte in der Eingabe Null gesetzt.

Die Bestimmung der Totzeit mit Hilfe der Quasilinearisierung erscheint auf den ersten Blick recht riskant zu sein. Für die JACOBI-Matrix wird nämlich die Ableitung von u nach t benötigt. Die Eingangsgrößen u sind jedoch nur punktweise gemessen und streuen oft beträchtlich. Es kommt nur eine numerische Differentiation in Frage. Sinnvoll erscheint es, vor oder nach der Differentiation zu glätten. Das bringt jedoch einige Willkür mit sich. Aus diesem Grunde wurde die Ableitungsbildung mittels einfacher Differenzenbildung durchgeführt. Die Ergebnisse sind voll befriedigend.

Bei der Methode der kleinsten Quadrate trat insbesondere bei schlecht determinierten Problemen der Fall auf, daß das Gleichung (10) entsprechende lineare Gleichungssystem eine singuläre Matrix besaß. Damit ließ sich der TAYLOR-Schritt nicht berechnen. Das Problem wurde so gelöst, daß in der Hauptdiagonalen der Matrix eine kleine positive Größe hinzugefügt wurde. Dadurch war das Gleichungssystem sofort gut determiniert. Durch die Einführung dieser additiven Größe wird genau dasselbe wie im MARQUARDT-Verfahren erreicht, der Schritt wird von der TAYLOR-Richtung in Richtung des negativen Gradienten gedreht und etwas verkürzt.

Bei einigen Identifikationsproblemen ändern sich nach einer gewissen Anzahl von Iterationen weder Zielfunktion noch Parameter wesentlich. Trotzdem ist der Angleich an die Meßwerte unbefriedigend. Dafür gibt es wesentlich zwei Gründe. Einmal kann das Modell falsch gewählt sein, so daß mit diesem Modell ein besserer Angleich überhaupt nicht möglich ist. Öfter passiert es jedoch, daß die Schätzwerte so schlecht sind, daß die Quasilinearisierung nur bis an ein lokales Minimum führt. Um solche Probleme erfolgreich lösen zu können, wurde im Programm die Möglichkeit der Datenstreuung vorgesehen [7].

Die Datenstreuung versucht, das Problem sukzessive zu lösen. Es seien x und p die berechneten Vergleichswerte zu $\bar{x}$ und die Parameter, die sich als Ergebnis der Quasilinearisierung mit fiktiven Meßwerten $\hat{x}$ ergaben. Liegen die $\hat{x}$ nahe genug an den echten Meßwerten $\bar{x}$, wird als letzte Stufe mit den echten n Meßwerten gerechnet. Ansonsten wird mit fiktiven Meßwerten $\hat{x}$ neu begonnen, die sich aus

$$\hat{x}_i = x_i + \sigma \times (\bar{x}_i - x_i)$$

berechnen. σ ist zwischen 0 und 1 zu wählen. Bei $\sigma = 1$ würde mit den Originalmeßwerten gerechnet, bei kleinen σ liegen die fiktiven Meßwerte nahe an den schon berechneten Profilen x, so daß die p gute Schätzwerte sind. Bei unseren bisherigen Rechnungen wurde $.1 \leqq \sigma \leqq .5$ gewählt. Die Datenstreuung wurde meistens in 4 Stufen durchgeführt.

Die Möglichkeiten der beiden Programmsysteme zur Identifikation von Regelstrecken sollen an zwei Beispielen deutlich gemacht werden. Das erste Problem ist simuliert, um einen Vergleich der Methode der kleinsten Quadrate mit der TSCHEBYSCHEFF-Approximation durchführen zu können. Im zweiten Beispiel sind echte Meßwerte verwendet worden.

Für das erste Beispiel wurde eine Strecke erster Ordnung simuliert. Als Zeitkonstante wurde 10. und als Verstärkungsfaktor 1. gewählt. Eine Totzeit wurde nicht eingeführt. Mit diesen Parameterwerten wurde die Differentialgleichung

$$T\dot{x} + x = ku$$

bei einem vorgegebenen Eingangssignal $u(t)$ integriert. Danach wurden sowohl das sich ergebende Profil $x(t)$ als auch $u(t)$ mit normalverteilten

Zufallszahlen gestreut. Aus diesen gestreuten Daten wurden rückwärts die Parameter T und k bestimmt. Gleichzeitig wurde der Anfangswert von x mit berechnet. Die Parameterbestimmung wurde nach beiden möglichen Methoden durchgeführt.

Für die Zeitkonstante T ergab sich 8.15 bzw. 9.85, für den Verstärkungsfaktor k resultierte .927 bzw. .940. Für den ausgeglichenen Anfangswert ergab sich .921 bzw. 1.01 (ungestreuter Anfangswert war 1.). Der erste Wert bezieht sich immer auf die Methode der kleinsten Quadrate.

In Abb. 1 ist unten das gestreute Eingangssignal $u(t)$ eingetragen. Die diskreten Punkte wurden der Übersichtlichkeit wegen durch Geraden verbunden. Im oberen Bildteil sind die simulierten Meßwerte $\bar{x}(t_i)$ durch Kreuze markiert. Die gestrichelte Kurve ist das Ergebnis der Methode der kleinsten

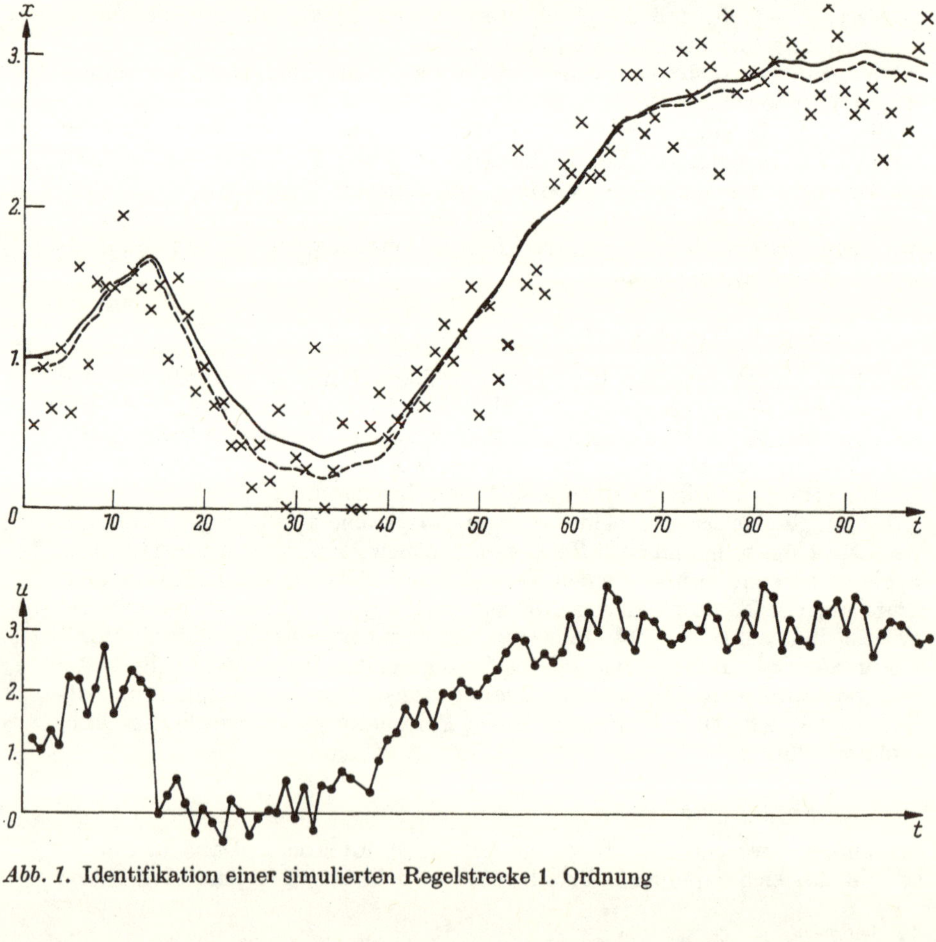

Abb. 1. Identifikation einer simulierten Regelstrecke 1. Ordnung

Quadrate, die durchgezogene Kurve das Ergebnis der TSCHEBYSCHEFF-Approximation.

In diesem Beispiel zeigt sich die TSCHEBYSCHEFF-Approximation klar überlegen. Ein fundierter Vergleich beider Methoden ist jedoch erst möglich, wenn viele verschiedene Probleme mit beiden Verfahren gelöst worden sind.

Das zweite Beispiel, das die Anwendbarkeit der beschriebenen Methode demonstrieren soll, stammt aus der Praxis. Es stand die Aufgabe, ein Temperaturregelsystem für einen großen NH_3-Synthesereaktor vom *TVA*-Typ (mit innerer Gegenstromkühlung der Katalysatorschüttung) auszulegen. Für die Aufgabenstellung sei auf [8] verwiesen. Das Identifikationsproblem, das sich letztlich ergab, ist schematisch in Abb. 2 dargestellt. Die drei Ein-

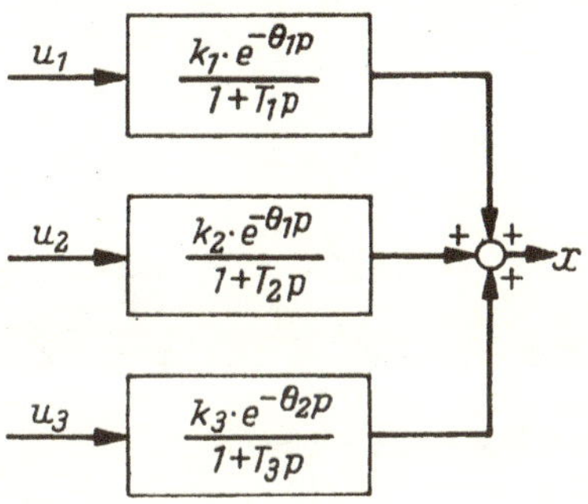

Abb. 2. Blockschaltbild einer Strecke für die Temperaturregelung eines NH_3-Reaktors

gangsgrößen sind: u_1 — Gesamtdurchsatz am Reaktoreintritt, u_2 — Reaktordruck, u_3 — Durchsatz durch oberen Bypass. Die Ausgangsgröße stellt die Temperatur am Austritt aus der Katalysatorschüttung dar. Durch die Identifikation waren acht Parameter zu bestimmen, davon 2 Totzeiten. Wir verwendeten die Methode der kleinsten Quadrate. Von den ziemlich schlechten Schätzwerten aus war nur ein ungenügender Angleich möglich. Deshalb wurde die Datenstreuung in drei Stufen mit $\sigma = .3$ angewendet, d. h., bei der vierten Identifikation wurde mit den Originalmeßwerten gerechnet. Die Parameter lagen alle im erwarteten Bereich. In Abb. 3 sind die Daten dargestellt. Unten sind die drei Eingangsgrößen angegeben. Die diskreten Punkte wurden wieder durch Geraden verbunden. Das Zeitintervall zwischen zwei Messungen betrug eine Minute. Insgesamt wurden 139 Meßwerte zur Auswertung herangezogen. Oben in Abb. 3 sind die gemessenen Werte der Ausgangsgröße durch Kreuze dargestellt, die durchgezogene Linie gibt das optimale Profil, berechnet mit den optimalen Parameter, an. Die Übereinstimmung zwischen gemessenen und berechneten Werten ist überraschend gut.

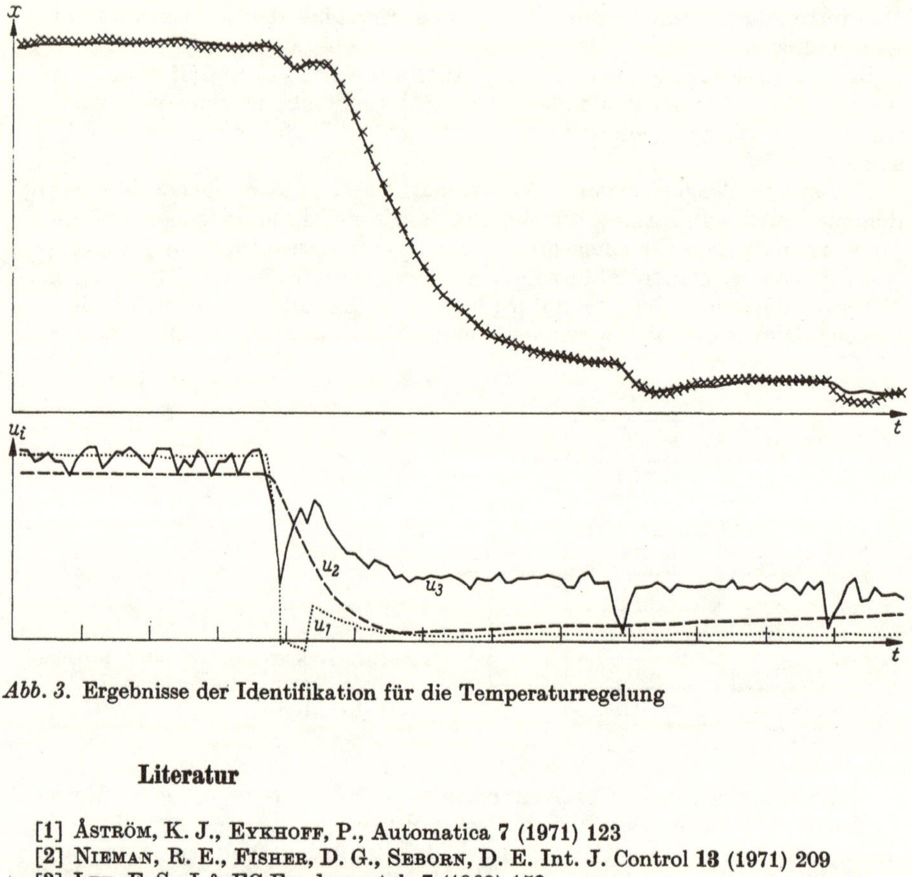

Abb. 3. Ergebnisse der Identifikation für die Temperaturregelung

Literatur

[1] Åström, K. J., Eykhoff, P., Automatica **7** (1971) 123
[2] Nieman, R. E., Fisher, D. G., Seborn, D. E. Int. J. Control **13** (1971) 209
[3] Lee, E. S., I & EC Fundamentals **7** (1968) 152
[4] Ramaker, L. R., Smith, C. L., Murrill, P. W., I & EC Fundamentals **9** (1970) 28
[5] Marquardt, D. W., J. Soc. Ind. Appl. Math. **2** (1963) 431
[6] Jones, A., The Computer Journal **13** (1970) 301
[7] Donnelly, J. K., Quon, D., The Canadian Journal of Chemical Enginering **48** (1970) 114
[8] Balzer, D., Iljin, B. W., Reinig, G., Scholz, V., „*Praktische Erfahrungen bei der Steuerung eines* NH_3-*Reaktors*", Chem. Technik **9**, 1971

Nachführung theoretischer Modelle von technologischen Prozessen

(D. Balzer, E. K. Lezki, P. Pawlak, G. Reinig)

Summary

For the feedforward optimization a mathematical model of the plant is needed. The paper describes a method for on-line estimation of the changing in time model parameters owing to changes in catalyst activity and fouling factors. The method was developed spezially for the case of complicated nonlinear in parameters steady state models. The parameters of the plant are presumed changing slowly. For the automatic periodical parameter estimation a given number of data sets with measured input and output values of plant variables is selected by means of the theory for *D*-optimum design of experiments. In addition to the selection of the „best" data the developed programm system includes checking the measured values for stationary plant conditions, testing the adequateness of model and process and the reestimation of model parameters, if the adequateness is violated. The system was realized and is practically used in on-line closed-loop computer control of a large ammonia synthesis converter.

1. Einleitung

Die Vorwärtsoptimierung (feed forward control) von chemisch-technologischen Anlagen erfordert die Kenntnis ihrer mathematischen Modelle. Die Modelle vieler Apparate enthalten Koeffizienten, die sich im Laufe der Zeit verändern können, z. B. Verkleinerung der Wärmedurchgangszahlen durch Verschmutzung, Verringerung der Katalysatoraktivität durch Vergiftung u. a. m. Die Abhängigkeit dieser Koeffizienten von der Zeit oder von äußeren Faktoren läßt sich nicht analytisch darstellen, deshalb ist es erforderlich, diese Modellkoeffizienten auf Grundlage gemessener Werte nachzuführen.

Die Organisation der Modellnachführung im Echtzeitbetrieb erfordert die Lösung einer ganzen Reihe von Problemen, auf die im weiteren eingegangen wird. Unsere Ausführungen sind zwar auf ein konkretes technisches System zugeschnitten (Satellitenrechner kleiner Leistung erfassen Daten in den technologischen Anlagen. Datenübermittlungen und -verarbeitung auf leistungsfähigem Zentralrechner, Massendatenspeicherung auf Plattenspeicher, siehe auch [9]), jedoch dürften die gleichen Verarbeitungsmöglichkeiten auch auf den anderen Rechnersystemen vorhanden sein.

In den folgenden Ausführungen wird eine Variante für die Nachführung komplizierter theoretischer (analytischer) Prozeßmodelle gegeben, d. h. von

Modellen, die als Differentialgleichungssysteme oder als System nichtlinearer Gleichungssysteme vorliegen. Derartige Modelle erfordern einen relativ hohen Rechenzeitaufwand für ihre Simulation, außerdem zeichnen sie sich dadurch aus, daß ihre Ausgangsvariablen nichtlinear von den Koeffizienten abhängen. Letzteres führt u. a. dazu, daß die Parameterschätzung nach der Methode der kleinsten Quadrate zu einer iterativen Prozedur wird [4].

Die im weiteren beschriebene Verfahrensweise geht davon aus, daß Modellkoeffizienten nur hin und wieder nachgeführt werden müssen, da sich die entsprechenden Prozeßparameter nur langsam ändern.

Die Nachführung der Modellkoeffizienten erfolgt auf Basis gemessener Ein- und Ausgangsgrößen der Objekte. Die Effektivität der Nachführung wird in hohem Maße davon bestimmt, wie viele und welche Meßdaten für die Parameterneuschätzung verwendet werden. Eine größere Anzahl Betriebspunkte (Betriebsregime, Versuchspunkte) wirkt sich positiv auf die Genauigkeit der erhaltenen Schätzwerte aus, erhöht jedoch gleichzeitig den Rechenzeitaufwand für die Parameterschätzung. Deshalb ist es wünschenswert, für die Parameterschätzung nur solche Betriebspunkte zu verwenden, die tatsächlich „informativ" sind, z. B. solche Punkte, die den größten Beitrag zur Verkleinerung des wahrscheinlichen Fehlers der neuen Schätzwerte leisten.

Die Anzahl der für die Nachführung verwendeten Betriebspunkte ist weiterhin durch die Speicherkapazität des Langzeitspeichers begrenzt.

Ein Verfahren zur Auswahl von Nachführdatensätzen muß außerdem die Alterung (das Nichtaktuellwerden) der Datensätze berücksichtigen.

Durch Anwendung der Ergebnisse der Theorie der Versuchsplanung gelingt es, Algorithmen anzugeben, die obigen Forderungen genügen. Die im weiteren vorgestellten Algorithmen sind allerdings nur dann anwendbar, wenn das Modell linearisierbar ist, wobei die Linearisierbarkeit z. B. nach den von E. M. L. Beale [2] gegebenen Bedingungen überprüft werden kann.

2. Gewinnung stationärer Datensätze

Die Gewinnung der Nachführdatensätze beginnt mit der primären Meßwertverarbeitung, die neben der Dimensionierung und Meßwertkorrektur eine digitale lineare (exponentielle) Glättung und Sinnfälligkeitstests enthält. Letztere vermeidet, daß extreme Fehlmessungen zur weiteren Verarbeitung kommen. Die so gewonnenen Daten werden als „Anlagengeschichte" für mehrere Stunden in einen Massenspeicher übertragen (in unserem Falle ein Wechselplattenspeicher, der laufend die Meßwerte der letzten 8 h enthält).

Für die Nachführung statischer Modelle ist es notwendig, daß die verwendeten Meßwerte stationären Anlagenzuständen entstammen. Deshalb wurde ein spezielles Programm [5] geschaffen, das aus den abgespeicherten Meßwerten stationäre Abschnitte heraussucht und über diese Mittelwerte bildet. Dazu wird jeweils überprüft, ob die über kurze Abschnitte Δt (einige Minuten) gebildeten Mittelwerte M_k ($k = 1, 2, \ldots$) die Bedingung

$$|M_k - M_1| < \varepsilon \tag{0}$$

erfüllen.

Hier ist ε ein vorzugebender Wert. Der Zeitabschnitt, über den die Bedingung (0) erfüllt wird, hat die Länge ΔT. Nur wenn ΔT ein vorgegebenes $\Delta T_{\min}$ überschreitet, wird der betreffende Abschnitt als stationär betrachtet und zur Mittelwertbildung verwendet. $\Delta T_{\min}$ ist die Mindestlänge des stationären Abschnittes. Die Suche nach stationären Abschnitten erfolgt für alle abgespeicherten Meßwertsätze. Außerdem werden die durch Transport- und Informationstotzeiten entstandenen Verschiebungen zwischen den Meßwerten korrigiert. Die Mittelwerte werden für jedes Modell einzeln oder für einige Modelle gemeinsam gewonnen und im Plattenspeicher abgespeichert.

3. Auswahl von Datensätzen für die Nachführung der Koeffizienten

Nehmen wir an, daß im Laufe der Zeit eine Anzahl N von Datensätzen mit zusammengehörigen x- und y-Werten angefallen sind. Diese Datensätze bilden die Matrizen X_N und $\tilde{Y}_N$:

$$X_N = \begin{pmatrix} x_1{}^1 & x_2{}^1 & \cdots & x_k{}^1 \\ \vdots & \vdots & & \vdots \\ x_1{}^N & x_2{}^N & \cdots & x_k{}^N \end{pmatrix} \quad (1); \qquad \tilde{Y}_N = \begin{pmatrix} \tilde{y}_1{}^1 & \tilde{y}_2{}^1 & \cdots & \tilde{y}_n{}^1 \\ \vdots & \vdots & & \vdots \\ \tilde{y}_1{}^N & \tilde{y}_2{}^N & \cdots & \tilde{y}_n{}^N \end{pmatrix}. \quad (2)$$

Diese Datensätze sind zur Nachführung der Koeffizienten des Modells vorgesehen, das folgende Form hat:

$$\begin{aligned} y_1 &= \varphi_1(a, x) \\ &\vdots \\ y_n &= \varphi_n(a, x). \end{aligned} \tag{3}$$

Hier sind $\varphi_1 \cdots \varphi_n$ Funktionen bekannter Struktur von a und x; a ist ein Koeffizientenvektor mit der Dimension m. Im allgemeinen Falle hängen die y_i nichtlinear von a ab.

Wir setzen voraus, daß Anfangsschätzwerte $\hat{a}^0$ der Koeffizienten bekannt sind.

Aus den angeführten Gründen ist es nicht möglich, alle N Datensätze für die Nachführung zu verwenden.

Es müssen M ($M < N$) Datensätze ausgewählt werden, wobei die ausgewählten Punkte die in einem bestimmten Sinne größtmögliche Genauigkeit der neu zu bestimmenden Koeffizienten a garantieren sollen. Für die Auswahl des Kriteriums zur Bestimmung der M „besten“ Datensätze bedienen wir uns einiger Resultate der linearen Theorie der Versuchsplanung [1]. Aus diesem Grunde wird das Modell nach den Koeffizienten a linearisiert, in dem es im Punkt $a = \hat{a}^0$ in eine Taylor-Reihe mit Gliedern erster und nullter Ordnung zerlegt wird:

$$y_i \approx \varphi_i(\hat{a}^0,x) + \left.\frac{\partial \varphi_i(a,x)}{\partial a_1}\right|_{a=\hat{a}^0} (a_1 - \hat{a}_1{}^0) + \cdots + \left.\frac{\partial \varphi_i(a,x)}{\partial a_m}\right|_{a=\hat{a}^0} (a_m - \hat{a}_m{}^0). \tag{4}$$

Es werden folgende Bezeichnungen eingeführt:

$$\left.\frac{\partial \varphi_i(a,x^j)}{\partial a_\mu}\right|_{a=\hat{a}^0} = f_\mu{}^i(x^j) \tag{5}$$

$$a_\mu - \hat{a}_\mu{}^0 = b_\mu \tag{6}$$

$$\tilde{y}_i{}^j - \varphi_i(\hat{a}^0,x^j) = \tilde{z}_i{}^j. \tag{7}$$

An dieser Stelle sei darauf hingewiesen, daß die linearisierte Modelldarstellung (4) und die folgenden Resultate nur für die Auswahl der Datensätze verwendet wurden, während die eigentliche Koeffizientenbestimmung mit Hilfe des Verfahrens der kleinsten Quadrate [7] erfolgte, die etwa den Algorithmus von Hartley [4] realisiert.

Die Aufgabe der Nachführung des linearisierten Modells besteht also in der Auffindung des Koeffizientenvektors b, der linear in das Modell (4) eingeht.

Die Kovarianzmatrix der Meßfehler für die Variablen $y_1 \ldots y_n$ im Punkt x^j hat die Form

$$W_j = \operatorname{cov}\{\tilde{y}/x^j\} = \begin{pmatrix} \sigma_{11}^2(x^j) & \sigma_{12}^2(x^j) & \ldots & \sigma_{1n}^2(x^j) \\ \vdots & \vdots & & \vdots \\ \sigma_{n1}^2(x^j) & \sigma_{n2}^2(x^j) & \ldots & \sigma_{nn}^2(x^j) \end{pmatrix}. \tag{8}$$

In Matrix (8) stehen auf der Hauptdiagonalen die Dispersionen der Meßfehler der entsprechenden Ausgangsvariablen im Punkt x^j, die anderen Stellen sind mit den Kovariationen belegt. Die Fehler bei der Messung des Ausgangsvektors y^j bei verschiedenen Versuchen j setzen wir als unabhängig voraus. Die hier eingeführte Matrix W_j gestattet es, bei der Koeffizientenbestimmung die unterschiedlichen Genauigkeiten bei der Messung der verschiedenen Ausgangsgrößen zu berücksichtigen.

Die beste lineare Schätzung (lineare Schätzung mit minimaler Streuung vom echten Wert unter allen erwartungstreuen Schätzungen) für den Koeffizientenvektor b auf Basis der Stichprobe X_M mit M Datensätzen entspricht dem Minimum folgender Funktion [1]:

$$Q(b) = \sum_{j=1}^{M} (\tilde{z}^j - b^T F_j) \, W_j^{-1} (\tilde{z}^j - b^T F_j)^T. \tag{9}$$

Hier sind A^{-1} die invertierte Matrix A und A^T die transponierte Matrix A. Weiterhin gilt:

$$\tilde{z}^j = (\tilde{z}_1{}^j, \tilde{z}_2{}^j, \ldots, \tilde{z}_n{}^j) \tag{10}$$

$$F_j = \begin{pmatrix} f_1{}^1(x^j) & \ldots & f_1{}^n(x^j) \\ f_2{}^1(x^j) & \ldots & f_2{}^n(x^j) \\ f_m{}^1(x^j) & \ldots & f_m{}^n(x^j) \end{pmatrix}. \tag{11}$$

Für den Fall, daß W_j eine Diagonalmatrix ist, d. h.

$$W = \alpha_j \begin{pmatrix} \sigma_{11}{}^2 & & 0 \\ & \ddots & \\ 0 & & \sigma_{nn}{}^2 \end{pmatrix} \tag{12}$$

wird aus (9):

$$Q(b) = \sum_{j=1}^{M} \frac{1}{\alpha_j} \sum_{i=1}^{n} \frac{1}{\sigma_{ii}^2} \left(\tilde{z}_i - b^T f^i(x^j)\right)^2. \tag{13}$$

Hier ist $f^i(x^j)$ die i-te Spalte der Matrix F_j.

Die Einführung eines Gewichtskoeffizienten α_j in Gleichung (12) und (13), dessen Wert nur vom Zeitpunkt des Versuches (d. h. vom Moment des entsprechenden stationären Regimes) abhängt, gestattet die Berücksichtigung des Alters des Meßwertes.

Die Zielfunktion (9) entspricht der Methode der kleinsten Quadrate im Falle unterschiedlicher Genauigkeit der erfaßten Werte der Ausgangsvariablen.

Die Genauigkeit der Schätzwerte $\hat{b}$, die nach obigem Kriterium bestimmt werden, hängt von der Stichprobe X_M ab, denn die Kovarianzmatrix der Schätzwerte b hat die Form [1]:

$$\operatorname{cov}\{\hat{b}\} = \left(\sum_{j=1}^{M} F_j W_j^{-1} F_j^T\right)^{-1} = C \tag{14}$$

wobei die Matrix F_j in Übereinstimmung mit (11) vollständig durch die Auswahl der Versuchspunkte bestimmt wird. Im Falle (12) ergibt sich:

$$\operatorname{cov}\{\hat{b}\} = \left(\sum_{j=1}^{M} F_j W_j^{-1} F_j^T\right)^{-1} = \left(\sum_{i=1}^{n} \frac{1}{\sigma_{ii}^2} (F^i)^T A^{-1} F^i\right)^{-1} \tag{15}$$

$$A = \begin{pmatrix} \alpha_1 & & 0 \\ & \alpha_2 & \\ & & \ddots \\ 0 & & \alpha_M \end{pmatrix} \tag{16}$$

$$F^i = \begin{pmatrix} f_1{}^i(x^1) \dots f_m{}^i(x^1) \\ \vdots \quad\quad \vdots \\ f_1{}^i(x^M) \dots f_m{}^i(x^M) \end{pmatrix}. \tag{17}$$

Zu beachten ist außerdem, daß bei $n = 1$ und $W_j = I_n$ für alle j (I_n — Einheitsmatrix mit der Dimension n) gilt, daß

$$C = \operatorname{cov}\{\hat{b}\} = \sigma^2 \left(\sum_{j=1}^{M} f(x^j)^T f(x^j)\right)^{-1} = \sigma^2(F^T F)^{-1}. \tag{18}$$

Bei der Auswahl der besten Untermenge X_M kann man z. B. fordern, daß die Determinante der Kovarianzmatrix der Schätzwerte b minimal wird:

$$\min_{X_M} \left| \left(\sum_{j=1}^{M} F_j W_j^{-1} F_j^T\right)^{-1} \right| = \min_{X_M} |C| . \tag{19}$$

Wird die Stichprobe X_M auf Grundlage von (19) ausgewählt, dann haben die Schätzwerte minimale Streuung bezüglich der tatsächlichen Werte, d. h. sie sind besser als beliebige andere Schätzwerte, die auf Basis von M Realisierung gewonnen wurden. Man kann also behaupten, daß die Stichprobe X_M optimal im Sinne der aus ihr zu gewinnenden Information über die Modellkoeffizienten ist.

Für die Lösung praktischer Aufgaben wurde das Kriterium (19) verwendet. Es sei noch bemerkt, daß (19) folgender Bedingung äquivalent ist:

$$\max_{X_M} \left| \sum_{j=1}^{M} F_j W_j^{-1} F_j^T \right| \tag{20}$$

Es sei noch der Hinweis gegeben daß die bisher genannten Kriterien dem eigentlichen Ziel der Modellnachführung — der Bestimmung optimaler Steuergrößen — nicht adäquat sind, obwohl sie zweifellos mit der Genauigkeit der Lösuung der Optimierungsaufgabe eng zu tun haben.

4. Ausschluß stark abweichender Messungen

Besonders bei automatischer Meßwertverarbeitung ist die Lösung dieser Aufgabe wichtig. Ursachen für das Auftauchen von stark abweichenden Meßwerten können Störungen im technologischen Prozeß oder auch Meßfehler sein. Die hier vorgeschlagene Methode basiert auf der Annahme einer

Normalverteilung der experimentell bestimmten Werte der Ausgangsvariablen y_i an beliebigen Punkten x^j. Nehmen wir an, daß auf Grundlage der vorher ausgewählten Stichprobe mit Hilfe des Verfahrens der kleinsten Quadrate die Modellkoeffizienten $\hat{a}^0$ bestimmt wurden. Unter Annahme der Gültigkeit der linearisierten Modellform, Gleichung (4), im Punkt $\hat{a}^0$ kann man die Dispersion der Fehler der vorhergesagten (mit dem Modell berechneten) Werte $\hat{y}_i(x)$ für die Variable y_i im Punkt x wie folgt berechnen:

$$\begin{aligned}\sigma^2_{\hat{y}_i}(x) &= E\left\{\left(\tilde{y}_i(x) - \hat{y}_i(x)\right)^2\right\} \\ &\approx E\left\{\left(\tilde{y}_i(x) - \varphi_i(\hat{a}^0, x) - b^T f^i(x)\right)^2\right\} \\ &= [f^i(x)]^T \, C f^i(x) + \sigma^2_{ii} \end{aligned} \tag{21}$$

Hier sind σ^2_{ii} die Dispersion des Meßfehlers der Ausgangsvariablen y_i, C — die Kovarianzmatrix der Schätzwerte $\hat{b}$ (siehe Gleichung (14)), $f^i(x)$ — Spaltenvektor mit den Elementen:

$$\left.\frac{\partial \varphi_i(a, x)}{\partial a_\mu}\right|_{a=\hat{a}^0} = f_\mu{}^i(x) \qquad \mu = 1, 2, \ldots, m.$$

Gleichung (21) gibt nur Näherungswerte, deren Genauigkeit vom Abstand der Schätzwerte $\hat{a}^0$ von den tatsächlichen Werten der Koeffizienten abhängt. Dabei ist die Größe t

$$t = \frac{\tilde{y}_i(x) - \hat{y}_i(x)}{\sqrt{\sigma^2_{ii} + [f^i(x)]^T \, C f^i(x)}} \tag{22}$$

normalverteilt und hat eine Dispersion gleich 1. Durch Vorgabe der Wahrscheinlichkeit α für das irrtümliche Verwerfen eines „guten" Punktes (d. h. eines Punktes, der keine Fehlmessung enthält) erhalten wir folgende Regel für das Aussortieren fehlerhafter Boebachtungen:

Die Beobachtung im Punkt x^j muß aus der Stichprobe ausgeschlossen werden, wenn

$$|\tilde{y}_i(x^j) - \hat{y}_i(x^j)| > t_{kr} \sqrt{\sigma^2_{ii} + [f^i(x^j)]^T \, C f^i(x^j)} \tag{23}$$

für ein oder mehrere i ($i = 1, 2, \ldots, n$). In (23) ist t_{kr} das Argument der LAPLACE-Funktion $\Phi(t)$ für $\Phi(t_{kr}) = \frac{1}{2}(1 - \alpha)$; $\hat{y}_i(x^j)$ — berechneter Wert der Ausgangsvariablen bei $a = \hat{a}^0$.

5. Überprüfung der Adäquatheit des Modells

Während des on-line Betriebes wird eine sich ständig erneuernde Stichprobe X_M gespeichert, die für die Modellnachführung verwendet werden kann. Da aber diese Nachführung eine relativ aufwendige Prozedur ist, sollte diese nur gestartet werden, wenn tatsächlich signifikante Abweichungen zwischen berechneten und gemessenen Ausgangsvariablen auftreten, d. h. mit anderen Worten, wenn das Modell nichtadäquat wird. Nehmen wir an, es sei die Stichprobe X_M, $\tilde{Y}_M$ abgespeichert, die Koeffizienten haben die Werte $\hat{a}^0$. Setzen wir weiterhin voraus, daß die Kovarianzmatrix der normal verteilten Beobachtungsfehler der Ausgangsvariablen im Punkt x^j die nachstehende Form hat:

$$W_j = \begin{pmatrix} \sigma_{ii}^2(x^j) & 0 \\ \vdots & \ddots \vdots \\ 0 & \sigma_{nn}^2(x^j) \end{pmatrix}. \tag{24}$$

Wir berechnen nun die Größe χ^2 (PEARSONsche Stichprobenfunktion).

$$\chi_y^{\,2} = \sum_{j=1}^{M} \sum_{i=1}^{n} \frac{1}{\sigma_{ii}^2(x^j)} \left(\tilde{y}_i(x^j) - \hat{y}_i(x^j, \hat{a}^0)\right)^2. \tag{25}$$

In (25) sind: $\hat{y}_i(x^j, \hat{a}^0)$ die vorhergesagten (berechneten) Werte der i-ten Ausgangsvariablen im Punkt x^j bei $a = \hat{a}^0$; $\tilde{y}_i(x^j)$ — gemessene Werte im Punkt x^j.

Unter diesen Voraussetzungen und der Annahme, daß $\hat{a}^0$ der tatsächliche Koeffizientenvektor ist, hat die Größe $\chi_y^{\,2}$ eine χ^2-Verteilung mit Mn Freiheitsgraden. Dieser Fakt kann zur Überprüfung der Hypothese über die Adäquatheit des Modells (d. h. daß die tatsächlichen Modellkoeffizienten gleich $\hat{a}^0$ sind) benutzt werden.

Wir geben eine Sicherheitswahrscheinlichkeit für den Test der Hypothese über die Adäquatheit des Modells vor und berechnen $\chi_y^{\,2}$ nach (25). Wenn gilt, daß

$$\chi_y^{\,2} > \chi_{kr}^2 \tag{26}$$

(χ_{kr}^2 — kritischer Wert der χ^2-Verteilung mit Mn Freiheitsgraden), dann muß die Adäquatheitshypothese abgelehnt werden und es ist zweckmäßig, die Modellkoeffizienten nachzuführen.

6. Praktische Realisierung für das Modell einer NH_3-Anlage

Die dargestellte Methodik zur Nachführung wurde für die zur Steuerung einer NH_3-Anlage (einschließlich Steam- Reforming-Gaserzeugungsanlage) vorgesehenen Modelle verwendet. Das Programmsystem enthält folgende Hauptteile:

1. Meßwerterfassung, Meßwertkorrektur, Glättung, Sinnfälligkeitstest;
2. Speicherung aller Meßwerte über 8 h;
3. Aussortierung stationärer Abschnitte, Mittelwertbildung, zeitliche Zuordnung der Meßwerte;
4. Aussortierung stark abweichender Messungen;

5. Bestimmung des Alters der Meßwerte und Berechnung der Gewichtsfaktoren α_j;
6. Auswahl der Nachführdatensätze;
7. a) Überprüfung der Adäquatheit des Modells;
   b) Nachführung der Modellkoeffizienten.

Der 1. Teil wird von einem Satellitenrechner im Echtzeitbetrieb realisiert. Der 2. bis zum 6. Teil laufen im Echtzeitbetrieb auf dem Zentralrechner, dabei wird z. Zt. der 2. Teil einmal pro Minute, der 3. Teil einmal in 8 h und die 4., 5., 6. und 7.a Teile einmal in 3 bis 10 Tagen automatisch gestartet. Der 7.b Teil wird je nach Modell einmal in 2—3 Wochen von Hand gestartet.

Die Bestimmung der die Alterung berücksichtigenden Gewichtskoeffizienten im 5. Teil erfolgt nach folgender Formel:

$$\alpha_j = \alpha_0^{(T_0 - T_j)} . \tag{27}$$

Hier ist α_0 $(0 < \alpha_0 < 1)$ ein vorzugebender Anfangswert, T_0 und T_j die Zeiten der Erfassung des letzten (jüngsten) und des j-ten Datensatzes. Für praktische Anwendungen wurde $\alpha_0 = 0{,}98$ gewählt (T_j in Tagen). Die eigentliche Nachführung der Modellkoeffizienten erfolgt mit Hilfe der schon eingangs erwähnten nichtlinearen Varianten des Verfahrens der kleinsten Quadrate [7].

Bis auf den ersten Teil ist das gesamte Programmsystem in ALGOL geschrieben, jeder der oben einzeln aufgeführten Teile stellt ein gesondertes Programm dar, der gesamte Datenverkehr zwischen den Programmen erfolgt ohne äußeren Eingriff über den Wechselplattenspeicher. Das Betriebssystem des Rechners gestattet es im Prinzip sogar, einige Teile in FORTRAN IV einzuschließen.

Die Anzahl der nachzuführenden Modelle ist nur durch Speicherplatz beschränkt, ebenso bestehen keine festen Schranken für die Anzahl der Koeffizienten pro Modell und die Anzahl der Nachfürdatensätze. Zur Demonstration führen wir Speicherplatz und Rechenzeitbedarf für das thermodynamische Modell eines Primärreformers für Steamreforming von Kohlenwasserstoffen an:

Teil	2	3	4	5	6	7a	7b
Rechenzeit/Start	0,6 s	7 min	6 s	1 s	40 s	1 s	5 min
Speicherplatz im Kernspeicher (Worte a 24 bit)	1000 (ständig)	5000	1000	1000	5000	2000	4000
Speicherplatz im Plattenspeicher							
a) Daten	350000	1000*)	1000*)	200	2000*)	1000*)	1000*)
b) Progr.		5000	1000	500	2000	1000	2000

*) Diese Speicherplätze werden z. T. gemeinsam genutzt.

Das Modell hat die Struktur eines nichtlinearen Gleichungssystems. Die Wärmebilanz und die Stoffbilanz der Methan- und der Wasserstoffreaktion ergeben folgende algebraische Gleichungen:

$$K_{p_2} - \frac{(n_{CO_2} + C_{H_2} - C_{CH_4})(n_{H_2} + 4C_{H_2} - C_{CH_4})}{(n_{CH_4} - C_{H_2})(n_{H_2O} - 2C_{H_2} + C_{CH_4})^2} \cdot \frac{p}{n_{ges} + 2C_{H_2}} = 0$$

$$K_{p_3} - \frac{(n_{CO} + C_{H_2})(n_{H_2O} - 2C_{H_2} + C_{CH_4})}{(n_{CO_2} + C_{H_2} - C_{CH_4})(n_{H_2} + 4C_{H_2} - C_{CH_4})} = 0 \qquad (28)$$

$$Q_1 + Q_2 + Q_3 + Q_4 = 0$$

Dabei sind:

K_{pi} — Gleichgewichtskonstante der i-ten Teilreaktion
n — Zahl der Mole der betreffenden Gasgemischkomponente
p — Druck
n_{ges} — Gesamtmolmenge
C — Molanteil der betreffenden Gasgemischkomponente
Q_1 — Wärmemenge am Reformereintritt
Q_2 — Wärmemenge am Reformeraustritt
Q_3 — Reaktionswärme
Q_4 — vom Ofenraum übertragene Wärmemenge.

Dieses nichtlineare Gleichungssystem wird iterativ gelöst. Die Gleichgewichtskonstanten K_{pi} und die Wärmemenge Q_i sind dabei zum Teil vereinfachte Funktionen der Modellvariablen und- koeffizienten.

Mit dem obigen Programmsystem werden außer dem Modell des Primärreformers folgende Modelle nachgeführt:

Thermodynamisches Modell des Sekundärreformers,
6 Wärmetauschermodelle (keine Differentialgleichungen),
Modell des NH_3-Synthesereaktors in Form gewöhnlicher Differentialgleichungen.

7. Literatur

[1] FJODOROW, W. W., „*Teorija optimalnogo eksperimenta*", Nauka, Moskau 1971

[2] BEALE, E. M. L., „*Confidence regions in nonlinear estimation*", J. Roy. Stat. Sec., Ser. B, 22, 41–76, 1960

[3] LEZKI, B. B., ERMURATZKI, P. W., „*Planirowanija eksperimenta w awtomatitscheskych sistemach obrabotki informazii*", Informazionnyje materialy, Akademie der Wissenschaften der UdSSR, Wissenschftl. Rat für komplexe Probleme der Kybernetik, 8 (45), M, 1970

[4] Hartley, H. O., „*Modefied Gauss-Newton-Method for the fitting of non-linear regression functions*“, Technometries 3, 269, 1961

[5] Sturm, G., „*STATEX, Dokumentation zum Algolprogramm*“, VEB PCK Schwedt, Dez. 1972

[6] Pawlak, P., „*MOBADE*, Dokumentation zum Algolprogrann“, VEB PCK Schwedt, Dez. 1971

[7] Reinig, G., „*NLKQ, Dokumentation zum Algolprogramm*“, VEB PCK Schwedt, Juni 1970

[8] Zscherpe, J., „*PTRGO, Dokumentation zum Algolprogramm*“, VEB PCK Schwedt, Jan. 1972

[9] Petroleum Times, Jan. 1970

www.ingramcontent.com/pod-product-compliance
Lightning Source LLC
LaVergne TN
LVHW042235300926
849161LV00003B/363